果菜茶有机肥
替代化肥技术模式

全国农业技术推广服务中心　编著

中国农业出版社
北　京

图书在版编目（CIP）数据

果菜茶有机肥替代化肥技术模式/全国农业技术推
广服务中心编著.—北京：中国农业出版社，2019.12（2021.2重印）
ISBN 978-7-109-26231-7

Ⅰ.①果… Ⅱ.①全… Ⅲ.①有机肥料-研究 Ⅳ.
①S141

中国版本图书馆 CIP 数据核字（2019）第 253219 号

中国农业出版社出版
地址：北京市朝阳区麦子店街 18 号楼
邮编：100125
责任编辑：魏兆猛
版式设计：王 晨 责任校对：周丽芳
印刷：中农印务有限公司
版次：2019 年 12 月第 1 版
印次：2021 年 2 月北京第 2 次印刷
发行：新华书店北京发行所
开本：787mm×1092mm 1/16
印张：13.5
字数：310 千字
定价：55.00 元

本书编委会

主　　编　辛景树　徐　洋

副主编　于子旋　于孟生　马荣辉　王　帅　王永欢　仇美华
　　　　　叶　俊　刘延生　刘海萍　李　民　何　权　沈　欣
　　　　　陈红金　陈海燕　金柏年　金海洋　周　璇　周春娜
　　　　　庞少浦　赵嘉祺　郝立岩　侯正仿　贺　琦　夏海鳌
　　　　　徐文华　高　飞　郭　宁　黄功标　傅国海

参编人员　于　猛　于洪飞　万　勇　马克双　王　平　王才仁
　　　　　王开周　王文凯　王永合　王永涛　王志恒　王丽娟
　　　　　毛正文　石　磊　朱伟锋　朱真令　朱晓华　任玉琼
　　　　　庄光泉　刘　伟　刘　苏　刘小英　刘五喜　刘月楼
　　　　　刘正兰　刘亚全　刘启鹏　刘国群　刘建伟　刘高平
　　　　　许大志　苏火贵　苏银贵　杜建华　李　勇　李立祥
　　　　　李发云　李光云　李光富　李国良　李建波　杨茂云
　　　　　肖建军　吴　勤　吴德志　邱　军　何庆跃　汪小明
　　　　　宋九林　宋诚亮　宋福生　张　勇　张长水　张世昌
　　　　　张立联　张永朝　张向东　张青雨　张春燕　张晓莉
　　　　　张盛军　张满根　陈　平　陈玉廷　陈亚楠　陈远喜
　　　　　武学斌　范　丽　欧阳雪灵　罗建恩　金　月　周　鹏
　　　　　周帮国　郑素莲　孟祥权　赵保勤　赵敬坤　郝代代
　　　　　荀贤玉　钟建中　段长林　侯瑞琴　姜　娟　姚培清
　　　　　莫泽东　党改侠　徐　茂　徐丽萍　高志宝　唐志文
　　　　　陶运荣　黄　俊　黄煌伟　梁永强　韩庆忠　蔡　远
　　　　　翟合生　霍增起　戴志刚

前　　言

为加快推进农业绿色发展，增强农业可持续发展能力，2017年农业部启动了绿色发展五大行动，果菜茶有机肥替代化肥行动是其中的一项重点任务。中央安排专项资金，在全国遴选了100个果菜茶试点县，探索种养结合的新方式，打通农业废弃物循环利用的"渠道"，缓解资源环境压力，实现资源的永续利用。

果菜茶有机肥替代化肥行动实施三年来，通过集成推广一批绿色高效技术模式，初步构建有机肥利用的政策框架，创建一批绿色优质产品生产基地，取得了良好的生态效益、社会效益和经济效益。为系统总结果菜茶有机肥替代化肥行动实施以来的技术成果，全国农业技术推广服务中心在各试点省（自治区、直辖市）土壤肥料技术推广部门大力配合下，以2017年首批启动的试点县（市、区）为重点，对果菜茶有机肥替代化肥技术模式进行了全面的梳理，并组织专家审核把关，最终提炼了90个因地制宜、特色鲜明、效果明显的果菜茶有机肥替代化肥技术模式。其中，苹果23个、柑橘29个、蔬菜21个、茶叶17个。这些技术模式基于不同区域的肥源条件和果菜茶需肥特点、土壤肥力、施肥方式等因素，针对有机肥无害化处理、标准化生产、轻简化施用等问题，通过集成农机农艺配套、基施追施统筹等施肥方法和有机肥堆沤发酵、绿肥翻压还田等配套技术，形成县域尺度有机肥替代化肥技术解决方案，对辖区内及周边区域推广果菜茶有机肥替代化肥技术有很强的借鉴作用，同时，为在全国更大范围内开展有机肥替代化肥工作奠定了良好基础。

在果菜茶有机肥替代化肥技术模式征集遴选和本书的编写过程中，我们得到了农业农村部种植业管理司和全国农业技术推广服务中心等有关方面领导的大力支持，各试点省（自治区、直辖市）土壤肥料推广部门承担了大量的基础性工作，保障了本书内容的科学、准确、有效，在此一并表示感谢！由于时间、能力有限，我们深知书中存在不妥、不完善之处，敬请广大读者批评指正。

编　者

2019 年 12 月

目　　录

第一章

柑橘有机肥
替代化肥技术模式

浙江省黄岩区柑橘有机肥替代化肥技术模式

一、"有机肥＋配方肥"技术模式

（一）适宜范围

适宜于全域范围内的成年柑橘园。

（二）施肥措施

根据柑橘品种和树势，以亩*产量 2 吨为标准，每亩施 250 千克菜籽饼或其他有机肥，氮肥（N）9～10 千克，磷肥（P_2O_5）5～6 千克，钾肥（K_2O）7～8 千克。全年施肥 3 次：

①芽前肥（2 月下旬至 3 月中旬）：以氮肥为主，每亩施用尿素 30 千克，配合施用复合肥（20 - 13 - 14 或相近配方）30 千克，占全年施肥量的 15% 左右；②壮果肥（6 月下旬至 7 月上旬）：以磷、钾肥为主，施用尿素 6～12 千克、硫酸钾 30 千克，配合施用复合肥（18 - 5 - 22 或其他高钾配方肥）16～28 千克，占全年施肥量的 25% 左右；③采后肥（11 月下旬）：以有机肥为主，每亩施 250 千克饼肥或其他有机肥，尿素 9 千克配合施用三元平衡型（15 - 15 - 15）复合肥 20 千克，占全年施肥量的 60% 左右。

（三）配套技术

有机肥腐熟发酵及深施技术：作物秸秆、动物粪便、菜籽饼等在充分腐熟发酵后，加土混匀，采用穴施或沟施方法，深度为 20～40 厘米，根据柑橘生长发育需要，适时叶面补充中微量元素。在酸化严重的果园，适量施用石灰类物质、钙镁磷肥、硅钙肥等土壤调理剂。缺少中微量元素的果园，适当补充中微量元素。

二、"有机肥＋水肥一体化"技术模式

（一）适宜范围

适宜于灌溉水源丰富，配套了水肥一体化设施的规模种植基地。

（二）施肥措施

全年施肥分 5～6 次进行，除有机肥采用基肥土施外，其他肥料以水溶性肥料为主，采用喷、滴灌方式进行，达到优化减施化肥的目的。

采后肥：以有机肥为主，每亩施 250 千克饼肥或其他有机肥。

芽前肥：每亩施 14 千克高氮高钾水溶性复合肥（如 25 - 10 - 20），结合灌溉分次使用。

稳果肥：每亩施 10 千克高氮高钾水溶性复合肥料（如 25 - 10 - 20）或 3.5 千克高钾复合肥（如 10 - 10 - 40）配施 14 千克氨基酸沼液浓缩肥，结合灌溉分次使用。

壮果肥：从 6 月下旬至 7 月上旬开始，每隔 20～30 天滴灌施肥一次，共施 2～3 次，以高钾复合肥和氨基酸沼液浓缩肥为主，每次每亩施肥量以 7 千克左右为宜。

---

* 亩为非法定计量单位，1 亩＝1/15 公顷，下同。——编者注

（三）配套技术

水肥协调技术：综合考虑柑橘对水分和养分的需求，使两者相互配合、相互协调和相互促进。根据柑橘需肥需水规律、土壤保水能力、土壤供肥保肥特性以及肥料效应，在合理灌溉的基础上，确定氮、磷、钾和中微量元素的适宜用量及比例。在酸化严重的果园，适量施用石灰类物质、钙镁磷肥、硅钙肥等土壤调理剂。缺少中微量元素的果园，适当补充中微量元素。

三、"有机肥＋机械深施"技术模式

（一）适宜范围

适宜于交通便利，车辆可以直接到园，柑橘宽行窄株种植，园区内无石块，适宜于机械化操作的规模幼龄或成年橘园，且配备了挖土机、旋耕机或打孔机等施肥机械。

（二）施肥措施

根据柑橘品种和树势，以亩产量 2 吨为标准，每亩施 250 千克菜籽饼或其他有机肥，加氮肥（N）9～10 千克、磷肥（P_2O_5）5～6 千克，钾肥（K_2O）7～8 千克。全年施肥 3 次：

① 芽前肥（2 月下旬至 3 月中旬）：以氮肥为主，每亩施用尿素 30 千克，配合施用复合肥（20 - 13 - 14 或相近配方）30 千克，占全年施肥量的 15％左右；②壮果肥（6 月下旬至 7 月上旬）：以磷、钾肥为主，施用尿素 6～12 千克、硫酸钾 30 千克，配合施用复合肥（18 - 5 - 22 或相近高钾配方肥）16～28 千克，占全年施肥量的 25％左右；③采后肥（11 月下旬）：以有机肥为主，每亩施 250 千克饼肥或其他有机肥，尿素 9 千克配合施用三元平衡型（15 - 15 - 15）复合肥 20 千克，占全年施肥量的 60％左右。

（三）配套技术

将有机肥充分腐熟，通过机械在柑橘滴水线开沟或者打孔，将有机肥与土混合均匀施于深沟或者孔中。

四、"果-沼-畜"技术模式

（一）适宜范围

适宜于交通便利，车辆可以直接到园的果园，且附近有规模养殖场、沼液沼渣等资源丰富。

（二）施肥措施

根据柑橘品种和树势，以亩产量 2 吨为标准，每亩施 5 000～6 000 千克沼渣或 250 千克菜籽饼或其他有机肥，加氮肥（N）9～10 千克、磷肥（P_2O_5）5～6 千克、钾肥（K_2O）7～8 千克。全年施肥 3 次：

① 芽前肥（2 月下旬至 3 月中旬）：以氮肥为主，每亩施用尿素 30 千克，配合施用复合肥（20 - 13 - 14 或相近配方）30 千克，占全年施肥量的 15％左右，并施入 30～40 米^3 的沼液；②壮果肥（6 月下旬至 7 月上旬）：以磷、钾肥为主，施用尿素 6～12 千克、硫酸钾 30 千克，配合施用复合肥（18 - 5 - 22 或高钾配方）16～28 千克，占全年施肥量的 25％左右，并施入 20～30 米^3 的沼液；③采后肥（11 月下旬）：以有机肥为主，每亩施

250千克饼肥或其他有机肥,尿素9千克配合施用三元平衡型(15-15-15)复合肥20千克,占全年施肥量的60%左右。

(三)配套技术

在基地建立大型三格式沼液池,配套冲施设施,通过服务组织将规模养殖场的沼液送到沼液池发酵,也可用豆粕溶解发酵,添加复合微生物菌剂,在沼液池三级过滤、进行无害化处理后,通过管道施于柑橘园,根据柑橘树势,结合测土配方施肥,制定柑橘专用配方,必要时可以适当增加施沼液次数。在酸化严重的果园,适量施用石灰类物质、钙镁磷肥、硅钙肥等土壤调理剂。缺少中微量元素的果园,适当补充中微量元素。

五、畜禽粪便堆沤利用技术模式

(一)适宜范围

适宜于交通便利,车辆可以直接到园,附近有规模养殖场,畜禽粪便资源丰富的规模种植基地。

(二)施肥措施

根据柑橘品种和树势,以亩产量2吨为标准,每亩施750千克畜禽粪便堆沤肥或250千克菜籽饼,加氮肥(N)9~10千克、磷肥(P_2O_5)5~6千克、钾肥(K_2O)7~8千克。全年施肥3次:

① 芽前肥(2月下旬至3月中旬):以氮肥为主,每亩施用尿素30千克,配合施用复合肥(20-13-14或相近配方)30千克,占全年施肥量的15%左右;②壮果肥(6月下旬至7月上旬):以磷、钾肥为主,施用尿素6~12千克、硫酸钾30千克,配合施用复合肥(18-5-22或相近高钾配方肥)16~28千克,占全年施肥量的25%左右;③采后肥(11月下旬):以有机肥为主,每亩施250千克饼肥或其他有机肥,尿素9千克配合施用三元平衡型(15-15-15)复合肥20千克,占全年施肥量的60%左右。

(三)配套技术

橘园基地建设堆肥场,将规模养殖场的畜禽粪便运输到基地,在堆肥场充分腐熟,深施于橘园。在酸化严重的果园,适量施用石灰类物质、钙镁磷肥、硅钙肥等土壤调理剂。缺少中微量元素的果园,适当补充中微量元素。

六、"自然生草＋套种绿肥"技术模式

(一)适宜范围

适宜于幼龄橘园、山地橘园,以及宽行窄株种植的标准化规模果园,附近有灌溉水源。

(二)施肥措施

根据柑橘品种和树势,以亩产量2吨为标准,每亩施250千克菜籽饼或其他有机肥,加氮肥(N)9~10千克、磷肥(P_2O_5)5~6千克、钾肥(K_2O)7~8千克。全年施肥3次:

① 芽前肥(2月下旬至3月中旬):以氮肥为主,每亩施用尿素30千克,配合施用复合肥(20-13-14或相近配方)30千克,占全年施肥量的15%左右;②壮果肥(6月下

旬至 7 月上旬）：以磷、钾肥为主，施用尿素 6~12 千克、硫酸钾 30 千克，配合施用复合肥（18-5-22 或相近高钾配方肥）16~28 千克，占全年施肥量的 25% 左右；③采后肥（11 月下旬）：以有机肥为主，每亩施 250 千克饼肥或其他有机肥，尿素 9 千克配合施用三元平衡型（15-15-15）复合肥 20 千克，占全年施肥量的 60% 左右。

（三）配套技术

老果园通过果树篱壁整形、郁闭果园间伐和回缩更新修剪等方式改善果园土面光照条件，实施行间种植绿肥或自然生草刈割覆盖技术，幼龄果园提倡行间种植豆科绿肥技术。配套推广果园割草机械装备，增加有机肥源，实现土面绿肥覆盖，雨季自然生草，刈割时间为 7 月上中旬，割草覆盖，防止生草或绿肥与柑橘争水分，覆盖可以减少土表裸露、增加土壤水分和减少水土流失；果实采收后将覆盖地面的草挖穴填埋，增强土壤的通透性，改善果园土壤微生态条件，培肥地力。

七、农作物废弃物还园覆盖模式

（一）适宜范围

适宜于交通便利，车辆可以直接到园，周边农作物秸秆资源丰富的规模种植基地。

（二）施肥措施

根据柑橘品种和树势，以亩产量 2 吨为标准，每亩施 250 千克菜籽饼或其他有机肥，加氮肥（N）9~10 千克、磷肥（P_2O_5）5~6 千克、钾肥（K_2O）7~8 千克。全年施肥 3 次：

① 芽前肥（2 月下旬至 3 月中旬）：以氮肥为主，每亩施用尿素 30 千克，配合施用复合肥（20-13-14 或相近配方）30 千克，占全年施肥量的 15% 左右；②壮果肥（6 月下旬至 7 月上旬）：以磷、钾肥为主，施用尿素 6~12 千克、硫酸钾 30 千克，配合施用复合肥（18-5-22 或高钾配方）16~28 千克，占全年施肥量的 25% 左右；③采后肥（11 月下旬）：以有机肥为主，每亩施 250 千克饼肥或其他有机肥，尿素 9 千克配合施用三元平衡型（15-15-15）复合肥 20 千克，占全年施肥量的 60% 左右。

（三）配套技术

将周边农作物废弃物集中收集后，运输到各基地，覆盖于橘园，变废为宝，增加土壤有机质含量，提高土壤肥力。夏季高温干旱期覆盖，可以抗旱保墒，冬季覆盖可以保暖抗冻。果实采收后将覆盖地面的草挖穴填埋，增强土壤的通透性，改善果园土壤微生态条件，培肥地力。

福建省平和县柑橘有机肥替代化肥技术模式

一、"有机肥＋配方肥"模式

（一）适宜范围

适宜于福建省南部以平和县为产区的琯溪蜜柚种植区域；适宜品种包括红肉柚、黄金柚及白肉柚等。

（二）施肥措施

以产定氮，每生产 100 千克琯溪蜜柚需纯氮量 1.1 千克，根据琯溪蜜柚产量，按相应比例酌情增减，化肥采用含硫复合肥，养分配比为 $N：P_2O_5：K_2O：MgO：CaO＝1：0.5：1.0：0.3：0.9$，每年分 4 次施用。

（1）基肥

① 有机肥：在每年 11 月上旬至翌年 1 月下旬施用，对于每株每年产量达到 100 千克的成年果树，每株年施用商品有机肥 12～20 千克，每亩蜜柚种植以 50 株计，每亩施有机肥量为 600～1 000 千克。有机肥适宜用沟施方式，开沟应在滴水线外侧，用人工或微型开沟机挖成宽 40～50 厘米、深 20～30 厘米、长 80～100 厘米的长沟，有机肥施入沟后，应与回填土均匀混合。②配方肥：花芽分化肥在每年 11 月施，采用 40%（16－8－16）含硫复合肥，每株施用 1.25 千克，结合有机肥开沟施。

（2）追肥

① 第一次追肥（促梢壮花肥）在每年 2 月上中旬，一般在春梢萌发前 15 天前施，每株施用 1.5 千克 40%（16－8－16）含硫复合肥，开条形沟施；②第二次追肥（定果稳果肥）在每年 4 月至 5 月上旬，每株施用 1 千克 40%（16－8－16）含硫复合肥，开条形沟施，并提前施用钙镁肥；③第三次追肥（壮果肥）在每年 6 月下旬至 7 月上旬，即采果前 2 个月施，每株施用 1.5 千克 40%（16－8－16）含硫复合肥，开条形沟施。上述施肥时期主要针对海拔低于 250 米区域，对于高海拔区域可酌情调整和推迟施肥期。

（三）配套技术

中量元素肥料施用：按照施肥措施推荐的钙肥、镁肥施肥量，结合有机肥基施、第一次追肥（促梢壮花肥）、第二次追肥（定果稳果肥）各按 40%、30%、30% 施用。

二、"有机肥＋水肥一体化"模式

（一）适宜范围

适宜于福建省南部以平和县为产区的琯溪蜜柚种植区域；适宜品种包括红肉柚、黄金柚及白肉柚等；同时具有丰富的水资源和完善的喷灌系统。

（二）施肥措施

以产定氮，每生产 100 千克琯溪蜜柚需纯氮量 1.1 千克，根据琯溪蜜柚产量，按相应比例酌情增减，化肥采用含硫复合肥，追肥用水溶性肥料，养分配比为 $N：P_2O_5：K_2O：MgO：CaO＝1：0.5：1.0：0.3：0.9$，每年分 4 次施用。

（1）基肥

① 有机肥：在每年 11 月上旬至翌年 1 月下旬施用，对于每株每年产量达到 100 千克的成年果树，每株年施用商品有机肥 10～20 千克，每亩蜜柚种植以 50 株计，每亩施有机肥量为 500～1 000 千克。蜜柚施用商品有机肥量应根据其产量大小而酌情增减。有机肥适宜用沟施方式，避免用表面撒施，开沟应在滴水线外侧，用人工或微型开沟机挖成宽 40～50 厘米、深 20～30 厘米、长 80～100 厘米的长沟，有机肥施入沟后，应与回填土均匀混合。②配方肥：花芽分化肥在每年 11 月施，采用 40%（16－8－16）含硫复合肥，每

株施用 1.25 千克，结合有机肥开沟施用。

（2）追肥

① 第一次追肥（促梢壮花肥）在每年 2 月上中旬，一般在春梢萌发前 15 天前施，每株施用 1.5 千克 50%（20-10-20）水溶性肥；②第二次追肥（定果稳果肥）在每年 4～5 月，每株施用 1 千克 50%（20-10-20）水溶性肥；③第三次追肥（壮果肥）在每年 6 月下旬至 7 月上旬，每株施用 1.5 千克 50%（20-10-20）水溶性肥。

（三）配套技术

（1）人工浇灌　根据柑橘需肥特性进行水肥供给，施肥时将混合好的水肥通过动力吸入软塑胶水管，人工拉管至琯溪蜜柚根部进行人工淋施。

（2）施肥枪　对于疏松土层，可采用施肥枪插入土壤 20～30 厘米处，每株每次注入 25 千克稀释后的水溶肥液体。

（3）埋管施肥　在每棵树树冠滴水线处，挖 4 个管洞，埋深 30 厘米，管径 10 厘米，露出地表 5 厘米，埋入土体中 PVC 管挖若干个细孔，将肥料全部倒入 PVC 管中。水肥管道从树顶跨过，在埋管正上方，从主管道中引出分支管，并用可控阀门调节出水量。

（4）高挂滴灌或高挂微喷　沿果园主干道埋设主管道，在果树每行进出口处，布设分支水肥一体软管，软管从树冠顶部或中部穿过，在每株树冠范围内，通过软管中布设的出水细孔或相应部位引出喷水滴管。

三、"绿肥（自然生草)＋配方肥"模式

（一）适宜范围

适宜于福建省南部琯溪蜜柚种植区域；适宜品种包括红肉柚、黄金柚及白肉柚等。

（二）施肥措施

以产定氮，每生产 100 千克琯溪蜜柚需纯氮量 1.1 千克，根据琯溪蜜柚产量，按相应比例酌情增减，化肥采用含硫复合肥，追肥用水溶性肥料，养分配比为 N：P_2O_5：K_2O：MgO：CaO＝1：0.5：1.0：0.3：0.9，每年分 4 次施用。

（1）基肥　花芽分化肥在每年 11 月施，采用 40%（16-8-16）含硫复合肥，每株施用 1.25 千克，结合有机肥开沟施用，每亩施有机肥量为 300～500 千克，在滴水线外侧开沟施用。

（2）追肥

① 第一次追肥（促梢壮花肥）在每年 2 月上中旬，一般在春梢萌发前 15 天施，每株施用 1.5 千克 40%（16-8-16）含硫复合肥，开条形沟施；②第二次追肥（定果稳果肥）在每年 4 月至 5 月上旬，每株施用 1 千克 40%（16-8-16）含硫复合肥，开条形沟施，并提前施用钙镁肥；③第三次追肥（壮果肥）在每年 6 月下旬至 7 月上旬，即采果前 2 个月施，每株施用 1.5 千克 40%（16-8-16）含硫复合肥，开条形沟施。

（三）配套技术

（1）绿肥　每年琯溪蜜柚采收后且在 12 月之前，在水资源丰富或具有灌溉条件果园，

可撒播绿肥紫云英。柑橘果园连续 3 年种植紫云英，第 4 年紫云英可成为果园优势绿肥，在紫云英盛花期后并形成 1/3 黑荚时，实行翻埋。翻埋量在 1 500～2 000 千克/亩；此外，也可实行自然枯干、落地留种等方式。在水资源欠缺的山地果园，则可撒播耐旱性强、生物量大、浅根系的毛苕子和光叶紫花苕子等豆科绿肥。

（2）自然生草　每年 5～9 月，果园实行自然生草，以匍匐型、浅根系、覆盖面大、耗水少生草为主，适宜保留生草包括阔叶丰花草、小蓬草、马唐、火炭母、藿香蓟、竹节草、毛蕨及白车轴草等，同时应去除牛筋草、龙葵等恶性杂草。当生草高度达到 50 厘米以上时，实行刈割，留草高度 4～5 厘米，每年除草 2～3 次，立秋后停止割草，任其枯萎死亡，使杂草保留一定数量的种子，保持下一年的杂草密度。

四、"有机肥＋酸化改良"模式

（一）适宜范围

适用于福建省南部琯溪蜜柚种植区域，果园土壤 pH≤5.0；适宜品种包括红肉柚、黄金柚及白肉柚等。

（二）施肥措施

以产定氮，每生产 100 千克琯溪蜜柚需纯氮量 1.1 千克，根据琯溪蜜柚产量，按相应比例酌情增减，化肥采用含硫复合肥，养分配比为 N：P_2O_5：K_2O：MgO：CaO＝1：0.5：1.0：0.3：0.9，每年分 4 次施用。

（1）基肥

① 有机肥：在每年 11 月上旬至翌年 1 月下旬施用，对于每株每年产量达到 100 千克的成年果树，每株年施用商品有机肥 10～20 千克，每亩蜜柚种植以 50 株计，每亩施有机肥量为 500～1 000 千克。蜜柚施用商品有机肥量应根据其产量大小而酌情增减。有机肥适宜用沟施方式，避免用表面撒施，开沟应在滴水线外侧，用微型开沟机挖成宽 40～50厘米、深 20～30 厘米、长 80～100 厘米的长沟，有机肥施入沟后，应与回填土均匀混合。②配方肥：花芽分化肥在每年 11 月施，采用 40％（16-8-16）含硫复合肥，每株施用1.25 千克，结合有机肥开沟施用。③调理剂：根据土壤 pH，采用以钙质为主的调理剂，结合有机肥开沟施用，施用时应将在施肥沟中的有机肥与调理剂简易拌匀，然后覆土。

（2）追肥

① 第一次追肥（促梢壮花肥）在每年 2 月上中旬，一般在春梢萌发前 15 天施，每株施用 1.5 千克 40％（16-8-16）含硫复合肥，开条形沟施；②第二次追肥（定果稳果肥）在每年 4～5 月上旬，每株施用 1 千克 40％（16-8-16）含硫复合肥，开条形沟施，并提前施用钙镁肥；③第三次追肥（壮果肥）在每年 6 月下旬至 7 月上旬，即采果前 2 个月施，每株施用 1.5 千克 40％（16-8-16）含硫复合肥，开条形沟施。

（三）配套技术

调理剂施用：酸化改良可采用以钙质为主的调理剂，主要包括贝壳粉、氧化镁、石灰、草木灰及市售调理剂等，其中石灰用量为 90～150 千克/亩，石灰采用隔年施用一次原则，具体施用量则根据土壤 pH 酌情增减。

不同土壤改良所需要相对应的石灰用量

项　　目	pH<4.5	pH 4.5~5.0
石灰（千克/亩）	130~150	90~130

五、"果-沼-畜"模式

（一）适宜范围

适用于福建省南部琯溪蜜柚种植区域；适宜品种包括红肉柚、黄金柚及白肉柚等。

（二）施肥措施

（1）基肥　有机肥采用沼渣肥，在每年11月上旬至翌年1月下旬施用，成年果树每株每年宜施用沼渣肥25千克。沼渣肥适宜用沟施方式，避免用表面撒施，开沟应在滴水线外侧，用微型开沟机挖成宽40~50厘米、深20~30厘米、长100~110厘米的长沟，沼渣肥施入沟后，应与回填土均匀混合。

（2）追肥　沼液采用浇施，从沼液贮存池中牵引导水管，用人工进行浇施。浇施部位在树体中间或树冠滴水线外围，视果树年龄和产量大小，每个月浇施1~2次，每次间隔至少10天，每株每次浇施量为100千克，采果前1个月停止浇施。

（三）配套技术

（1）沼渣肥

①调质：采用稻草、木屑、粉煤灰、锯末、秕糠、菇渣及益生菌等作为调质剂，调质后C/N一般为25~35，pH为6~8，水分一般为50%~60%，孔隙度为60%~90%；②堆沤：堆体温度在55℃条件下保持3天，或在50℃以上保持5~7天；③腐熟：腐熟后C/N一般为15，pH为5~8，种子发芽率>80%。沼渣肥质量应符合NY/T525—2012《有机肥标准》。

（2）沼液　沼液主要作为浇灌，其工艺流程：沼液—沉淀—消毒—贮存—配水—果树灌溉，沼液在施用前应贮存5天以上时间；配水一般根据沼液pH和养分浓度酌情调整配水比例。

福建省顺昌县柑橘有机肥替代化肥技术模式

一、"有机肥＋配方肥"模式

（一）适宜范围

适用于福建省中部及西北部柑橘种植区域；适宜品种包括宽皮柑橘、甜橙及杂柑等。

（二）施肥措施

以产定氮，每生产100千克宽皮柑橘或甜橙需纯氮量0.8千克，根据宽皮柑橘或甜橙产量，按相应比例酌情增减用量，化肥采用40%（16-8-16）含硫配方肥，养分配比为$N：P_2O_5：K_2O：MgO：CaO=1：0.5：1.0：0.2：0.3$，每年分4次施用。

（1）基肥　对于每株每年产量达到 100 千克的成年果树，每株每年施用商品有机肥 10～15 千克，每亩蜜柚种植以 50 株计，每亩施有机肥量为 500～750 千克。有机肥适宜用沟施方式，开沟应在滴水线外侧，用人工或微型开沟机挖成宽 40～50 厘米、深 40 厘米、长 80～100 厘米的长沟，有机肥施入沟后，应与回填土均匀混合。施用时期一般在每年 12 月上旬至翌年 2 月上旬。此外，有机肥也可在每年 6 月下旬至 7 月上旬施用。

（2）追肥　第一次追肥（催芽肥），在每年 2 月下旬至 3 月中上旬，在春芽萌发前 15 天，每亩施配方肥 30 千克，采用开沟施肥，应在滴水线外侧用微型开沟机挖成宽 20～30 厘米、深 15～20 厘米、长 50～60 厘米的长沟；第二次追肥（稳果肥），在每年 5 月，即果实黄豆粒大小时，每亩施配方肥 45 千克，采用开沟施肥，同时施用钙镁肥；第三次追肥（壮果肥），在每年 6 月中下旬至 7 月上旬，即果实大拇指大小时，每亩施配方肥 45 千克，采用开沟施肥；第四次追肥（采果肥），在每年 11 月上旬至 12 月上中旬，每亩施配方肥 30 千克，采用开沟施肥。

（三）配套技术

根外追肥技术：施催芽肥前后结合病虫防治，根外追施 0.2％硼砂＋0.1％硫酸锌＋细胞分裂素 500～600 倍液＋氨基酸营养液 1 000 倍液；施稳果肥前后，结合病虫防治，根外追施水溶性硼＋植生源 800 倍液＋0.1％磷酸二氢钾＋0.2％硫酸锌＋0.01 钼酸铵；施壮果肥后，结合病虫防治，根外追施含硼、锌等多种微量元素的氨基酸肥 1 000 倍液＋0.2％磷酸二氢钾溶液。

二、“有机肥＋水肥一体化”模式

（一）适宜范围

适用于福建省中部及西北部柑橘种植区域；适宜品种包括宽皮柑橘、甜橙及杂柑等；同时具有丰富的水资源和完善的喷灌系统。

（二）施肥措施

以产定氮，每生产 100 千克宽皮柑橘或甜橙需纯氮量 0.8 千克，根据宽皮柑橘或甜橙产量，按相应比例酌情增减用量，追肥采用 50％（20 - 10 - 20）水溶性肥，养分配比为 $N：P_2O_5：K_2O：MgO：CaO=1：0.5：1.0：0.2：0.3$，每年分 4 次施用。

（1）基肥　对于每株每年产量达到 100 千克的成年果树，每株年施用商品有机肥 10～15 千克，每亩蜜柚种植以 50 株计，每亩施有机肥量为 500～750 千克。有机肥适宜用沟施方式，开沟应在滴水线外侧，用人工或微型开沟机挖成宽 40～50 厘米、深 40 厘米、长 80～100 厘米的长沟，有机肥施入沟后，应与回填土均匀混合。施用时期一般在每年 12 月上旬至翌年 2 月上旬，同时施用钙镁肥。

（2）追肥　第一次追肥（催芽肥）在每年 2 月下旬至 3 月中上旬，在春芽萌发前 15 天，每亩施配方肥 30 千克，采用滴施或灌施；第二次追肥（稳果肥）在每年 5 月，即果实黄豆粒大小时，每亩施配方肥 40 千克，采用滴施或灌施；第三次追肥（壮果肥）在每年 6 月中下旬至 7 月上旬，即果实大拇指大小时，每亩施配方肥 40 千克，采用滴施或灌施。

（三）配套技术

水肥一体化设备选择

① 滴灌管滴施模式：利用滴灌设备进行灌溉施肥时，将肥料溶解到施肥罐（桶），通过压力系统将水肥输送到滴灌管网中进行灌溉施肥，将水肥直接滴施在柑橘根系主要部位；②人工浇灌模式：根据柑橘需水生理和营养生理进行水肥供给，是半机械半人工操作的节水节肥果园水肥一体化措施，施肥时将混合好的水肥通过动力吸入软塑胶水管，人工拉管至柑橘根部进行人工淋施。

三、"绿肥（自然生草)＋配方肥"模式

（一）适宜范围

适用于福建省中部及西北部柑橘种植区域；适宜品种包括宽皮柑橘、甜橙及杂柑等。

（二）施肥措施

以产定氮，每生产 100 千克宽皮柑橘或甜橙需纯氮量 0.8 千克，根据宽皮柑橘或甜橙产量，按相应比例酌情增减用量，化肥采用 40％（16－8－16）含硫配方肥，养分配比为 $N：P_2O_5：K_2O：MgO：CaO=1：0.5：1.0：0.2：0.3$，每年分 3 次施用。

（1）基肥　冬春季推广果园套种绿肥，每年 3～4 月，采用人工或机械翻埋，绿肥鲜草翻埋量在 1 500～2 000 千克/亩；夏秋季推广果园自然生草，一般在 6 月、8 月及 10 月都要进行生草刈割，每次每亩鲜草量 1 500 千克左右，经测算，可实现项目提出的有机肥替代 20％化肥的目标。

（2）追肥　第一次追肥（催芽肥）在每年 2 月下旬至 3 月中上旬，在春芽萌发前 15 天，选用含硫配方肥，每亩施配方肥 30 千克，采用开沟施肥，应在滴水线外侧用微型开沟机挖成宽 20～30 厘米、深 15～20 厘米、长 50～60 厘米的长沟；第二次追肥（稳果肥）在每年 5 月，即果实黄豆粒大小时，每亩施配方肥 45 千克，采用开沟施肥，同时施用钙镁肥；第三次追肥（壮果肥）在每年 6 月中下旬至 7 月上旬，即果实大拇指大小时，每亩施配方肥 45 千克，采用开沟施肥。

（三）配套技术

（1）绿肥　每年柑橘采收后且在 12 月之前，在水资源丰富或具有灌溉条件的果园，可撒播绿肥紫云英。柑橘果园连续 3 年种植紫云英，第 4 年紫云英可成为果园优势绿肥，在紫云英盛花期后并形成 1/3 黑荚时，实行翻埋，翻埋量在 1 500～2 000 千克/亩。此外，也可实行自然枯干、落地留种等方式。在水资源欠缺的山地的果园，则可撒播耐旱性强、生物量大、浅根系的毛苕子和光叶紫花苕子等豆科绿肥。

（2）自然生草　每年 5～9 月，果园实行自然生草，以匍匐型、浅根系、覆盖面大、耗水少生草为主，适宜保留生草包括阔叶丰花草、小蓬草、马唐、火炭母、藿香蓟、竹节草、毛蕨及白车轴草等，同时应去除牛筋草、龙葵等恶性杂草。当生草高度达到 50 厘米以上时，实行刈割，留草高度 4～5 厘米，每年除草 2～3 次，立秋后，停止割草，任其枯萎死亡，使杂草保留一定数量的种子，保持下一年的杂草密度。

四、"有机肥＋机械深施"模式

（一）适宜范围

适用于福建省中部及西北部柑橘种植区域；适宜品种包括宽皮柑橘、甜橙及杂柑等。

（二）施肥措施

以产定氮，每生产 100 千克宽皮柑橘或甜橙需纯氮量 0.8 千克，根据宽皮柑橘或甜橙产量，按相应比例酌情增减用量，化肥采用 40%（16-8-16）含硫配方肥，养分配比为 $N：P_2O_5：K_2O：MgO：CaO=1：0.5：1.0：0.2：0.3$，每年分 4 次施用。

（1）基肥　对于每株每年产量达到 100 千克的成年果树，每株每年施用商品有机肥 10～15 千克，每亩蜜柚种植以 50 株计，每亩施有机肥量为 500～750 千克。有机肥宜采用机械深施模式，有机肥施入沟后，应与回填土均匀混合。施用时期一般在每年 12 月上旬至翌年 2 月上旬。此外，有机肥也可在每年 6 月下旬至 7 月上旬施。

（2）追肥　第一次追肥（催芽肥），在每年 2 月下旬至 3 月中上旬，在春芽萌发前 15 天，每亩施配方肥 30 千克，采用开沟施肥，应在滴水线外侧用微型开沟机挖成宽 20～30 厘米、深 15～20 厘米、长 50～60 厘米的长沟；第二次追肥（稳果肥），在每年 5 月，即果实黄豆粒大小时，每亩施配方肥 45 千克，采用开沟施肥，同时施用钙镁；第三次追肥（壮果肥），在每年 6 月中下旬至 7 月上旬，即果实大拇指大小时，每亩施配方肥 45 千克，采用开沟施肥；第四次追肥（采果肥），在每年 11 月上旬至 12 月上中旬，每亩施配方肥 30 千克，采用开沟施肥。

（三）配套技术

机械深施方法

① 成年果树（≥5 年）：先将有机肥撒施于以滴水线为中心，向内、外各延伸 25 厘米，用微耕机或小型挖沟机将其与表土（0～30 厘米）混匀并移至树旁，再挖成宽 50 厘米、深 60 厘米、长 150 厘米的施肥沟。用修枝剪沿沟壁剪除全部裸露树根，并用锄头松动被压实的内侧沟壁，最后将混匀有机肥的表土放入底层，而将心土放在表层。每年扩穴一侧，按东、南、西、北 4 个方向逐年轮换。②幼龄果树（1～4 年）：应以种植穴为中心，逐年向外扩穴，每年扩穴 2 次，每次 2 个方向，扩穴施肥方式同成年果树，在果树封行前完成全园扩穴改土。

江西省渝水区柑橘有机肥替代化肥技术模式

"有机肥＋配方肥＋自然生草"模式

（一）适宜范围

适宜于新余蜜橘主要种植区域，包括渝水区、分宜县、樟树市等新余周边地区。

（二）施肥措施

1. 施肥原则

应充分满足目标园新余蜜橘对各种营养元素的需求，增施有机肥，以有机肥替代部分化肥，合理施用无机肥。

2. 施肥方法

（1）土壤施肥　有机肥可采用环状沟施、条沟施、机械旋耕等方法，一般在树冠滴水线外挖沟，深度 30～40 厘米，东西、南北对称轮换位置施肥。速溶性配方肥应浅沟施，有微喷和滴管设施的柑橘园，可进行液体施肥。

（2）叶面追肥　在不同的生长发育期，选用不同种类肥料进行叶面追肥，以补充树体对营养的需求。高温干旱期叶面追肥应薄，按使用浓度下限施用，果实采收前20天内停止叶面追肥。

3. 幼树施肥

按勤施薄施原则，以氮肥为主，配合磷、钾肥。春、夏、秋梢前（2月下旬至3月上旬、5月中旬、7月上旬）各施速效肥一次。当年定植成活的，每月随水施1～2次速效肥，到8月中旬后停止施肥。2～4年生幼树宜采用环沟施，单株年施纯氮0.1～0.4千克，氮、磷、钾比例以1∶（0.25～0.3）∶0.5为宜。10～11月结合扩穴改土施冬肥，株施有机肥15～20千克。施肥量由少到多逐年增加。

4. 成年树施肥

（1）施肥量　根据柑橘园土壤测定结果和新余蜜橘的需肥规律，再根据树龄定出目标产量，按目标亩产2 500～3 000千克计算，每亩施有机肥1 400～1 500千克或商品有机肥550～600千克，配方肥（22 - 10 - 13）110～115千克。

（2）施肥时间与比例

① 芽前肥。当芽快要萌动时（2月下旬至3月上旬），每亩施配方肥（22 - 10 - 13）26～28千克，化肥施肥量占全年的25%。

② 壮果肥。7月上旬，施用配方肥（22 - 10 - 13）45～47千克，化肥施肥量占全年的40%。

③ 采果肥（基肥）。采后一周内施下，每亩施腐熟有机肥1 400～1 500千克或商品有机肥550～600千克，结合施用配方肥（22 - 10 - 13）38～40千克，化肥施肥量占全年的35%。

（三）配套技术

1. 有机肥堆沤

有机肥的来源要充分发挥辖区内有机肥加工企业的作用，将辖区内畜禽粪便资源集中按照有机肥生产标准充分堆沤发酵加工成有机肥，然后根据示范户的需求配送到地。

2. 自然生草

5～7月柑橘树行间不中耕除草，也不施用除草剂，让其自然生草，当草生长到30～40厘米或季节性干旱来临前采用割草机适时刈割，割后保留10厘米左右，割下的草覆盖在行间和树干周围，起到保水、降温、改土培肥等作用，每年刈割2～3次。

江西省南丰县柑橘有机肥替代化肥技术模式

一、"有机肥＋配方肥"模式

（一）适宜范围

适宜于南丰县精品蜜橘示范园、农民柑橘技术员示范园，以白舍镇罗俚石村至市山镇前山村为核心区，涉及白舍镇白舍村、张家村、晗头村、茶亭村、望天村，市山镇耀里村、前山村，扶贫挂点村白舍镇中和村、市山镇操坊村扶贫示范区。

（二）施肥措施

以株产 50 千克左右果实为基准。

1. 春肥（芽前肥）

株施生物有机肥或商品有机肥 10 千克（或菜枯饼肥 5～6 千克)＋春季配方肥（复合肥）平衡型化肥 0.5 千克；施肥时间为 3 月上旬；施肥方法为采用行间开挖条沟或穴埋施，沟、穴深 25～30 厘米。

2. 秋肥（壮果肥）

株施中氮低磷高钾型配方肥（复合肥）1.5 千克；施肥时间为 6 月中下旬至 7 月上旬；施肥方法为采用行间开挖条沟或穴埋施，沟、穴深 20 厘米左右。

3. 冬肥（采果肥）

春季未施有机肥或施用不足的，在采果后施入，同时每株加中氮高磷中钾型配方肥（复合肥）0.5 千克，挖条沟或穴埋施，沟、穴深 25～30 厘米。

4. 中微量元素

结合病虫防治，通过叶面喷施补充以硼、锌、钙、镁等为主的中微量元素；橘农可以根据意愿自行选择生物有机肥、普通有机肥或菜枯饼肥；均采用自然生草制。

（三）配套技术

在推行"有机肥＋配方肥"（复合肥）模式的同时，整体推行生草覆盖模式。实施区域推广橘园覆盖实行免耕栽培，对成年结果树采用自然生草制，全园生草覆盖率 80％以上，当干旱来临前或生草高达 30 厘米时进行刈割覆盖，全年共割草 2～3 次。对恶性杂草必须彻底清除。对幼龄树采用空地播种绿肥制，实行夏冬两季绿肥种植，夏季绿肥以印度豇豆、竹豆、猪屎豆、印尼绿豆等为主；冬季绿肥品种以肥田萝卜、箭舌豌豆、紫云英、蚕豆等为主。夏季绿肥播种时间在 4 月，每亩用种量为 1.5～2.5 千克，刈青翻埋时间为开始结荚期；冬季绿肥播种时间在 10 月中上旬，每亩用种量为 1.5～2.5 千克，刈青翻埋时间为开始结荚期。实施区域杜绝广谱性除草剂的使用。

二、"果-沼-畜"模式

（一）适宜范围

适宜于县域内重点养殖区域的橘园。

（二）施肥措施

要根据橘园面积、生猪养殖规模、养猪数量确定沼气池容积大小。按 100 亩橘园，长年存栏生猪 100 头，建设沼气池 200 米^3 进行匹配。利用人畜粪便入池发酵，沼气代替燃料和照明，沼液（渣）用作橘园有机肥。

以株产 50 千克左右果实为基准。

1. 第一次施肥

全年株施沼渣 50 千克，分 3 次施用，第一次于采果后 15 天左右作为基肥施入，株施 15 千克沼渣＋0.5 千克配方肥（复合肥）。

2. 第二次施肥

于 3 月上旬株施 15 千克沼渣＋0.75 千克平衡型配方肥（复合肥）。

3. 第三次壮果肥

于 7 月中旬株施 20 千克沼渣＋0.75 千克中氮低磷高钾型配方肥（复合肥），均采用开沟或挖穴埋施，沟、穴深 25～30 厘米。

4. 沼液的利用

利用沼液进行叶面喷施，使用浓度为 20％，使用时期为果实膨大期和采果后，全年喷施 3～4 次。

三、"有机肥＋水肥一体化"模式

（一）适宜范围

适宜于全县精品蜜橘园。

（二）施肥措施

基肥在冬春季（采收前后或春芽萌发前）施入，以株产 50 千克左右果实为基准。株施商品有机肥（生物有机肥）10～12.5 千克或菜枯饼肥 5～6 千克，施肥方法为采用行间开挖条沟埋施，沟深 25～30 厘米。

追肥通过水肥一体化系统施入，其主要分配在萌芽期、初花期、坐果期、秋梢萌发前及果实发育期、果实采收前后。萌芽期以中氮高磷中钾型化肥为主、初花期以中氮中磷低钾型化肥为主、坐果期以平衡型化肥为主、秋梢萌发前及果实膨大期以中氮低磷高钾型化肥为主、采收前后（主要采收后，恢复树势）以中氮高磷中钾型化肥为主，全年滴灌 6～8 次。中微量元素结合病虫防治通过叶面喷施补充，以硼、锌、钙、镁等为主。

湖北省秭归县柑橘有机肥替代化肥技术模式

一、"有机肥＋配方肥"模式

（一）适宜范围

秭归县柑橘种植区均适用。

（二）施肥措施

目标产量 3 000 千克/亩以上的果园，需施有机肥（农家肥及绿肥）1 500～2 000 千克/亩或商品有机肥 200～300 千克/亩，氮肥（N）22 千克/亩，磷肥（P_2O_5）10 千克/亩，钾肥（K_2O）20 千克/亩。

（1）基肥　即还阳肥，在采果后至翌年 1 月上旬施用，要重施有机肥，施肥量为 100％有机肥和总量 30％的平衡型配方肥，可结合扩穴改土进行。

（2）追肥　分催芽肥和壮果肥。催芽肥 3 月上中旬施用，在柑橘发芽前一个月左右施入土壤，以速效氮、磷为主，施高氮配方肥，占总量的 30％。壮果肥一般在 6 月底至 7 月上旬施入，果实迅速膨大，需要氮、磷、钾配合，以钾为主，施高钾配方肥，占总量的 40％。晚熟品种应在 10 月初施一次越冬肥，需平衡型配方肥。

（三）配套技术

（1）绿肥种植　绿肥品种推荐光叶苕子，宜在 9 月下旬至 10 月下旬足墒播种。播前清除恶性杂草，条播或者撒播，让种子充分落到地面，柑橘园套种播种量为 1.5 千克/亩左右。在幼苗期施提苗肥尿素 5 千克/亩，柑橘园在 4～6 月上花下荚时收割光叶苕子地上茎叶直接沟埋田间或者让其自然枯死覆盖地面。在柑橘园可利用其硬籽特性年年秋季自生，而在 3～6 月覆盖，有良好的抑制杂草、保持水土及土壤改良效果。

（2）机械施肥　筛选适宜山区果园机械化操作的小巧耐用机具，2.2 千瓦微耕机工作幅宽 38 厘米、结构质量 25 千克，一天可以耕田除草施肥 7～8 亩，实现了有机肥机械开沟施、配方肥施后机械耕整覆盖、机械除草等土壤改良及耕地质量提升技术在柑橘园的应用。

二、"有机肥＋水肥一体化"模式

（一）适宜范围

适宜于秭归县柑橘种植面积在 30 亩以上、灌溉水源和电力供应有保障、有一定的科技意识的新型经营主体和大户。

（二）施肥措施

按照秭归县近几年水肥一体化试验结果，目标产量 3 000 千克/亩以上的果园，需施有机肥（农家肥及绿肥）1 500～2 000 千克/亩或商品有机肥 200～300 千克/亩，化肥用量可减少 40%～50%，推荐氮肥（N）13 千克/亩、磷肥（P_2O_5）6 千克/亩、钾肥（K_2O）12 千克/亩左右。

（1）基肥　即还阳肥，一般在采果后至翌年 1 月上旬施用，全部施用有机肥。

（2）追肥　分催芽肥、保果肥和壮果肥。①催芽肥（花前肥）：3 月上中旬开始株施高氮型水溶肥 300～400 克，可添加沼液随水两次施用；②保果肥（谢花肥）：5 月上中旬开始株施平衡型水溶肥 100～200 克，可添加沼液随水分 2～3 次施用；③壮果肥：7 月中下旬开始（晚熟品种推迟至 8 月下旬）株施高钾型水溶肥 200～300 克，可添加沼液随水分 2～3 次施用。晚熟品种应在 10 月初施一次越冬肥，需株施平衡型配方水溶肥 50 克。所需要的肥料可以根据测土结果和柑橘生育期选择不同配方的水溶性肥料预溶解过滤后施用。

（三）配套技术

（1）水肥一体化施肥系统　由水源（修建集雨池，地势较高的地方建大的供水池）、首部枢纽（水泵、过滤器、施肥器、控制设备和仪表）、输配水管网、灌水器 4 部分组成。使用前用清水冲洗管道，施肥后用清水继续灌溉 10～15 分钟。每隔 30 天清洗过滤器、配肥池一次，并依次打开各个末端堵头，使用高压水流冲洗干、支管道。

（2）沼液三级过滤系统　在田间高处建设 100 米³ 以上的沼液贮存池，通过 0.85 毫米孔径（20 目）不锈钢滤网经管道引入 10 米³ 中间过滤池，经 0.425 毫米孔径（40 目）、0.18 毫米孔径（80 目）过滤后进入供水池，通过水肥一体化系统实现沼液自动灌溉施肥。

三、"果-沼-畜"模式

（一）适宜范围

秭归县柑橘种植区均适用。

（二）施肥措施

目标产量 3 000 千克/亩以上的果园，有充足的有机肥来源，可加大有机肥用量，减少化肥使用量。施有机肥（腐熟农家肥）5 000～6 000 千克/亩，氮肥（N）15 千克/亩，磷肥（P_2O_5）7 千克/亩，钾肥（K_2O）14 千克/亩。

（1）基肥　一般是在采果结束后春季萌芽前，以每棵树冠滴水圈对应挖长施肥沟，施用全部腐熟农家肥并覆土和总量 30％的平衡性配方肥。

（2）追肥　分催芽肥和壮果肥。①催芽肥：3 月上中旬施用，在柑橘发芽前一个月左右施入土壤，以速效氮、磷为主，施用高氮配方肥，占总量的 30％；②壮果肥：一般在 6 月底至 7 月上旬施入，果实迅速膨大，需要氮、磷、钾配合，以钾为主，施高钾配方肥，占总量的 40％。晚熟品种应在 10 月初施一次越冬肥，需平衡型配方肥。

（三）配套技术

异位生物发酵床技术，是在猪舍外建设塑料大棚，猪舍内采用漏缝地板，通过污泥泵将栏圈内收集贮存的粪尿均匀喷洒在栏圈外的发酵床垫料上，在自动翻耙机的翻耙下粪尿与菌种、垫料等混合均匀，通过耗氧微生物发酵分解，使粪尿中的有机质得到充分分解和转化，达到降解粪污、祛除异味和无害化处理的目的，降解后的干物质可直接用作有机肥。粪尿收集池采用砖混结构，容积按发酵床面积每 100 米² 配备 20 米³ 粪尿收集池。发酵床主体为 24 砖墙，床深 0.7～1.5 米、宽 4～6 米，混凝土垫层 10 厘米，发酵床面积按存栏规模每头 0.2～0.25 米²；上面架设阳光棚，棚高 2.2 米，主要材料包括不锈钢管、专用大棚耐酸膜、发酵床架设 PVC 或 PE 管道，利用污泥泵进行粪尿喷洒。导轨式翻耙机耙齿长 40～70 厘米，耙齿离地平面 5～10 厘米。

发酵床垫料为木屑（秸秆末）和谷壳按 3∶2 或 3∶1 比例混合后使用，垫料干湿度控制在 40％～45％。初次按 20 克/米² 添加菌种，密闭发酵棚，保温发酵 24～72 小时，发酵床内部温度以 40～60 ℃为宜。日常管理要注意发酵床水分的含量，若水分较小，可喷洒粪尿进行调节，水分较大时适当通风，尽量保持垫料疏松，宁干勿湿。适用范围：年出栏 500 头以上的养殖场。

沼液贮存池：需建设 1 个 10 米³ 沼气池（或厌氧池），1 个 30 米³ 沼液贮存池，柑橘园内铺设沼液输送管网或者用沼液车运输进行综合利用。生猪粪便采用干清粪工艺，养殖场必须设置 10 米³ 左右堆粪棚（或粪便贮存池），经厌氧发酵处理的养殖废水和猪粪实行就近农田消纳，以出栏 100 头生猪为例，需要落实 4 亩农田消纳猪场产生的粪便污水。适用范围：年出栏 300 头以下的养殖户。

湖北省宜都市柑橘有机肥替代化肥技术模式

一、"有机肥＋配方肥"模式

（一）适宜范围

在畜禽粪便、农作物秸秆等有机肥资源丰富的区域，采取堆沤和工厂化生产的方式，结合测土配方施肥，生产施用商品有机肥、有机无机复混肥、配方肥，减少化肥用量。

（二）施肥措施

1. 施肥方法

可采用环状沟施、条沟施、放射状沟施等方法。

2. 施肥次数和种类

重点施好两次肥，6～7月壮果促梢肥和10～11月的还阳肥，因田看树施好催芽肥和稳果肥。

（1）催芽肥　2月中旬到3月上旬施用，成年结果大树株施有机生物肥1～2千克，幼年树施用尿素0.1～0.2千克。

（2）稳果肥　5月上中旬施用，以速效化肥为主，多花、多果树每株施尿素0.25千克。

（3）壮果促梢肥　6月下旬到7月上旬施用有机生物肥，株施1.5～2千克。

（4）还阳肥　10月下旬至11月施用，这次施用占全年用量的40%～50%，以有机肥、农家肥为主，株施有机肥2千克左右。

（三）配套技术

有机肥堆沤：在畜禽养殖企业收集畜禽粪便和农作物秸秆（粉碎并与畜禽粪便混合均匀），利用田间地头或已有的贮粪池进行堆沤发酵，要求堆沤发酵有机肥保持一定湿度（手捏成团，落地则散），发酵堆肥外用地膜覆盖，堆肥内插温度计，当堆肥内温度达到70℃时及时翻堆。当堆肥臭味消除后，表示堆肥已发酵好，可直接施用。

二、"土壤酸化治理改良＋有机肥＋配方肥"模式

（一）适宜范围

主要适宜于土壤pH低于5.5的橘园。

（二）技术措施

（1）开展橘园土壤普查，筛选酸化土壤，建档立库，分地块进行酸化改良。

（2）开展技术培训，发放技术宣传资料，培训到户到人，指导农户施石灰。

（3）石灰施用，一般每亩用50～75千克（依土壤pH而定，pH低多施，pH高少施），石灰要呈粉状均匀撒到地表，并进行土壤深翻混匀。

（三）配套技术

1. 忌与发酵腐熟好的粪肥混合施用

石灰呈碱性，它与发酵好的粪肥混合施用时，就会与肥料中的腐殖酸等发生反应，不仅会降低肥料的施用效果，还会削弱石灰的杀菌效果。正确的做法是先将石灰翻耕入土，间隔6～7天再施粪肥，这样可以减少石灰与粪肥的接触，防止降低杀菌效果及肥效。

2. 石灰施用量过大

有的果农知道石灰具有杀菌、调酸效果，但不知道施用多少合适，为达到杀菌调酸效果，施用量过大，导致土壤碱性过高。

3. 施用数量

施用石灰前，必须先抽样检测pH，若pH超过5.5，就不能施石灰。依据土壤测定的pH，一般控制每亩用量50～75千克。翌年是否再施，根据土壤pH的测定结果而定，一般连续施用不超过3年。

4. 精准施肥

在调酸同时，依据不同橘园肥力现状，制定精准施肥方案，改变过去单元施肥习惯，推行有机肥加配方肥。不断提高果园耕地质量，提升柑橘品质。

三、"自然生草＋绿肥＋秸秆还田"模式

（一）适宜范围

适宜于县域内橘园。

（二）技术措施

1. 绿肥种植

（1）抓品种选定　根据周边区域种植经验，结合宜都实际情况，筛选适应性强的毛叶苕子作为主推品种。

（2）抓播种前技术培训　强调草籽必须浸种、松土撒播，覆土保墒保出苗，杜绝"懒田"直播；播种时间：9月至翌年3月；播种量：每亩2～4千克。

2. 秸秆回填

（1）抽槽　逐行和隔行分期抽槽均可，宽50～60厘米、深50～80厘米，所取之土分堆土槽两旁，以利回填。

（2）回填　底层回填大枝或灌木，厚度约10厘米，然后覆土10厘米；中层将当年和历年柑橘整枝的残枝，以及房前屋后的一切有机物回填在此层内，厚度约20厘米，然后覆土10厘米。上层主要是回填绿肥、稻草、油菜秸秆、树叶，厚度约10厘米，上面均匀撒施一层磷肥，每亩施肥量100千克，有堆、沤肥和其他有机肥的均需施在此层内，最后全部覆土至比橘园高约10厘米即可。

（3）橘园纵向抽槽改土完成后，隔3～5年可进行横向抽槽改土，方法同上。

（4）橘园回填有机物料一般每亩以2 000千克为宜，配施磷肥100～150千克。

（三）配套技术

（1）抽槽改土一般在柑橘采收完毕、结合追施还阳肥进行，因地制宜，一般不得迟于11月20日。

（2）抽槽应做到田内纵横相通，不可与田外相通，以防水肥流失，影响抽槽改土效果。

（3）老橘园、旱地橘园、土壤黏重板结的橘园、土壤有机质和养分含量低的橘园抽槽改土、有机物还田效果好。

（4）坡地梯田橘园应注意在田坎边抽槽，回填与平田相同。

湖北省郧阳区柑橘有机肥替代化肥技术模式

一、"有机肥＋配方肥"模式

（一）适宜范围

适宜于郧阳区安阳镇、杨溪铺镇、谭家湾镇、城关镇、青曲镇、青山镇、柳陂镇等柑橘主产乡镇柑橘园。

（二）施肥措施

1. 基肥

施肥时间为 10 月上旬至 12 月上旬。目标产量为 2 000 千克的柑橘园，每亩施入商品有机肥或经工厂化堆制有机肥 300 千克，同时施用 40%（22－5－13）硫酸钾型复合肥 40～50 千克，采取条状沟施，施肥深度为 20 厘米左右。

2. 追肥

施肥时间为 6 月上旬至 7 月上旬。每亩用 40%（22－5－13）硫酸钾型复合肥 30～40 千克，采取穴施或兑水浇施，施肥深度为 10 厘米左右。

（三）配套技术

有机肥工厂化堆制技术：在本区域内就近收集规模化养殖产生的畜禽粪污，集中进行工厂化堆制，过程中适当加入生物菌，生产的有机肥在有机质、养分含量、含水量等指标上达到 NY/T 525—2012《有机肥料》标准。这样既保证了农户用肥安全，又降低了用肥成本。

二、"自然生草＋绿肥"模式

（一）适宜范围

适宜于郧阳区安阳镇、杨溪铺镇、谭家湾镇、城关镇、柳陂镇等乡镇管理水平较好的果园。

（二）施肥措施

1. 种植绿肥

每年秋季 10 月底至 11 月上旬在果园行间播种豌豆等豆科作物，于第二年春季 4 月豌豆开花前后进行翻压，或在结荚、摘角后自然枯萎覆盖果园。5～10 月果园自然生草，生草期间及时进行刈割，使草最高不超过 50 厘米，割下的草就地进行覆盖。

2. 施肥

分基肥和追肥，施肥时间和措施与"有机肥＋配方肥"基本一致。

三、"有机肥＋水肥一体化"模式

（一）适宜范围

适宜于郧阳区安阳镇、杨溪铺镇、柳陂镇等地势较平坦、水源条件好、建园标准高的柑橘园。

（二）施肥措施

1. 基肥

施肥时间为 10 月上旬至 12 月上旬。目标产量为 2 000 千克的柑橘园，每亩施入商品有机肥或经工厂化堆制有机肥 300 千克，同时施用 40%（22－5－13）硫酸钾型复合肥 40～50 千克，采取条状沟施，施肥深度为 20 厘米左右。

2. 追肥

水肥一体化施肥要使用高品质水溶肥，根据柑橘园水肥一体化施肥计划在生育关键时期进行 7～10 次。

湖北省当阳市柑橘有机肥替代化肥技术模式

一、"有机肥＋配方肥"模式

（一）适宜范围

当阳市柑橘生产基本分布在低丘岗地和海拔 500 米以下山坡，土壤类型以黄中壤为主且分布有少量的紫色土，"有机肥＋配方肥"模式适合于当阳市所有栽培的橘、橙、柚类。

（二）施肥措施

1. 基肥

柑橘采摘后至翌年 3 月底以前，每棵树施用 8～10 千克有机肥＋35％（15－13－7）硫酸钾有机无机配方肥 1 千克，沿树冠滴水线开沟 35 厘米，深施覆土。

2. 追肥

第二次生理落果结束后，每棵树施 35％（15－7－13）硫酸钾有机无机配方肥 1.5 千克，沿树冠滴水线开沟 25～30 厘米，深施覆土。

（三）配套技术

施肥前搞好柑橘修枝、抹芽工作，除去橘园病枝、虫枝和内膛丛生枝，在商品有机肥不足情况下，可就地利用废弃农作物秸秆、畜禽粪便、沼渣沼液堆制发酵和无害化处理，制成农家肥，施到柑橘田间，每亩施用 2 000～3 000 千克，于柑橘采摘结束后沿树冠滴水线开沟 30 厘米，深施覆土。

二、"果-沼-畜"模式

（一）适宜范围

适宜于生态循环养殖设施齐备的种养结合地区。

（二）施肥措施

1. 基肥

柑橘采摘后至翌年 3 月将沼渣沼液运往柑橘田间开沟施用。离果园较近的可直接用污泥泵抽至田间，离果园较远的可利用罐车运输至田间施用。施用量为 12 米^3/亩，种养比例一般为 10 头猪配 1 亩田。

2. 追肥

在柑橘第二次生理落果结束后，结合田间抗旱，将沼渣沼液按照底肥的施用方法施用即可。追肥可依照当年柑橘产量和树体生长状况，酌情施用 35％（15－7－13）配方肥，原则上每棵树不超过 0.5 千克。

（三）配套技术

为充分腐熟畜禽粪污，在一级发酵池基础上，建设二级发酵池，发酵周期不少于一年。每次沼渣沼液施用结束后，行间旋耕，让肥土耦合。

三、"有机肥＋水肥一体化"模式

（一）适宜范围

适宜于具备完整水肥一体化设施体系的橘园。

（二）施肥措施

全年水肥一体化施用次数不少于五次，用于田间抗旱次数可依据当年干旱情况和柑橘生长情况来定。施肥量在保证每棵树施用8～10千克有机肥的基础上，化肥用量控制在30千克/亩左右（折纯），实现化肥用量减半。

第一次施肥：在施用有机肥后进行，利用滴灌设施将50％（30-10-10）高氮型水溶肥200克/株，溶解于水，滴灌到设定的柑橘树根区。

第二次施肥：肥料种类及用量同上，施肥时间在第一次后间隔一个月左右，如遇连阴雨可后移至翌年3月作催芽肥使用。

第三次施肥：第一次生理落果后、第二次生理落果前，将60％（20-20-20）平衡型水溶肥200克/株，溶解于水，滴灌到设定的柑橘树根区。

第四次施肥：第二次生理落果之后一个月左右，选用58％（16-8-34）高钾型水溶肥200克/株，溶解于水，滴灌到设定的柑橘树根区。

第五次施肥：采果前一个月左右，肥料类型及用量同第四次。

五次全年累计用肥0.552千克/棵。

（三）配套技术

（1）运行前认真检查各部件和连接点。

（2）最好在进水口加装0.5～2毫米（10～35目）滤网或砂石过滤器进行过滤。

（3）当过滤器上压力差值大于0.3巴时，及时冲洗过滤器。

（4）定期清洗滤芯叠片，一般将叠片浸泡在pH 3～4的酸性溶液中2小时左右，然后用清水清洗干净。

四、"有机肥＋机械深施"模式

（一）适宜范围

适宜于当阳市所有柑橘园。

（二）施肥措施

1. 基肥

由于基肥以有机肥为主，所以施肥深度由原来的20厘米，用深耕开沟一体机加深到35厘米左右，然后将相应有机肥施入沟中覆土。

2. 追肥

壮果肥以化肥为主，为提高化肥利用率，减少化肥流失，施肥深度由原来的15～20厘米，用深耕开沟一体机加深到30厘米左右，然后将相应化肥施入沟中覆土。

（三）配套技术

最好选择晴天下午进行，开沟部位不超过树冠滴水线，8年以内树龄施肥沟深度可相应减少3～5厘米。

五、"果园自然生草＋绿肥"模式

（一）适宜范围

适宜于当阳市所有柑橘园。

（二）施肥措施

9～11月橘园种植紫云英，每亩用种量2～3千克；10～12月种植光叶苕子，每亩用种量3～4千克；5～7月配合观光休闲农业混播"波斯菊＋硫华菊"，每亩播种量3～4千克。

（三）配套技术

（1）雨量充沛及低丘岗地可选择紫云英或光叶苕子，干旱地区及坡度较大、耕层浅的低山区只能选择光叶苕子。

（2）绿肥种子播种前需精细整地，以提高出苗率。

（3）光叶苕子有少量攀岩上树现象，可用竹竿挑下，所有绿肥落下的草籽第二年可以周期生长，不用再播，但可根据实际情况进行补种。

湖北省东宝区柑橘有机肥替代化肥技术模式

一、"有机肥＋配方肥"模式

（一）适宜范围

适宜于全区柑橘产区的柑橘类品种。

（二）施肥措施

1. 肥料分3～4次施用，全年重施基肥和壮果肥，萌芽肥和稳果肥酌情施用

第一次是秋施基肥，在上一年9月至11月上旬（晚熟品种最好在9月施用，其他品种在采果前后施用），有机肥配合氮、磷、钾复混肥施用，有机肥全部施入，配方肥用量占全年化肥用量的60%～80%；第二次是萌芽肥，于2～3月萌芽前追肥，以氮肥为主；第三次是稳果肥，在5月根据挂果情况酌情施用，以氮肥为主；第四次是壮果肥，于6月底施用，以磷、钾肥为主配合适量氮肥，本次配方肥用量占全年化肥用量的20%～30%。

2. 配方肥

亩产1 500千克以下的果园，施用氮肥（N）10～15千克/亩、磷肥（P_2O_5）5～7千克/亩、钾肥（K_2O）10～15千克/亩；亩产1 500～3 000千克的果园，施用氮肥（N）15～20千克/亩、磷肥（P_2O_5）6～8千克/亩、钾肥（K_2O）15～20千克/亩；亩产3 000千克以上的果园，施用氮肥（N）20～25千克/亩、磷肥（P_2O_5）8～10千克/亩、钾肥（K_2O）20～25千克/亩。

3. 有机肥

施用有机肥5～10千克/株，或者施用农家肥2～4米^3/亩；树势弱或肥力低的土壤多施用。

4. 中微量元素肥料

有针对性地施用中微量元素肥料，通过叶面喷施补充钙、镁、铁、锌、硼等中微量元素，推荐在花期叶面喷施 2～3 次 0.2% 硼砂溶液，幼果期喷 2～3 次 0.3% 的硝酸钙溶液。还可以在春季萌芽前每亩施用硫酸锌 1～1.5 千克、硼砂 0.5～1.0 千克、硝酸钙 30 千克。

（三）配套技术

1. 秸秆沤制法

以晒干的麦秸、玉米秸等农作物秸秆，采用"三合一"方式，将秸秆、细干土、人畜粪尿按 6：3：1 的比例堆积沤制成有机肥的方法。沤制前一天，先将农作物秸秆用水泡透，紧接着将湿秸秆与细干土、人畜粪尿分别按 35 厘米、6 厘米、10 厘米的厚度依次逐层向上堆积，直至高达 1.5～1.6 米为止。然后用烂泥封闭，沤制 3～4 周时翻堆一次再密封，再经 2～3 周沤制即可制成有机肥，达到黑、烂、臭的程度便可施用。

2. 杂草沤制法

以半干的杂草与细干土、人畜粪便混合沤制成有机肥的方法。沤制前，将杂草晒至半干。沤制时，先在地面上铺一层 6～10 厘米厚的污泥或细土，后铺一层杂草，泼洒少量人畜粪尿，再撒盖 6～10 厘米厚的细干土，依次逐层堆积至高 1.5 米左右，最后用烂泥密封。沤制 4～5 周时，需翻堆一次再密封，以使杂草充分腐熟，再经 2～3 周沤制即可施用。

3. 高温沤制法

以猪、牛、马、羊等粪尿与草皮或鲜嫩青草按 2：1 的比例，充分拌匀后加适量水堆成堆，最后用塑料薄膜密封提温沤制成有机肥的方法。沤制 3 周可充分腐熟，即可施用。

4. 化肥沤制法

以化肥、粪尿肥、细干土按一定比例混合沤制成有机肥的方法。取过磷酸钙、硫酸铵各 25 千克，硫酸钾 8.5 千克，硫酸锌 1.25 千克，人粪尿 500 千克或猪粪尿 250 千克，细干土 1 000 千克，均匀混合后堆成塔形并拍实，最后用塑料薄膜密封。经 3～4 周沤制可充分腐熟，即可施用。

5. 沤粪池积造法

将畜禽粪便放入密闭的沤粪池内直接进行充分发酵形成有机肥的方法。沤粪池积造的有机肥，养分损失少，有利于植物吸收。

二、"果-沼-畜"模式

（一）适宜范围

适宜于全区柑橘产区的柑橘类品种。

（二）施肥措施

将沼气池中多余的沼渣沼液通过污泥泵抽至二次发酵池充分发酵备用，萌芽肥结合灌溉追入沼液 30～40 米³，稳果肥结合灌溉追入沼液 20～30 米³。沼渣于秋冬季作基肥施用，每亩施用沼渣 3 000～5 000 千克。施用方式主要有两种：一是离果园较近的可以直接用污泥泵抽至田间；二是离果园较远的，可以利用专用罐车运输至田间施用。在施用沼渣沼液的基础上，可以大幅度减少化肥用量 80% 以上。

（三）配套技术

沼渣沼液发酵：根据沼气发酵技术要求，将畜禽粪便归集于沼气发酵池中，进行腐熟和无害化处理，后经干湿分离，分沼渣和沼液施用。沼液采用机械化或半机械化灌溉技术直接入园施用，沼渣于秋冬季作基肥施用。

三、"有机肥＋水肥一体化"模式

（一）适宜范围

适宜于全区柑橘产区的柑橘类品种。

（二）施肥措施

水肥一体化追求的是施肥的精准和高效，以速效化肥为主。"有机肥＋水肥一体化模式"中，有机肥的用量参考"有机肥＋配方肥模式"，每亩施用商品有机肥（含生物有机肥）300～500千克，或经过充分腐熟的农家肥2～4米^3，于9月下旬到11月下旬施用，施肥方法采用条沟法或穴施法，施肥深度0.2～0.3米或结合深耕施用。水肥一体化通过提高肥料利用率，比常规施肥推荐更加节约肥料，盛果期柑橘园的肥料供应量主要依据目标产量和土壤肥力而定，目标产量为每亩2 000～3 000千克的柑橘园，每亩氮、磷、钾肥需求量分别为15～18千克、8～10千克、15～18千克。水肥一体化萌芽肥施肥分两次，第一次在施用有机肥后进行，第二次施肥时间在第一次后隔1个月左右，如遇连阴雨可考虑后移至翌年3月作催芽肥使用；稳果肥选用平衡型配方的水溶肥，施肥时期在5月中下旬，第一次生理落果和第二次生理落果之间；壮果肥选用高钾型配方的水溶肥，第一次施肥时间在第二次生理落果之后，第二次施用时间可在采果前1个月左右。

（三）配套技术

水肥一体化技术应用：借助压力系统，将可溶性固体或液体肥料按土壤养分含量和柑橘的需肥规律和特点，通过可控管道系统供水、供肥，使水肥相融后通过管道、喷枪或喷头形成喷灌、均匀、定时、定量喷洒在柑橘生长发育区域，提高柑橘栽植的经济效益，保护树体环境。

四、"果园自然生草＋绿肥"模式

（一）适宜范围

适宜于全区柑橘产区的柑橘类品种。

（二）施肥措施

根据东宝区的实际情况，"果园自然生草＋绿肥"模式有两种：一种模式是柑橘采摘后10～12月间种植黑麦草，播种量1.5～2千克/亩，生长期6月底结束；另一种模式是春季3～4月种植三叶草，该草多年生，有固氮作用，播种量1～2千克/亩。另外，草的生长需要肥料，可视苗情适当追施尿素，以5千克/亩左右为宜。

（三）配套技术

生草管理技术：黑麦草生长结束后，可让其自然老化，也可翻耕至土壤中。三叶草第一年播种后以后几年一般不用再播，可根据实际情况进行补播。生草三年左右休闲一年进行清耕，翌年重新播种形成新的循环。

湖南省永顺县柑橘有机肥替代化肥技术模式

一、"猪-沼-果"模式

（一）适宜范围

适宜于柑橘园上方有养殖场的地方。

（二）施肥措施

（1）在沼渣沼液发酵池中再按比例加入复合微生物菌剂，对畜禽粪便进行无害化处理，经过充分发酵后沼渣沼液成为一种速效性优质有机肥料，最后利用管道灌溉技术直接输送入园。

（2）春季施肥　建议选用40%（17-10-13）或相近配方的高氮中磷中钾型配方肥，每亩用量30千克（N 5.1千克、P_2O_5 3千克、K_2O 3.9千克）；施肥方法采用沟施，施肥深度20~30厘米。注意补充硼肥。

（3）夏季施肥　通常在6~7月果实膨大期施用。建议选择40%（13-12-15或相近配方）配方肥，每亩施用量40千克（N 5.2千克、P_2O_5 4.8千克、K_2O 6千克）。施肥方法采用沟施或兑水浇施，施肥深度20~30厘米。

（4）秋冬季施肥　每亩施用畜禽粪便经过充分厌氧发酵沤制的沼液1 000千克（N 10.8千克、P_2O_5 6.5千克、K_2O 10千克）；同时配合施用40%（13-12-15或相近配方）配方肥30千克（N 3.9千克、P_2O_5 3.6千克、K_2O 4.5千克）。于12月中下旬施用（大份4号等中熟品种采收后施用），采用沟施，施肥深度30~50厘米或结合深耕施用。

全年总用肥67千克（纯量），其中：化肥40千克、有机肥27千克，即N 25千克、P_2O_5 18千克、K_2O 24千克。

沼液施入沟中，再撒入配方肥，混匀后覆土。

二、"有机肥＋水肥一体化"模式

（一）适宜范围

适宜于湘西山区果树类作物。

（二）施肥措施

滴灌水肥一体化技术是借助压力系统（或地形自然落差）将可溶性固体或液体肥，按土壤养分含量和作物种类等需肥规律和特点，配兑成肥液与灌溉水一起在可控管道系统使水肥相融后，通过管道和滴头形成滴灌的一种水肥施入土壤的技术。施肥选择在土壤湿度偏低的干旱少雨天气进行，避开雨天。

（1）秋冬季施肥　每亩施用商品有机肥（含生物有机肥）300千克（N 9千克、P_2O_5 3千克、K_2O 3千克），或畜禽粪便等经过充分厌氧发酵沤制的沼液600千克（N 6.5千克、P_2O_5 4千克、K_2O 6.0千克）；同时配合施用51%（17-17-17）水溶性肥料30千克（N 5.1千克、P_2O_5 5.1千克、K_2O 5.1千克）。于12月中下旬，有机肥采用沟施，施肥深度 30～50 厘米或结合深耕施用；水溶性肥料采用滴灌水肥一体化施用。

（2）春季施肥　于 4 月施用，选用 51%（17－17－17）水溶性肥 20 千克＋尿素 5 千克，每亩用量为 N 5.7 千克、P_2O_5 3.4 千克、K_2O 3.4 千克，水溶性肥料采用滴灌水肥一体化技术施用。

（3）夏季施肥　通常在 6～7 月果实膨大期施用，建议选择 51%（17－17－17）水溶性肥料 20 千克＋水溶性硫酸钾 10 千克，每亩用量为 N 3.4 千克、P_2O_5 3.4 千克、K_2O 8.4 千克，水溶性肥料采用滴灌水肥一体化施用。

全年总用肥 58 千克（纯量），其中：化肥 43 千克、有机肥 15 千克，即 N 23 千克、P_2O_5 15 千克、K_2O 20 千克。

水溶性肥料结合果园抗旱采用水肥一体化技术施用。

湖南省宜章县柑橘有机肥替代化肥技术模式

"有机肥＋配方肥＋机械施肥＋种植绿肥"模式

（一）适宜范围
适宜于宜章县丘岗区种植的脐橙园。

（二）施肥措施

1. 施肥原则

（1）重视有机肥的施用，大力发展果园绿肥，实施果园覆盖。

（2）盛果期成年脐橙应提高钾肥施用比例。

（3）酸化严重的果园要适量施用石灰。

（4）根据脐橙品种、果园土壤肥力状况，优化氮磷钾肥用量、施肥时期和分配比例，适量补充钙、镁、硼、锌等中微量元素。橙类要注意镁肥的施用。

（5）施肥方式改全园撒施为集中穴施或沟施；基肥采用有机肥与配方肥混匀机械深施技术。

（6）对缺硼、锌、镁的橘园补施硼、锌、镁肥。

（7）脐橙属忌氯作物，忌施含氯化肥。

2. 肥料品种与施肥量

（1）有机肥　主要选择以当地畜禽粪便等有机肥为原料生产的商品有机肥或堆肥及其他农家肥。施用量：商品有机肥 400～500 千克/亩或者堆肥及其他农家肥 1 000～1 200 千克/亩。

（2）配方肥　选择 45%（18－5－22）硫酸钾型配方肥或相近配方。施用量：80～105 千克/亩。

3. 施肥时期

（1）幼树施肥　勤施薄肥，以氮肥为主，配合磷、钾肥。全年施肥 6～8 次，春、夏、秋梢抽生前 10～15 天各施一次促梢肥；每次新梢自剪后，追施 1～2 次壮梢肥，并加以根外追肥；8月下旬以后应停止施用速效氮肥；秋、冬季节深施基肥。

（2）结果树施肥　成年结果脐橙园，全年施好4次肥。萌芽肥：在3月上中旬施用，建议选择45%（20-13-12或相近配方）的高氮中磷中钾型配方肥，每亩用量20~25千克；施肥方法采用条沟、穴施，施肥深度10~20厘米，注意补充硼肥。稳果肥：在5月上旬施用，建议配合防治病虫害时进行叶面施肥。壮果肥：在7月中下旬施用，建议选择45%（18-5-22或相近配方）配方肥，每亩施用量60~80千克；施肥方法采用条沟、穴施或兑水浇施，施肥深度在10~20厘米，配合灌水防旱。基肥：在11月底至12月底，采果后对果园进行修剪后施用。

4. 施肥技术

（1）秋冬季基肥的施肥技术　根据树势，每亩施用有机肥（堆肥）500~600千克或生物有机肥400~500千克+配方肥35~45千克；由社会化服务组织统一进行标准化机械施肥，减轻劳动强度、提高施肥效率。使用开沟施肥覆土一体机施肥的深度在20~40厘米，施肥宽度为40厘米，长度根据果园果树的需求调整。小型挖机施肥深度在40~50厘米，施肥宽度为40厘米，长度100~120厘米，将肥料与土充分混匀覆土。

（2）追肥施肥技术　幼年树采用环状沟施：沿树冠滴水线处挖环状浅沟，将配方肥与土拌匀施于沟内，表层覆土；成年树采用放射状沟施：在树冠投影范围内距树干一定距离处开始向外开挖4~6条内浅外深、呈放射状施肥浅沟，将配方肥与土拌匀施于沟内，表层覆土。

（3）叶面施肥技术　将肥料溶解于水中，通过脐橙叶片、果实表皮的气孔、皮孔的渗透作用，直接吸收溶解于水中的某些营养元素。在不同的生长发育期，选用不同种类的肥料进行叶面追肥。春梢抽发期、花期以喷施硼、锌、锰肥为主，其他时期因缺补缺。叶面施肥应严格掌握使用浓度，避免在高温时操作，防止造成肥害。果实采收前30天内停止叶面施肥。叶面施肥尽量喷于叶片背面。常用根外叶面肥使用浓度：尿素为0.3%~0.5%，硫酸锌为0.2%，硫酸镁为0.05%~0.2%，硼酸、硼砂为0.1%~0.2%，磷酸二氢钾为0.2%~0.3%，钼酸铵为0.05%~0.1%。

（三）配套技术

果园绿肥种植

（1）绿肥品种选择　因地制宜选择合适绿肥品种，成年脐橙园种植绿肥品种可选择三叶草、毛叶苕子、紫云英等。

（2）三叶草播种方法及田间管理　春季播种可在3月中下旬气温稳定在15℃以上时进行，秋播一般从8月中旬至9月中下旬进行。播种前将果树行间杂草及杂物清除，翻耕10厘米将地整平，墒情不足时，翻地前应灌水补墒。

撒播、条播均可，适当保持树距，一般在离树冠外缘20~30厘米处播种，太近会影响果树尤其是幼树的成长；播种宜浅不宜深，一般覆土0.5~1.5厘米。苗期适时清除杂草，保持土壤湿润，出苗后适时施肥提苗。

（3）收获　当株高20厘米左右时进行刈割，刈割时留茬不低于5厘米，以利于再生，割下的草可直接翻压入土，也可就株间覆盖，待腐烂后深翻入土作肥料。

湖南省新宁县脐橙有机肥替代化肥技术模式

"绿肥＋配方肥"模式

（一）适宜范围

适宜于新宁丘岗脐橙盛果期成年脐橙园。

（二）施肥措施

1. 施肥原则

（1）重视有机肥的施用，大力发展果园绿肥，实施果园覆盖。

（2）盛果期成年脐橙应提高钾肥施用比例。

（3）酸化严重的果园要适量施用石灰。

（4）根据脐橙品种、果园土壤肥力状况，优化氮磷钾肥用量、施肥时期和分配比例，适量补充钙、镁、硼、锌等中微量元素。橙类要注意镁肥的施用。

（5）施肥方式改全园撒施为集中穴施或沟施；基、追肥深施，施后立即覆土。

（6）对缺硼、锌、镁的脐橙园补施硼、锌、镁肥。

（7）脐橙属忌氯作物，忌施含氯化肥。

2. 肥料品种与施肥量

（1）有机绿肥　主要选择当地上一年种植的满园花及当年种植的豆科植物"茶肥一号"。施用量：4月，满园花施用量为 1 000～1 500 千克/亩；7月，"茶肥一号"施用量为 1 500～2 000 千克/亩。

（2）配方肥　选择 40％（20-8-12）硫酸钾型配方肥或相近配方。施用量：70～90 千克/亩。

3. 施肥时期与方法

（1）稳果肥（基肥）　在4月初，每亩按上述推荐施用量100％的绿肥与60～80 千克40％（20-18-12）硫酸钾型配方肥作基肥深施，沿树冠滴水线挖穴或放射状沟，沟深 30～50 厘米，将各种肥料混合均匀施入，并与土混匀，做到肥土融合，施后覆土。

（2）壮果肥　于7月中下旬，沿树冠滴水线挖环状沟，沟深50～70 厘米，根据挂果量，将刈割的豆科植物"茶肥一号"每亩施 1 500～2 000 千克，再施40％（20-8-12）硫酸钾型配方肥20～30 千克，施后及时覆土，根据土壤墒情浇水。丰产年适当增加氮肥用量，每亩增施尿素5 千克。

（3）喷施叶面肥　在脐橙坐果期至稳果期用 0.5％ 的尿素加 0.3％ 磷酸二氢钾，每隔 10 天喷施一次，连续喷 2～3 次。缺硼、锌、镁等中微量元素的橘园，可选择对应中微量元素水溶肥料或有机水溶肥料进行叶面喷施。

4. 果园绿肥种植

（1）绿肥品种选择　因地制宜选择合适绿肥品种，成年脐橙园种植绿肥品种可选满园花、毛叶苕子、紫云英等。

（2）满园花播种方法及田间管理　上一年9月播种。播种前将果树行间杂草及杂物清除，翻耕 10 厘米将地整平，墒情不足时，翻地前应灌水补墒。

撒播、条播均可，适当保持树距，一般在离树冠外缘 20～30 厘米处播种，太近会影响果树尤其是幼树的成长；播种宜浅不宜深，一般覆土 0.5～1.5 厘米。苗期适时清除杂草，保持土壤湿润，出苗后适时施肥提苗。

（3）收获　可在第二年 4 月中下旬结荚时进行刈割，刈割时留茬不低于 5 厘米，以利于再生，割下的草可直接翻压入土，也可就株间覆盖，待腐烂后深翻入土作肥料。

（4）"茶肥一号"播种方法及田间管理　4 月初于脐橙园树周空隙松土，每亩用磷肥 50 千克作基肥，于 4 月上中旬播种，每亩用种量 1 千克，7 月上旬第一次刈割、翻压。以后 9 月、11 月可进行第二次、第三次刈割，一般第一次刈割生物产量 1 500～2 000 千克，第二次刈割生物产量 1 000～1 500 千克，第三次刈割生物产量 1 500 千克左右。

湖南省麻阳苗族自治县柑橘有机肥替代化肥技术模式

"有机肥＋配方肥"模式

（一）适宜范围
适宜于麻阳苗族自治县种植的所有冰糖橙、脐橙等品种的盛果期柑橘园。

（二）施肥措施
1. 施肥原则

（1）坚持有机肥与无机肥配合施用，增加有机肥的施用，大力发展果园生草，实施果园覆盖。

（2）根据柑橘树势及产量调整肥料用量，对缺硼、锌、镁等微量元素的橘园进行叶面补肥。

（3）调节土壤酸碱度，改善土壤理化性质。

（4）施肥方式改全园撒施为集中穴施或沟施；基、追肥深施，施后立即覆土。

2. 肥料品种与施肥量

（1）有机肥　主要选择以当地畜禽粪便等有机肥为原料生产的商品有机肥或堆肥及其他农家肥。施用量：商品有机肥 250～400 千克/亩或者堆肥及其他农家肥 1 000～1 500 千克/亩。

（2）配方肥　选择 45%（16 - 13 - 16）硫酸钾型配方肥或相近配方。施用量：50～100 千克/亩。

3. 施肥时期与方法

（1）采果肥（基肥）　在上一年 11～12 月采果后，每亩施用畜禽粪便有机肥 1 000～1 500 千克、商品有机肥 250～400 千克与配方肥 20～30 千克混合作基肥以 30～50 厘米沟施、环施后及时覆土；柑橘园杂草在施基肥时每年通过人工或旋耕机翻耕后翻压入土。

（2）保花肥　于 3 月底 4 月初，沿树冠滴水线挖环状沟，沟深 15～20 厘米，每亩施 45%（16 - 13 - 16）硫酸钾型配方肥 15～30 千克，施后及时覆土。

（3）壮果肥　于5月下旬至6月中旬，沿树冠滴水线挖环状沟，沟深15～20厘米，根据挂果量，每亩施45%（16-13-16）硫酸钾型配方肥20～35千克，施后及时覆土，有灌溉条件的及时浇水。

（4）喷施叶面肥　在柑橘坐果期至稳果期用0.5%的尿素溶液加0.3%的磷酸二氢钾溶液，每隔10天喷施一次，连续2～3次。缺硼、锌、镁等中微量元素柑橘园，可选择对应的中微量元素水溶肥料或有机水溶肥料进行叶面喷施。

湖南省道县脐橙有机肥替代化肥技术模式

一、"绿肥＋有机肥＋配方肥"模式

（一）适宜范围

适宜于道县丘陵区种植的脐橙成年树果园。该区内蜜橘、沃柑、冰糖橙、沙糖橘等盛果期成年柑橘园可参考实施。

（二）施肥措施

1. 施肥原则

（1）增加有机肥的施用量，大力发展果园绿肥，增施商品有机肥，积造自制堆肥，实施果园秸秆覆盖。

（2）盛果期成年柑橘应提高钾肥施用比例：选用钾肥比例高的配方肥料，适量增施硫酸钾肥。

（3）酸化严重的果园要适量增施生石灰。

（4）根据脐橙园土壤肥力状况，优化氮磷钾肥用量、施肥时期和分配比例，适量补充钙、镁、硼、锌等中微量元素。橙类要注意镁肥的施用。

（5）施肥方式改全园撒施为集中穴施或沟施，基、追肥深施，施后立即覆土；改人工施肥为机械深耕施肥。

（6）对缺硼、锌、镁的橘园补施硼、锌、镁肥。

（7）脐橙属忌氯作物，忌施含氯化肥。

2. 肥料品种与施肥量

（1）有机肥　主要选择以当地畜禽粪便等有机肥为原料生产的商品有机肥或堆肥及其他农家肥。施用量：商品有机肥500～1 000千克/亩或者堆肥及其他农家肥1 000～1 500千克/亩。

（2）配方肥　选择45%（20-10-15）硫酸钾型配方肥或相近配方。施用量：90～120千克/亩。

3. 施肥时期与方法

（1）秋冬季施肥　结果园在秋冬季每亩施用商品有机肥1 000千克，同时配合施用柑橘配方肥20～30千克/亩（18-8-18或相似配方），于11月下旬至12月上旬，采取机械开沟条施或穴施，施肥沟应靠近树冠滴水线，施肥深度20～30厘米。

（2）春季施肥　2月下旬至3月下旬施用。施用柑橘配方肥30～40千克/亩（18-

8－18 或相似配方）；施肥方法采用条沟、穴施，施肥深度 10～20 厘米。注意补充硼肥。

（3）夏季施肥　通常在 6～8 月果实膨大期分次施用。施用 45％（18－5－22 或相近配方）柑橘配方肥，每亩施用量 40～50 千克。施肥方法采用条沟、穴施或兑水浇施，施肥深度在 10～20 厘米。

（4）叶面施肥　在柑橘坐果期至稳果期用 0.5％的尿素溶液加 0.3％的磷酸二氢钾溶液，每隔 10 天喷施一次，连续 2～3 次。缺硼、锌、镁等中微量元素橘园，可选择对应中微量元素水溶肥料或有机水溶肥料进行叶面喷施。

4. 果园绿肥种植

（1）绿肥品种选择　因地制宜选择合适绿肥品种，成年柑橘园种植绿肥品种可选择光叶苕子、紫云英、满园花等。

（2）绿肥播种方法及田间管理　冬季播种可在 9 月底 10 月初进行。播种前将果树行间杂草及杂物清除，翻耕整厢撒播或条播。播种适当保持树距，一般在离树冠外缘 20～30 厘米处，播种宜浅不宜深，一般覆土 0.5～1.5 厘米，苗期适时清除杂草，保持土壤湿润，出苗后适时施肥提苗。

光叶苕子、紫云英于翌年 4～5 月自然枯死，无须杀青填埋，满园花需在 4 月中旬杀青填埋。

二、"绿肥＋有机肥＋水肥一体化"模式

（一）适宜范围

适宜于道县丘陵区种植的脐橙成年树果园。该区内蜜橘、沃柑、沙糖橙、沙糖橘等盛果期成年柑橘园可参考实施。

（二）施肥措施

1. 施肥原则

（1）增加有机肥的施用量　大力发展果园绿肥，增施商品有机肥，积造自制堆肥，实施果园秸秆覆盖。

（2）盛果期成年柑橘应提高钾肥施用比例　选用钾肥比例高的水溶肥料。

（3）酸化严重的果园要适量增施生石灰。

（4）根据脐橙园土壤肥力状况，优化氮磷钾肥用量、施肥时期和分配比例，适量补充钙、镁、硼、锌等中微量元素。橙类要注意镁肥的施用。

（5）施肥方式，有机肥采取穴施或沟施，化肥则通过水肥一体化设施使灌溉施肥相结合；有机肥改人工施肥为机械深耕施肥。

（6）对缺硼、锌、镁的橘园补施硼、锌、镁肥。

（7）脐橙属忌氯作物，忌施含氯化肥。

2. 肥料品种与施肥量

（1）有机肥　主要选择以当地畜禽粪便等有机肥为原料生产的商品有机肥或堆肥及其他农家肥。施用量：商品有机肥 500～1 000 千克/亩或者堆肥及其他农家肥 1 000～1 500 千克/亩。

（2）水溶复合肥　选择 50%（23 - 8 - 19）水溶复合肥或相近配方。施用量：70～90 千克/亩，分 9 次灌施。

3. 施肥时期与方法

（1）秋冬季施肥　结果园在秋冬季每亩施用商品有机肥 500～1 000 千克/亩或者堆肥及其他农家肥 1 000～1 500 千克/亩，于 11 月下旬至 12 月上旬，采取机械开沟条施或穴施，施肥沟应靠近树冠滴水线，施肥深度 20～30 厘米。

（2）水肥一体化施肥　盛果期脐橙园：肥料供应量主要依据目标产量和土壤肥力而定，水肥一体化通过提高肥料利用率比常规施肥推荐节约肥料；目标产量为每亩 2 000～3 000 千克的柑橘园，每亩氮、磷、钾肥需求量分别为 15～18 千克、7～9 千克和 12～15 千克。灌溉施肥各时期氮、磷、钾肥施用比例如下表所示。

盛果期脐橙树灌溉施肥计划

生育时期	灌溉次数	灌水定额 ［米³/（亩·次）］	每次灌溉加入养分占总量比例（%）		
			N	P_2O_5	K_2O
萌芽前	1	9	15	20	10
初花期	1	6	10	10	5
幼果期	1	6	5	10	5
夏梢萌动期	1	6	5	5	10
果实膨大期	1	9	15	5	15
	1	9	15	5	15
	1	9	15	5	15
转色期	1	6	5	15	15
采收后	1	9	15	25	10
合计	9	69	100	100	100

（3）叶面施肥　在柑橘坐果期至稳果期用 0.5% 的尿素溶液加 0.3% 的磷酸二氢钾溶液，每隔 10 天喷施一次，连续 2～3 次。缺硼、锌、镁等中微量元素橘园，可选择对应中微量元素水溶肥料或有机水溶肥料进行叶面喷施。

4. 果园绿肥种植

（1）绿肥品种选择　因地制宜选择合适绿肥品种，成年柑橘园种植绿肥品种可选择光叶苕子、紫云英、满园花等。

（2）绿肥播种方法及田间管理　冬季播种可在 9 月底 10 月初播种。播种前将果树行间杂草及杂物清除，翻耕整厢撒播或条播。播种适当保持树距，一般在离树冠外缘 20～30 厘米处，播种宜浅不宜深，一般覆土 0.5～1.5 厘米，苗期适时清除杂草，保持土壤湿润，出苗后适时施肥提苗。

光叶苕子、紫云英于翌年 4～5 月自然枯死，无须杀青填埋，满园花需在 4 月中旬杀青填埋。

广东省梅县区金柚有机肥替代化肥技术模式

一、"有机肥＋配方肥"模式

（一）适宜范围

适宜于梅县区全区范围内金柚种植区域。

（二）施肥措施

在测土配方施肥技术基础上，根据金柚生产特性、需肥规律、目标产量制定施肥方案。

1. 目标产量

目标产量为150千克/株（种植密度为30株/亩，亩产约4 500千克），根据目标产量高低可按一定比例适当增减肥料使用量。

2. 配方施肥

根据测土结果、金柚需肥规律和目标产量确定有机肥用量和大量元素氮、磷、钾比例。

"有机肥＋配方肥"模式施肥时期及施肥量

施肥时期	施肥时间		肥料名称	氮、磷、钾含量（％）	数量（千克/株）	备注
	沙田柚	蜜柚				
冬肥	1月中下旬	12月中下旬	商品有机肥	≥5	25	基肥
			配方肥	15－15－15	1.5	基肥
谢花肥	4月上旬	3月上旬	配方肥	21－6－13	1.2	追肥
壮果肥	5月上旬	4月上旬	配方肥	21－6－13	1.3	追肥
	6月上旬	5月上旬	配方肥	15－15－15	1.3	追肥
	7月上旬	6月上旬	配方肥	12－11－18	1.2	追肥
	8月上旬	7月上旬	配方肥	12－11－18	1.5	追肥

为方便农民施用，选用利用当地有机肥源生产的商品肥，农民可根据柚园土壤养分状况在该推荐比例基础上适当调整。有机肥是指达到NY 525—2012《有机肥料》标准的商品有机肥，水分按照30％计算。若施用畜禽粪便腐熟堆肥，则建议将水分含量折算计入总量。中微量元素肥料以镁肥和硼肥为主，硫酸镁每亩每年施用5千克，硼砂每亩每年施用2千克。

3. 施肥方法

（1）冬肥 采取开沟埋施，在树滴水位开环形沟或对称沟，沟深45厘米、宽40厘米、长与树冠齐，先放入有机肥，回土后与有机肥混匀，撒入配方肥要均匀，回填土要高出原土壤面20厘米。

（2）谢花肥和壮果肥 采取开浅沟施，在树冠滴水位开环形沟、对称沟、放射沟，沟深10～20厘米、宽20厘米，配方肥均匀撒于沟内，与土混匀后覆土，或在沟内淋水40

千克/株后覆土。

（三）配套技术

1. 有机肥制作技术（高温好氧堆肥）

将禽畜粪便收集、脱水，加入 20%～30%蘑菇渣、木屑、米糠等，将含水率调节至 55%～65%，可添加少量发酵菌进行堆沤，前两周每 3 天翻堆一次，后两周每 5 天翻堆一次，后熟 1～2 周。待含水率低于 45%、有机质大于 45%即可过筛包装或直接运输到果园施用。

2. 测土配方技术

指通过对种植果园土壤进行养分和理化性状化验，根据养分丰缺情况，制定增减肥料养分，达到合理养分配比。同时，改进施肥方法，采取开沟深施和精准施肥。

梅县区土壤肥力整体偏高，有机质含量一般，尤其是磷（有效磷均值 251.4 毫克/千克）、钾（速效钾均值 278.3 毫克/千克）富累积程度很高，存在酸化和次生盐渍化风险，当前的酸化趋势已经非常明显（平均 pH 4.57）。因此，建议种植大户以三年为周期在冬季清园时进行测土，结合目标产量更好地指导生产周期内的施肥措施。

二、"果–沼–畜"模式

（一）适宜范围

适宜于梅县区种植养殖一体的种植大户或企业（该模式主要供种植果园的养猪户参考）。

（二）施肥措施

"果–沼–畜"模式施肥时期及施肥量

施肥时期	施肥时间		肥料名称	氮、磷、钾含量（%）	数量（千克/株）	备注
	沙田柚	蜜柚				
冬肥	1 月中下旬	12 月中下旬	自堆腐熟肥	≥5	15	基肥
			配方肥	15 - 15 - 15	1.2	基肥
谢花肥	4 月上旬	3 月上旬	配方肥	21 - 6 - 13	1.0	追肥
壮果肥	5 月上旬	4 月上旬	配方肥	21 - 6 - 13	1.1	追肥
	6 月上旬	5 月上旬	配方肥	15 - 15 - 15	1.1	追肥
	7 月上旬	6 月上旬	配方肥	12 - 11 - 18	1.0	追肥
	8 月上旬	7 月上旬	配方肥	12 - 11 - 18	1.2	追肥

在"有机肥＋配方肥"模式的基础上，将禽畜养殖的废液通过厌氧发酵、生化处理、过滤后通过水肥一体化输送管网施用于果树。沼液每年施用 6～8 次，挂果树每次每株施用 40～50 千克，根据树势及降雨情况确定施用量及时间。该技术模式可在"有机肥＋配方肥"模式基础上减少 20%左右的化肥用量，中微量元素肥料用量同"有机肥＋配方肥"模式。

三、"有机肥＋水肥一体化"模式

（一）适宜范围

适宜于梅县区范围有水肥一体化设施条件的金柚果园。

（二）施肥措施

施肥技术措施结合"有机肥＋配方肥"模式，在选用肥料时选取水溶性肥料。将肥料溶解于水中，通过果园水肥一体化系统将肥、水同时施于果树。水肥一体化系统包括：首部压力、过滤器、输送管网、滴灌管网。施用时务必做到定时准时、定位准确、省工省时，在此基础上才能做到提高肥料利用率、节肥增效。

有机肥用量、施肥时间与上述两个模式相同，水溶性有机肥用量建议为配方肥的70％左右即可，中微量元素肥料用量同"有机肥＋配方肥"模式。

广东省廉江市红橙有机肥替代化肥技术模式

一、"有机肥＋配方肥"模式

（一）适宜范围

适宜于廉江市石岭镇、石颈镇、青平镇、高桥镇、良垌镇、横山镇、营仔镇、和寮镇、长山镇和塘蓬镇等有机肥源比较充足的红橙种植区。

（二）施肥措施

在测土配方施肥的基础上，根据果园土壤肥力状况、红橙需肥规律和目标产量合理确定施肥方案。以目标产量为每株 40～50 千克（种植密度为 60 株/亩，亩产 2 400～3 000 千克）红橙园为例，全年每株施用商品有机肥（含生物有机肥）5～10 千克（每亩施 300～600 千克），或农家肥 10～15 千克（每亩施 600～900 千克），配方肥每株施用 1.85～2.55 千克（即每亩施 111～153 千克），适时补充中微量元素。有机肥在采果后作为基肥施用，配方肥在采果后、花前期、谢花期和秋梢壮果期分 4 次施用。与常规施肥相比，本技术模式每亩减少化肥用量 20％～25％。

1. 采果肥

于采果清园后枝梢生长期施用，最佳施肥时期为 11 月下旬至 12 月下旬，以有机肥为主，氮、磷、钾肥配合使用，作为基肥恢复树势，提高抗寒力，保叶过冬，促进花芽分化，同时提高土壤保肥供肥性能。

商品有机肥（含生物有机肥）按每株 5～10 千克（每亩施 300～600 千克），或按照 NY/T 3442—2019《畜禽粪便堆肥技术规范》堆沤的牛粪、羊粪或猪粪等农家肥每株 10～15 千克（每亩施 600～900 千克）作为基肥，开环状沟、条形沟、放射沟或穴状方式进行局部集中施用，沟宽 30～40 厘米、沟深 30～40 厘米，有机肥与土掺匀后回填。配方肥选用高氮、低磷、中钾配方，每株施用 33％（15 - 6 - 12 或相近配方）配方肥 0.6～0.8 千克（每亩施 36～48 千克），施用量约占全年施肥量的 30％。同时，每株施用 1.0 千克钙镁磷肥或 0.5 千克七水硫酸镁补充钙、镁肥，每亩施 40～50 千克石灰改良酸性土，采用开环状沟、条形沟、放射沟或穴状方式进行局部集中施用。

"有机肥十配方肥"模式施肥时期及施肥量

施肥时期	施肥时间	肥料名称	氮、磷、钾含量（%）	数量（千克/株）	占总量比例（%）	备注
采果肥	11月下旬至12月下旬	商品有机肥（或堆肥）	≥5	5～10（或10～15）	100	基肥
		配方肥	15-6-12	0.6～0.8	30	基肥
		钙镁磷肥（或七水硫酸镁）		1（或0.5）	100	基肥
花前肥	2月下旬至3月上旬	配方肥	15-5-15	0.2～0.3	10	追肥
		0.2%七水硫酸锌、0.2%硫酸锰、0.05%～0.1%硼砂等		喷施至叶尖滴出水滴为准	33.3	追肥
谢花肥	5～6月	配方肥	15-5-15	0.4～0.6	20	追肥
		0.2%七水硫酸锌、0.2%硫酸锰、0.05%～0.1%硼砂等		喷施至叶尖滴出水滴为准	33.3	追肥
秋梢肥	9月下旬	配方肥	19-6-21	0.6～0.85	30	追肥
		0.2%七水硫酸锌、0.2%硫酸锰、0.05%～0.1%硼砂等		喷施至叶尖滴出水滴为准	33.3	追肥

2. 花前肥

花芽分化至露白点时施用，最佳施肥时期在2月下旬至3月上旬，用于促梢、壮花，以配方肥为主，施用量约占全年施肥量的10%。选用低磷且氮、钾含量相当的配方，每株施用35%（15-5-15或相近配方）的配方肥0.2～0.3千克（每亩施12～18千克），采用条沟或穴施，施肥深度在10～20厘米。喷施0.2%七水硫酸锌、0.2%硫酸锰、0.05%～0.1%硼砂和0.02%钼酸铵溶液补充中微量元素。

3. 谢花肥（稳果肥）

谢花生理落果后施用，最佳施肥时期在5～6月，以配方肥为主，施用量约占全年施肥量的20%，补充树体营养，提高坐果率，有利于果实发育和种子形成，特别是对开花多的树和老树效果尤为显著。选用低磷且氮、钾含量相当的配方肥，每株施用35%（15-5-15或相近配方）的配方肥0.4～0.6千克（每亩施24～36千克）。喷施0.2%七水硫酸锌、0.2%硫酸锰、0.05%～0.1%硼砂和0.02%钼酸铵溶液补充中微量元素。

4. 秋梢肥（壮果肥）

统一在放秋梢时施用，最佳施肥时期为9月下旬，以配方肥为主，施用量约占全年施肥量的30%，有利于果实膨大和促发早秋梢。选用中氮、低磷、高钾的配方肥，每株施用46%（19-6-21或相近配方）的配方肥0.65～0.85千克（折合每亩施39～51千克）。喷施0.2%七水硫酸锌、0.2%硫酸锰、0.05%～0.1%硼砂和0.02%钼酸铵溶液补充中微量元素。

（三）配套技术

畜禽粪便堆沤和沼液沼渣发酵

畜禽粪便、生活垃圾、杂草等按照NY/T 3442—2019《畜禽粪便堆肥技术规范》，通过微生物菌堆沤发酵达到堆肥产物质量要求的堆肥产物作为优质有机肥料用于红橙种植。

（1）原料　以猪粪为主，配加秸秆、米糠、麦麸或杂草等配料，用料比例为 1 吨猪粪添加 100～200 千克配料。

（2）菌种（微生物菌剂或有机物料腐熟剂）　用量按万分之一比例添加，即每 1 吨原料中加入 0.1 千克菌种，使用时与 30～50 倍的辅料如麸皮、玉米面等混合均匀。

将畜禽粪便、辅料按照 3∶1 进行配比，配方组成（按质量比）为禽畜粪便 70％～85％、辅料 15％～30％。在原料和辅料混合的同时均匀掺入菌种，辅料主要功能是调节水分及物料的透气性，调节适宜水分含量在 50％～60％，既可保持物料的通气又可满足微生物活动需要。

（3）发酵时间与温度　一般发酵时间为春、秋季 20～25 天，夏季 15～20 天，冬季30～40 天。发酵的最适宜环境温度为 25～35 ℃。

（4）发酵完成标准　发酵好的堆肥有淡淡氨味而不臭。

二、"有机肥＋水肥一体化"模式

（一）适宜范围

适宜于廉江市石岭镇、石颈镇、青平镇、高桥镇、良垌镇、横山镇、营仔镇、和寮镇、长山镇和塘蓬镇等有机肥肥源比较充足和有水肥一体化设施的红橙园。

（二）施肥措施

目标产量为每株 40～50 千克的红橙园（亩产 2 400～3 000 千克），每株施用商品有机肥（含生物有机肥）5～10 千克（每亩施 300～600 千克）或农家肥 10～15 千克（每亩施600～900 千克）作基肥，根据不同生长期需要，通过水肥一体化灌溉施肥设施进行追肥。与常规施肥相比，该模式每亩减少化肥用量 25％～30％。

1. 有机肥

在秋冬季采果后，最佳施肥时期为 11 月下旬至 12 月下旬，每株红橙施用商品有机肥（含生物有机肥）5～10 千克，或由牛粪、羊粪和猪粪等经过充分腐熟发酵的农家肥 10～15 千克作基肥施用，采用环状沟、条形沟、放射沟或穴状等方式进行局部集中施用，沟宽 30～40 厘米、沟深 30～40 厘米，有机肥与土掺匀后回填。

2. 水肥一体化施肥

根据廉江市当地实际情况，水肥一体化技术主要采用重力自压式施肥法和泵吸肥法的红橙水肥一体化滴灌施肥系统。在肥料的选择上，主要是液体配方肥、硝酸钾、氯化钾（白色）、尿素、磷酸一铵、硝基磷酸铵、水溶性复混肥作追肥施用，特别是液体肥料在灌溉系统中使用非常方便。盛果期红橙园，肥料供应量主要依据目标产量和土壤肥力而定，水肥一体化通过提高肥料利用率，比常规施肥推荐显著节约肥料，目标产量为每株 40～50 千克的红橙园（亩产 2 400～3 000 千克），每亩氮、磷、钾、钙、镁肥需求量分别为 N18～24 千克、P_2O_5 5.4～7.2 千克、K_2O 18～24 千克、Ca 2～3 千克和 Mg 2～3 千克。灌溉施肥各时期氮、磷、钾、钙、镁肥施用比例如下表所示。此外，在开花前、谢花后和果实膨大期喷施 0.2％七水硫酸锌、0.2％硫酸锰、0.05％～0.1％硼砂和 0.02％钼酸铵溶液各一次补充微量元素，喷施用量以喷至叶尖滴出水滴为准。

盛果期红橙水肥一体化灌溉施肥计划

生育期	灌溉次数	灌水定额 [米³/(亩·次)]	每次灌溉加入养分占总量比例（％）				
			N	P₂O₅	K₂O	Ca	Mg
萌芽期	1	9	15	20	10	30	30
初花期	1	6	10	15	5	30	30
幼果期	1	6	5	10	5		
夏梢萌动期	1	6	5	5	10		
果实膨大期	1	9	15	10	15	40	40
	1	9	15	10	15		
	1	9	15	10	15		
转色期	1	6	10	15	15		
采收期	1	9	10	5	10		
合计	9	69	100	100	100	100	100

（三）配套技术

畜禽粪沼液滴灌：根据沼气发酵技术要求，将畜禽粪便归集于沼气发酵池中，经过30天以上的厌氧发酵制取沼气后形成棕褐色的固形物和液体为沼渣沼液，沼渣水分含量为60％～80％，沼液水分含量为96％～99％，pH为6.5～8.0。经干湿分离后，分离出沼渣和沼液。追肥时将沼液过滤，滤液与氮、磷、钾或水溶性复混肥随水稀释后通过滴灌管道施于红橙，实现资源化循环利用，减轻养殖对环境污染，减少化肥使用，提升地力。

三、"果-沼-畜"模式

（一）适宜范围

适宜于廉江市石岭镇、石颈镇、青平镇、高桥镇、良垌镇、横山镇、营仔镇、和寮镇、长山镇和塘蓬镇等生猪养殖废弃物等有机肥源充足且有沼气发酵池和水肥一体化等相关设施的红橙园。

（二）施肥措施

1. 沼渣沼液发酵

根据沼气发酵技术要求，将畜禽粪便归集于沼气发酵池中，经过30天以上的厌氧发酵制取沼气后形成棕褐色的固形物和液体分别为沼渣和沼液，沼渣水分含量为60％～80％，沼液水分含量为96％～99％，pH为6.5～8.0，经干湿分离后沼液采用机械化或半机械化灌溉技术直接入园施用，沼渣于秋冬季作基肥施用。

2. 沼渣施用

目标产量为每株40～50千克的红橙园（亩产2 400～3 000千克），秋冬季采果后，每株施用沼渣30～50千克作基肥（每亩施1 800～3 000千克），同时配合施用35％（15-5-15或相近配方）配方肥0.5～0.6千克（每亩施30～36千克），注意补充钙、镁肥，每株施用钙镁磷肥1.0千克左右（每亩施60千克）或者施用七水硫酸镁0.5千克（每亩施30千克），同时每亩施40～50千克石灰改良酸性土。采用环状条形沟施或穴施，施肥深度 20～30 厘米或结合深耕施用。

3. 沼液施用

分别于 2 月下旬至 3 月上旬和 6～8 月果实膨大期，结合灌溉分次追施沼液，用量为每亩 2～3 米³。同时，分别施用 33%（15-6-12）或 46%（19-6-21）的配方肥，每株分别施用 0.5～0.6 千克或 0.65～0.85 千克，采用环状沟法施用，施肥深度在 15～20 厘米，并适当喷施 0.2% 七水硫酸锌、0.2% 硫酸锰、0.05%～0.1% 硼砂和 0.02% 钼酸铵溶液补充中微量元素。

（三）配套技术

畜禽粪堆沤和沼液沼渣发酵

畜禽粪便、生活垃圾、杂草等按照 NY/T 3442—2019《畜禽粪便堆肥技术规范》，通过微生物菌堆沤发酵达到堆肥产物质量要求的堆肥产物作为优质有机肥料用于红橙种植。

（1）原料　以猪粪为主，配加秸秆、米糠、麦麸或杂草等配料，用料比例为 1 吨猪粪添加 100～200 千克配料。

（2）菌种（微生物菌剂或有机物料腐熟剂）　用量按万分之一比例添加，即每 1 吨原料中加入 0.1 千克菌种，使用时与 30～50 倍的辅料如麸皮、玉米面等混合均匀。

将畜禽粪便、辅料按照 3∶1 进行配比，配方组成（按质量比）为禽畜粪便 70%～85%，辅料 15%～30%。在原料和辅料混合的同时均匀掺入菌种，辅料主要功能是调节水分及物料的透气性，调节适宜水分含量在 50%～60%，既可保持物料的通气又可满足微生物活动需要。

（3）发酵时间与温度　一般发酵时间为春、秋季 20～25 天，夏季 15～20 天，冬季 30～40 天。发酵的最适宜环境温度为 25～35 ℃。

（4）发酵完成标准　发酵好的堆肥有淡淡氨味而不臭。

广东省惠东县蜜柚有机肥替代化肥技术模式

一、"有机肥＋配方肥"模式

（一）适宜范围

适宜于惠东县平山街道、大岭街道、白花镇、梁化镇、吉隆镇、多祝镇、白盆珠镇、安墩镇、高潭镇、宝口镇等有机肥源比较充足的蜜柚种植区。

（二）施肥措施

经取土检测，蜜柚种植区土壤肥力有关指标为 pH 3.92～5.49、有机质含量 7.4～19.1 毫克/千克、水解氮含量 49～108 毫克/千克、有效磷含量 2.6～40 毫克/千克、速效钾含量 23.3～129 毫克/千克、全氮含量 0.67～1.05 克/千克、全磷含量 149～526 毫克/千克、全钾含量 2.44～20.3 毫克/千克，总体土壤偏酸性，有机质含量比较低。根据取土化验结果、作物需肥规律和目标产量，合理确定肥料配方，调整有机肥与配方肥施用比例。以目标产量为每株 50 千克（亩产 2 250 千克，按每亩种植 45 株计）蜜柚园为例，全年每株施用商品有机肥（含生物有机肥）6～9.2 千克（每亩施 270～414 千克）或农家肥

25～35千克（每亩施1 125～1 575千克），配方肥3～3.6千克（每亩施90～162千克）。有机肥和配方肥根据不同生育期养分需求分次施用，注意适当补充中微量元素。与常规施肥相比，该模式减少化肥用量20%～30%。

1. 冬肥

12月下旬至翌年1月中旬，土壤有机质含量为7.4～10克/千克的蜜柚园，每株施用商品有机肥（含生物有机肥，下同）8～9.2千克，或鸡粪、猪粪、牛粪、羊粪等经过充分腐熟的农家肥18～20千克；土壤有机质含量为10～15克/千克的蜜柚园，每株施用商品有机肥7～8千克或农家肥17～18千克；土壤有机质含量为10～19.1克/千克的蜜柚园，每株施用商品有机肥6～7千克或农家肥15～17千克。同时，配合施用43%（20-8-15或相近配方）配方肥0.7～0.8千克。注意补充镁、钙和硼，每株施用硅钙镁肥或者钙镁磷肥0.65～1.1千克或施用七水硫酸镁0.35千克左右，施用硼砂0.03～0.035千克，同时用石灰改良酸性土。施肥方法：可采用在树冠滴水线下开对称沟或放射性沟，深10～15厘米，撒入肥料后盖土，并适当淋水。

"有机肥＋配方肥"模式施肥时期及施肥量

施肥时期	施肥时间	肥料名称	氮、磷、钾含量（%）	数量（千克/株）	占总量比例（%）	备注
冬肥	12月下旬至翌年1月中旬	商品有机肥（或农家肥）	≥5	6～9.2（或15～20）	60	基肥
		配方肥	20-8-15	0.7～0.8	21	基肥
促花肥	2月中旬	配方肥	20-8-15	0.23～0.27	7	追肥
幼果肥	3月中旬	配方肥	20-8-15	0.23～0.27	7	追肥
壮果肥	5月中旬	配方肥	17-7-25	0.93～1.07	30	追肥
采后肥	9月底至10月初	农家肥	≥5	10～15	40	追肥
		配方肥	17-17-17	1～1.2	35	追肥

2. 促花肥

2月中旬，选用43%（20-8-15或相近配方）的配方肥，每株用量为0.23～0.27千克，在树冠滴水线下开对称沟或放射性沟，深10～15厘米，撒入肥料后盖土，并适当淋水。同时，喷施0.4%七水硫酸镁溶液和0.1%硼砂溶液各一次。

3. 幼果肥

3月中旬，选用43%（20-8-15或相近配方）的配方肥，每株用量0.23～0.27千克，在树冠滴水线下开对称沟或放射性沟，撒入肥料后盖土，并适当淋水。同时，喷施0.4%七水硫酸镁溶液一次。

4. 壮果肥

5月中旬，选用49%（17-7-25或相近配方）高钾型配方肥，每株用量0.93～1.07千克。在树冠滴水线内撒施并适当淋水或兑水淋施。

5. 采后肥

9月底至10月初，土壤有机质含量为 7.4～10 克/千克的蜜柚园，每株施用农家肥 13～15 千克；土壤有机质含量为 10～15 克/千克的蜜柚园，每株施用农家肥 12～13 千克；土壤有机质含量为 10～19.1 克/千克的蜜柚园，每株施用农家肥 10～12 千克。选用 51％（17 - 17 - 17 或相近配方）的平衡型复合肥，每株用量 1～1.2 千克。在树冠滴水线下开对称沟或放射性沟（深 10～15 厘米），撒入肥料后盖土，并适当淋水。

（三）配套技术

有机肥堆沤：按照目标产量为每株 50 千克的标准，以每株配施 1～1.5 千克花生麸、15～20 千克禽畜粪便的比例堆沤。首先将花生麸泡水密封发酵 30 天，然后按照一层畜禽粪便一层花生麸浆并添加 20％蘑菇种植废渣的方式，覆盖农膜分层堆沤 20 天后翻堆一次，使其充分翻拌、均匀腐熟，再继续堆沤 25 天后翻拌均匀即可施用。整个堆沤期间，堆体温度应该小于 65 ℃，超过此温度应通过揭膜或翻堆降低温度。

二、"有机肥＋水肥一体化"模式

（一）适宜范围

适宜于惠东县平山街道、大岭街道、白花镇、梁化镇、吉隆镇、多祝镇、白盆珠镇、安墩镇、高潭镇、宝口镇等具备水肥一体化设施条件和有机肥源比较充足的蜜柚园。

（二）施肥措施

根据对蜜柚种植区的取土化验结果（pH 3.92～5.49、有机质含量 7.4～19.1 毫克/千克、水解氮含量 49～108 毫克/千克、有效磷含量 2.6～40 毫克/千克、速效钾含量 23.3～129 毫克/千克）、作物需肥规律和目标产量，合理确定该模式的肥料配方和施用比例。以目标产量为每株 50 千克（亩产 2 250 千克，按每亩种植 45 株计）的蜜柚园，全年每株施用商品有机肥 6～9.2 千克（每亩施 270～414 千克）、农家肥 10～15 千克（每亩施 450～675 千克）、配方肥 4.3～5.1 千克（每亩施 195～228 千克）。与常规施肥相比，该模式减少化肥用量 20％～30％。

1. 冬肥

12月下旬至翌年 1 月中旬，每株施用商品有机肥 6～9.2 千克或猪粪、牛粪、羊粪等经过充分腐熟的农家肥 15～20 千克，配方肥 0.7～0.8 千克。根据不同土壤有机质含量，具体施肥量：土壤有机质含量为 7.4～10 克/千克的蜜柚园，每株施用商品有机肥 8～9.2 千克或农家肥 18～20 千克；土壤有机质含量为 10～15 克/千克的蜜柚园，每株施用商品有机肥 7～8 千克或农家肥 17～18 千克；土壤有机质含量为 10～19.1 克/千克的蜜柚园，每株施用商品有机肥 6～7 千克或农家肥 15～17 千克。同时，配合施用 43％（20 - 8 - 15 或相近配方）配方肥 0.7～0.8 千克。注意补充镁、钙和硼，每株施用硅钙镁肥或者钙镁磷肥 0.65～1.1 千克或七水硫酸镁 0.35 千克，施用硼砂 0.03～0.035 千克，同时用石灰改良酸性土。施肥方法：可采用在树冠滴水线下开对称沟或放射性沟，深 10～15 厘米，撒入肥料后盖土，并适当淋水。

2. 采后肥

9月底至10月初，每株施用农家肥 10～15 千克、配方肥 1～1.2 千克。根据土壤有机质含量，具体施用量：土壤有机质含量为7.4～10克/千克的蜜柚园，每株施用农家肥13～15千克；土壤有机质含量为10～15克/千克的蜜柚园，每株施用农家肥12～13千克；土壤有机质含量为10～19.1克/千克的蜜柚园，每株施用农家肥10～12千克。选用51%（17-17-17或相近配方）的平衡型配方肥，每株用量1～1.2千克。在树冠滴水线下开对称沟或放射性沟（深10～15厘米），撒入肥料后盖土，并适当淋水。

3. 水肥一体化施肥

盛果期蜜柚园，肥料供应量主要依据目标产量和土壤肥力而定，水肥一体化通过提高肥料利用率比常规施肥推荐节约肥料，目标产量为每株50千克的蜜柚园，每株氮、磷、钾肥需求量分别为N 0.58～0.67千克、P_2O_5 0.33～0.39千克和K_2O 0.63～0.73千克。灌溉施肥各时期氮、磷、钾施用比例如下。

水肥一体化施肥各时期氮、磷、钾施用比例

生育时期	灌溉次数	灌水定额 [米³/（亩·次）]	每次滴灌加入养分量占总量比例（%）		
			N	P_2O_5	K_2O
初花期	1	3	8	6	6
幼果期	1	5	15	11	13
果实膨大期	1	10	24	14	37
采后肥	1	11	29	52	27
合计	4	29	76	83	83

各时期采用滴灌，具体施肥方法如下。

（1）初花期 2月中旬，每亩用水溶肥（20-8-15或相近配方）10.5～12千克，每亩滴灌水量3米³。

（2）幼果期 3月中旬，每亩用水溶肥（18-8-18或相近配方）21～24千克，每亩滴灌水量5米³。

（3）果实膨大期 5月中旬，每亩用水溶肥（15-5-25或相近配方）42～48千克，每亩滴灌水量10米³。

（4）采后肥 9月底至10月初，每亩用水溶肥（17-17-17或相近配方）45～54千克，每亩滴灌水量11米³。

（三）配套技术

测土配方施肥技术：通过对种植果园土壤进行养分化验分析，根据果园养分丰缺情况，结合蜜柚需肥规律，制定科学的肥料配方，提高肥料利用率，减少农业面源污染，实现农业可持续发展。

在采果后采集果园土壤，6～8钻为一个样品，深度为50厘米，在滴水线内外20厘米处分别采集混合样。通过检测分析，惠东县有机质含量为7.4～19.1克/千克、水解氮含量为49～108毫克/千克、有效磷含量为2.6～40毫克/千克、速效钾含量为23.3～129毫克/千克，即具有有机质相对缺乏、低氮富磷缺钾的土壤养分情况，结合蜜柚不同生长期的需肥规律，在增施有机肥的基础上，秋、冬季和初花期选用高氮低磷中钾的配方肥（20-8-15或相近配方），幼果期选用中氮低磷中钾的配方肥（18-8-18或相近配方），果实膨大期选用中氮低磷高钾的配方肥（15-5-25 或相近配方），采果后选用平衡配方肥（17-17-17 或相近配方）。

广西壮族自治区永福县柑橘有机肥替代化肥技术模式

一、"有机肥＋配方肥"模式

（一）适宜范围

适宜于县域内永福镇、罗锦镇、苏桥镇、堡里镇、广福乡、百寿镇、三皇镇、永安乡、龙江乡。

（二）施肥措施

1. 基肥

目标产量为每亩 2 500～3 000 千克的柑橘园，每亩施用商品有机肥（含生物有机肥）300～500 千克，或牛粪、鸡粪、猪粪等经过充分腐熟的农家肥 2 000～3 000 千克；同时每亩配合施用 45％（15-15-15 或相近配方）平衡配方肥 30～50 千克。于 12 月至翌年的 1 月（果实采收后施用）采用条沟施肥，施肥深度 20～30 厘米或结合深耕施用。

2. 追肥

（1）春季施肥　2 月下旬至 3 月下旬施用。每亩施用 45％（15-15-15 或相近配方）的平衡配方肥 40～50 千克，桐麸 300～500 千克，硼砂 5 千克；施肥方法采用条沟施，施肥深度 10～20 厘米。

（2）夏季施肥　在 6～8 月果实膨大期分次施用。选择 51％（15-5-31 或相近配方）配方肥，每亩施用量 40～50 千克，50％硫酸钾每亩用量 40～50 千克。施肥方法采用条沟或兑水浇施，施肥深度在 10～20 厘米。缺钙的果园，在幼果期喷 2～3 次 0.1％的钙肥；缺镁的果园，在幼果期每亩施用硫酸镁 20～30 千克。

（三）配套技术

秋季在柑橘园播种茹菜、紫云英、油菜等绿肥，每亩播种量 1～2 千克，于 9 月下旬至 11 月上旬在降雨后土壤湿润的情况下均匀撒播于行间（一般在距离树基 0.5 米以外撒播），于翌年春天 3～4 月人工割倒翻压或者覆盖作为肥料，或者让绿肥自然枯萎覆盖于柑橘园。5～8 月橘园自然生草，当草生长到 40 厘米左右或季节性干旱来临前适时收割后覆盖在行间和树盘，起到保水、降温、改土培肥等作用。

二、"有机肥＋水肥一体化"模式

（一）适宜范围

适宜于县域内永福镇、罗锦镇、苏桥镇、堡里镇、广福乡、百寿镇、三皇镇、永安乡、龙江乡。

（二）施肥措施

1. 基肥

目标产量为每亩 2 500～3 000 千克的柑橘园，每亩施用商品有机肥（含生物有机肥）

300～500 千克，或牛粪、鸡粪、猪粪等经过充分腐熟的农家肥 2 000～3 000 千克；同时，每亩配合施用 45％（15-15-15 或相近配方）平衡配方肥 30～50 千克。于 12 月至翌年的 1 月（果实采收后施用）采用条沟施，施肥深度 20～30 厘米或结合深耕施用。

2. 追肥

追肥以水肥一体化为主，盛果期柑橘园滴灌 13 次，肥料供应量主要依据目标产量和土壤肥力而定，水肥一体化通过提高肥料利用率比常规施肥推荐节约肥料，目标产量为每亩 2 500～3 000 千克的柑橘园，每亩氮、磷、钾肥需求量分别为 25 千克、19 千克和 30 千克。滴灌施肥各时期氮、磷、钾肥施用如下表所示。

柑橘滴灌施用氮、磷、钾肥用量（目标产量 2 500～3 000 千克/亩）

生育时期	灌溉次数	灌溉量 [米³/(亩·次)]	每次灌溉加入的纯养分量（千克/亩）			
			N	P_2O_5	K_2O	$N+P_2O_5+K_2O$
花芽分化期	3	3	2.21	1.65	1.7	5.56
幼果期	3	3	2.65	1.98	2.03	6.66
生理落果期	3	5	1.86	1.45	3.35	6.66
果实膨大期	3	5	1.11	0.85	1.98	3.94
果实成熟期	1	4	1.51	1.21	2.82	5.54
合计	13	52	25	19	30	74

缺钙的果园，在幼果期喷 2～3 次 0.1％的钙肥；缺镁果园，在幼果期每亩施用硫酸镁 20～30 千克。

（三）配套技术

秋季在柑橘园播种茹菜、紫云英、油菜等绿肥，每亩播种量 1～2 千克，于 9 月下旬至 11 月上旬在降雨后土壤湿润的情况下均匀撒播于行间（一般在距离树基 0.5 米以外撒播），于翌年春天 3～4 月收割翻压或者覆盖作为肥料，或者让绿肥自然枯萎覆盖于柑橘园。5～8 月橘园自然生草，当草生长到 40 厘米左右或季节性干旱来临前适时收割后覆盖在行间和树盘，起到保水、降温、改土培肥等作用。

三、"间套种＋绿肥种植"模式

（一）适宜范围

适宜于县域内永福镇、罗锦镇、苏桥镇、堡里镇、广福乡、百寿镇、三皇镇、永安乡、龙江乡。

（二）施肥措施

1. 基肥

于 9 月下旬至 11 月下旬施用，目标产量为每亩 2 500～3 000 千克的柑橘园，选择 45％（15-15-15 或相近配方）平衡型配方肥，每亩用量 30～40 千克。每亩施用商品有机肥（含生物有机肥）200～300 千克，或牛粪、羊粪、猪粪等经过充分腐熟的农家肥

2 000～3 000 千克。采用条沟施，施肥深度在 20～30 厘米，或结合深耕施用。

2. 追肥

（1）春季施肥　3 月在绿肥翻压的同时配合施用配方肥。选用 45%（15-15-15 或相近配方）平衡型配方肥，每亩用量 30～50 千克；施肥方法采用条沟施，施肥深度 10～20 厘米。适量补充硼肥和锌肥。

（2）夏季施肥　通常在 6～8 月果实膨大期分次施用。选择 51%（15-5-31 或相近配方）配方肥，每亩用量 40～50 千克，50% 硫酸钾每亩用量 40～50 千克。施肥方法采用条沟施或兑水浇施，施肥深度在 10～20 厘米。缺钙的果园，在幼果期喷 2～3 次 0.1% 的钙肥；缺镁果园，在幼果期每亩施用硫酸镁 20～30 千克。

（三）配套技术

秋冬季在 1～3 年幼龄柑橘园播种茹菜、紫云英、油菜等绿肥，每亩播种量 1～2 千克，于 9 月下旬至 11 上旬在降雨后土壤湿润的情况下均匀撒播于行间（一般在距离树基 0.5 米以外撒播），于翌年春天 3 月人工割倒翻压或者覆盖作为肥料，或者让绿肥自然枯萎覆盖于柑橘园。4～5 月在柑橘园种大豆、花生等豆科作物，8 月当豆科作物收获后或季节性干旱来临前将豆类作物秸秆覆盖在行间和树盘，起到保水、降温、改土培肥等作用。

四、"果-沼-畜"模式

（一）适宜范围

适宜于县域内永福镇、罗锦镇、苏桥镇、堡里镇、广福乡、百寿镇、三皇镇、永安乡、龙江乡。

（二）施肥措施

1. 基肥

每亩施用沼渣 2 000～3 000 千克。同时，每亩配合施用 45%（14-16-15 或相近配方）平衡配方肥 30～40 千克。于 9 月下旬到 11 月下旬施用，采用条沟或环沟法施肥，施肥深度在 20～30 厘米。沼渣施入沟中，再撒入配方肥，混匀后覆土。

2. 追肥

（1）春季施肥　2 月下旬至 3 月下旬施用。选用 45%（15-15-15 或相近配方）平衡型配方肥，每亩施用 30～40 千克；采用条沟法施用，施肥深度在 15～20 厘米，同时结合灌溉每亩施沼液 1 500～2 000 千克。

（2）夏季施肥　在 6～8 月果实膨大期分次施用。选择 51%（15-5-31 或相近配方）配方肥，每亩用量 40～50 千克，50% 硫酸钾每亩用量 40～50 千克。施肥方法采用条沟施用，同时结合灌溉每亩追施沼液 15～20 千克。缺钙的果园，在幼果期喷 2～3 次 0.1% 的钙肥；缺镁果园，在幼果期每亩施用硫酸镁 20～30 千克。

（三）配套技术

根据沼气发酵技术要求，将畜禽粪便归集于沼气发酵池中，进行腐熟和无害化处理，后经干湿分离，分沼渣和沼液施用。沼液采用机械化或半机械化灌溉技术直接入园施用，沼渣于秋冬季作基肥施用。

秋季在柑橘园播种茹菜、紫云英、油菜等绿肥，每亩播种量 1～2 千克，于 9 月下旬至 11 上旬在降雨后土壤湿润的情况下均匀撒播于行间（一般在距离树基 0.5 米以外撒播），于翌年春天 3～4 月人工割倒翻压或者覆盖作为肥料，或者让绿肥自然枯萎覆盖于柑橘园。5～8 月橘园自然生草，当草生长到 40 厘米左右或季节性干旱来临前适时收割后覆盖在行间和树盘，起到保水、降温、改土培肥等作用。

广西壮族自治区平乐县柑橘有机肥替代化肥技术模式

一、"有机肥＋配方肥"模式

（一）适宜范围

适宜于平乐县境内所有柑橘果园。

（二）施肥措施

1. 基肥

一般在每年秋、冬季进行，从树冠外围滴水线起向外开沟长 100～120 厘米、宽 40～50 厘米、深 60～80 厘米（水田深以 20～30 厘米为宜）并逐年向外扩展，每株施腐熟的人畜粪 10～40 千克、饼肥或麸肥 1～1.5 千克、磷肥 1～1.5 千克、石灰 0.5～1 千克等，施用商品有机肥要求每亩达 500 千克以上。肥料的填放要与土壤混合均匀，施后覆土，占全年施肥量 20%。其作用：可提高土壤有机质含量，提高土壤孔隙度。

2. 追肥

结果树追肥全年施肥 3～4 次，即：

（1）春梢肥（萌芽肥＋采果肥）　在萌芽前 10～15 天施入，以复合肥为主，开浅沟施入，施后覆土，根据树冠大小和结果能力高低定量，一般株施复合肥 0.3～0.5 千克，施肥量占全年 30% 以上。

（2）谢花肥　依树势而定，树势旺的树可不施或少施，树势弱的树可施硫酸钾复合肥补充养分，一般株产 25 千克的果树每株施肥量以 0.2～0.4 千克为宜。过旺的幼龄结果树花少应控制氮肥或不施，减少夏梢萌发以免造成落果，施肥量占全年 5%。

（3）壮果、攻秋梢肥　在放秋梢前 7～10 天每株施腐熟饼肥、花生麸肥 1～2 千克或沼液 5～10 千克＋尿素 0.2～0.3 千克＋硫酸钾 0.2～0.3 千克，沿树冠滴水线开浅沟施入并覆盖。促秋梢抽发多、整齐、健壮。本次施肥量占全年 40% 以上。

（4）花芽分化肥　秋梢老熟后，积累养分才能进入花芽分化，此期也是果实增重及着色期，养分应偏向磷、钾肥，株施麸水 50 千克＋硫酸钾 0.3 千克，值得注意的是在花芽分化期间不能施氮肥和适当控制水分。本次施肥量占全年施肥量 5%。

（三）配套技术

1. 有机肥堆沤技术

（1）场地选择　选择交通便利地势平坦便于机械操作、排涝方便的场地为宜。

（2）原料准备　一是有机物料，以动物畜禽粪便为主；二是发酵菌种，选择 EM 菌、枯草芽孢杆菌、酵素菌等商品销售微生物菌剂作菌种；三是发酵基础料，以玉米粉、麸皮和糠粉为主。

（3）堆沤方法

① 整理堆沤场地。堆沤场地可根据地块和堆沤量增加而扩大，堆沤量大时应尽量方便挖掘机、装载机等机械操作。

② 物料混合堆沤。将按比例均匀搅拌混合好的物料用机械形成堆沤包，堆沤高度控制在 1.3～1.5 米，最后在混合好的物料顶部撒 5 厘米辅料土，形成土包粪。

③ 发酵物料翻拌。堆沤 1 个月进入降温期后，对堆沤物料进行翻拌 1 次，使辅料与有机物料、菌种混合均匀，以后每隔一个月翻搅一次。

（4）堆沤发酵时间 春、夏季及夏、秋季不得少于 3 个月，秋、冬季及冬、春季不得少于 6 个月，这样才能完全腐熟。

（5）充分堆沤后有机肥的标准 完全腐熟的标准是粪源为黑褐色，无臭味，粉末状。

2. 生草覆盖

结果树不宜间种作物的，一般采取生草法管理。生草栽培是指在果园的株行间广泛生草和种草，只保留果盘内不长草，使其覆盖整个果园地表的一种管理方法。留草种植可以使果园地表得到覆盖，改善果园的生态环境，防止表土遭受大雨冲刷，减少土壤流失。当草长有 20～30 厘米时，及时刈草，覆盖果盘。

3. 病虫害防治技术

预防为主，综合防治，以农业防治为基础，以生态控制和生物防治为重点，根据病虫害发生规律因地制宜科学使用生物防治、物理机械防治、化学防治等方法，经济、安全、有效地控制病虫为害。

（1）农业防治 加强栽培管理，搞好冬季清园，减少病虫源；做好施肥、修剪、控梢、排水工作，增强树势，提高树体抗病虫能力；提高采果质量，减少机械损伤，减少果实腐烂。

（2）物理机械防治 主要有灯光诱杀、黄板诱杀、性诱剂诱杀、人工捕杀等。

（3）化学防治 柑橘主要病虫害有黄龙病、溃疡病、疮痂病、炭疽病、褐腐病、红蜘蛛、锈壁虱、潜叶蛾、蚧类、花蕾蛆、蚜虫等。生产上根据防治对象的生物学特性和为害特点，提倡使用生物源农药、矿物源农药（如石硫合剂），禁止使用剧毒、高毒、高残留和致畸、致癌、致突变农药，并严格按照要求控制施药量与安全间隔期。

二、"有机肥＋水肥一体化"模式

（一）适宜范围

适宜于平乐县境内所有柑橘果园。

（二）施肥措施

水肥一体化是一项综合技术，柑橘果园主要在追肥上进行。结果树全年追肥 4～5 次，即：采果肥、萌芽肥、谢花肥、壮果肥、秋梢肥。未结果树追肥可全年进行。其主要技术要领需注意以下四方面。

1. 建立一套滴灌系统

2. 施肥系统的建立

在田间要设计为定量施肥，包括蓄水池和混肥池的位置、容量、出口、施肥管道、分配器阀门、水泵肥泵等。

3. 选择适宜肥料种类

可选液态或固态肥料，如氨水、尿素、硫酸铵、硝酸铵、磷酸一铵、磷酸二铵、氯化钾、硫酸钾、硝酸钾、硝酸钙、硫酸镁等肥料；固态以粉状或小块状为首选，要求水溶性强，含杂质少，一般不应该用颗粒状复合肥（包括中外产品）；如果用沼液或腐殖酸液肥，必须经过过滤，以免堵塞管道。

4. 灌溉施肥的操作

（1）肥料溶解与混匀　施用液态肥料时不需要搅动或混合，一般固态肥料需要与水混合搅拌成液肥，必要时分离，避免出现沉淀等问题。

（2）施肥量控制　施肥时要掌握剂量，过量施用可能会使作物致死以及环境污染。

（3）灌溉施肥的程序分 3 个阶段　第一阶段，选用不含肥的水湿润；第二阶段，施用肥料溶液灌溉；第三阶段，用不含肥的水清洗灌溉系统。

（三）配套技术

1. 生草覆盖

生草覆盖指在果园的株行间广泛生草和种草，只保留果盘内不长草，使其覆盖整个果园地表的一种管理方法。留草种植可以使果园地表得到覆盖，改善果园的生态环境，防止表土遭受大雨冲刷，减少土壤流失。当草长有 20～30 厘米时，及时刈草，覆盖果盘。

2. 防草布覆盖

在果园的行间覆盖透水透气的黑色无纺布或塑料膜，只保留果盘内不长草覆盖，使其覆盖整个果园地表的一种管理方法。防草布覆盖既可以防止表土遭受大雨冲刷、减少土壤流失，又可减少除草剂的使用、防止土壤板结，也可减少果园管理的用工。

三、"间套种＋绿肥"模式

（一）适宜范围

适宜于平乐县境内所有柑橘果园。

（二）施肥措施

1. 绿肥

一般在每年秋季进行播种，翌年春季收获，作基肥用时从树冠外围滴水线起向外开沟长 100～120 厘米、宽 40～50 厘米、深 60～80 厘米（水田深以 20～30 厘米为宜）并逐年向外扩展，将绿肥施入沟内，覆一层土，再将腐熟的人畜粪、饼肥或麸肥、磷肥、石灰等一同放入沟内，肥料的填放要与土壤混合均匀，施后覆土。

2. 间套种

在幼龄树果园推广间套种绿肥、豆类经济作物或留草种植，应选择一些优良草种，如藿香蓟（俗称白花草）、百喜草、三叶草等，间种在树冠滴水线 30～40 厘米处的株行距离，既可起到覆盖果园表土增加有机质的作用，又可为很多种类的病虫害天敌如捕食螨、草蛉山和捕食性瓢虫等提供保护，达到防治害螨的目的，又可调节果园的小气候。

（三）配套技术

1. 果园施肥技术

同"有机肥＋配方肥"模式。

2. 病虫防治技术

同"有机肥＋配方肥"模式。

四、"果-沼-畜"模式

（一）适宜范围

适宜于平乐县境内所有柑橘果园。

（二）施肥措施

作追肥用：将禽畜粪便倒入沼气池或沤制池中，加适量的水密封发酵沤制，再将沤制好的沼液兑水稀释后即可施用，每株用量 10～20 千克，施用时也可根据果树生长情况加入适量化肥。

（三）配套技术

1. 生草覆盖技术

同"有机肥＋水肥一体化"模式。

2. 病虫防治技术

同"有机肥＋配方肥"模式。

广西壮族自治区苍梧县柑橘有机肥替代化肥技术模式

一、"有机肥＋配方肥"模式

（一）适宜范围

适宜于苍梧县全县 9 个镇的平原与山地柑橘果园。

（二）施肥措施

1. 秋冬季施肥

目标产量为每亩 2 000～3 000 千克，每亩施用商品有机肥（含生物有机肥）300～500 千克，或牛粪、羊粪、猪粪等经过充分腐熟的农家肥 2～4 米^3；同时，每亩配合施用 45％（15‐15‐15 或相近配方）配方肥 30～35 千克。于大寒前后即 1 月施用，采用条沟或穴施，施肥深度 20～30 厘米或结合深耕施用。

2. 春季施肥

2 月上中旬施用。以速效氮肥为主，配施磷、钾肥，建议选用 45％（20‐13‐12 或相近配方）的高氮中磷中钾型配方肥，每亩用量 35～45 千克；施肥方法：采用条沟、穴施，施肥深度 10～20 厘米。注意补充硼肥。

3. 夏季施肥

通常在 7～8 月攻梢及果实膨大期分次施用。建议选择 43％（16‐5‐22 或相近配方）配方肥，每亩施用量 40～50 千克。施肥方法：采用条沟、穴施或兑水浇施，施肥深度在

10～20 厘米。

（三）配套技术

把农家肥按 30～40 厘米堆一层，每层均匀撒过磷酸钙，并可泼洒 10％尿素水溶液或活菌剂稀释液。这样堆至 5～7 层后，肥堆的高度以 1.5～2 米为宜，待堆积完毕，堆面用泥土（3～4 厘米）或塑料布把肥堆封好，以保温保湿，阻碍空气进入，防止肥分损失和水分大量蒸发。夏季温度高，覆膜堆沤需 20～30 天，春、秋季堆沤均需 2～3 个月（若用"BTEM 活菌剂、HM 菌、腐秆灵、CM 菌催腐剂、酵素菌"等可减少一半时间）。堆腐要点：概括为"喝足、吃饱、盖严、翻堆"。喝足：指堆沤的农家肥必须充分湿透，以粪肥不流水为宜（用手握紧堆沤材料，从指缝间有水挤出即表明含水量大致适量），这是发酵分解的关键措施。吃饱：每立方米农家肥混合过磷酸钙 10～15 千克，若肥准备不及时、需加快发酵时，每立方米农家肥用 1～2 千克"BTEM 活菌剂"菌种，先把菌种用干净清水稀释（若肥源含水量大则稀释浓度高些，反之则低些），再把菌水泼洒在农家肥上，边洒边混合均匀。盖严：目的是为了保水、保温、保肥。翻堆：在堆捂过程中，当堆心温度达到 70 ℃时要及时进行翻堆，可防止温度过高杀死生物菌，利于保持菌种的活性，使发酵更充分。腐熟标准：颜色为深褐色；气味没有恶臭，甚至略带芳香气味或氨味；形状看不出堆积原物的形状，拉捏极易碎断，含水量增大；堆肥呈中性至微碱性，碳氮比缩减到 20 以下。另外注意，有机肥运到地里后，及时撒开、耕翻，防止风吹日晒使肥分损失。

二、"果-沼-畜"模式

（一）适宜范围

适宜于苍梧县全县 9 个镇的平原与山地柑橘果园。

（二）施肥措施

1. 沼渣沼液发酵

将畜禽粪便按 1∶10 的比例加水稀释，归集于沼气发酵池中，再按比例加入复合微生物菌剂，对畜禽粪便进行无害化处理，经过充分发酵后沼渣沼液成为一种速效性优质有机肥料，最后利用机械化或半机械化灌溉技术直接入园。

2. 春季施肥

2 月上中旬施用。建议选用 45％（20-13-12 或相近配方）高氮中磷中钾型配方肥，每亩施用 30～40 千克；采用条沟法施用，施肥深度在 15～20 厘米，同时结合灌溉追入沼液 30～40 米^3。

3. 夏季施肥

在 7～8 月攻梢及果实膨大期分次施用。建议选择 45％（18-5-22 或相近配方）配方肥，每亩用量 35～45 千克。施肥方法：采用条沟施用，同时结合灌溉追入沼液 20～30 米^3。

4. 冬季施肥

每亩施用沼渣 5 000～7 500 千克。同时，配合施用 45％（15-15-15 或相近配方）配方肥 30～35 千克。于大寒前后即 1 月施用，采用条沟或环沟法施肥，施肥深度在 20～30 厘米。沼渣施入沟中，再撒入配方肥，混匀后覆土。

（三）配套技术

"果-沼-畜"生态农业模式要求果园面积、生猪养殖规模、沼气池大小要合理。根据果园种植面积来确定肥料种类和需肥量，然后确定生猪的养殖数量，再据养殖数量来确定沼气池的大小，这种模式在湘南地区新建果园中运用比较普遍，按照种植规模15亩计算，建设8～10米³的沼气池，配合养殖猪80～160头，如一年养殖3批次，需配套建设30～50头的养猪场。

三、"有机肥＋水肥一体化"

（一）适宜范围

适宜于苍梧县全县9个镇的平原与山地柑橘果园。

（二）施肥措施

1. 冬季施肥

每亩施用商品有机肥（含生物有机肥）300～500千克，或牛粪、羊粪、猪粪等经过充分腐熟的农家肥2～4米³；于大寒前后即1月施用，采用条沟或穴施，施肥深度20～30厘米或结合深耕施用。

2. 水肥一体化

盛果期柑橘园，肥料供应量主要依据目标产量和土壤肥力而定，水肥一体化通过提高肥料利用率比常规施肥方式节约肥料，目标产量为每亩2000～3000千克的柑橘园，每亩氮、磷、钾肥需求量分别约为20千克、12千克和20千克。

（三）配套技术

常用的有微喷灌和滴灌。当采用微喷灌时，通常在树冠下安装一个微喷头，流量为100～500升/小时，喷洒半径3～5米。当采用滴灌时，通常每行树拉一条管，滴头间距60～80厘米，流量3升/小时。不管是微喷灌还是滴灌，都需要一个首部加压系统，通常包括水泵、过滤器、压力表、空气阀、施肥装置等。过滤器是关键设备，微喷灌一般用0.18～0.25毫米（60～80目）过滤器，滴灌用0.125～0.15毫米（100～120目）过滤器。过滤器以叠片过滤器效果最好，适合华南地区大部分水质条件。

重庆市开州区柑橘有机肥替代化肥技术模式

"果-沼-畜"模式

（一）适宜范围

适宜于开州区自有养殖场和沼气池的果园，主要是海拔500米以下的果园。

（二）施肥措施

（1）基肥 越冬肥（基肥）采用条沟或环沟法施肥，时间为9月下旬到11月中旬，施肥深度在20厘米左右。沼渣施入沟中，再撒入配方肥，每亩用沼渣750千克、40%（15-10-15）配方肥20千克；混匀后覆土，覆土时最好把土壤与肥料拌匀（防止烧根）。

（2）追肥 追肥分两次施用，第一次称为春肥，时间为3月至4月上旬，沿等高线方向围成条沟，方便灌入沼液，深度 10 厘米左右，选用 40%（20-8-12）的高氮配方肥，每亩用量 10 千克；适时灌入沼液 2 次，用量为每株 5～10 千克沼液。第二次称为夏肥，时间为 6 月至 7 月上旬，开沟与春肥一样，选择 45%（17-6-22）配方肥，每亩施用量 20 千克；依据天气灌入沼液 3～4 次，用量为每株 5～10 千克沼液。

（三）配套技术

将畜禽粪便按 1∶10 的比例加水稀释，归集于沼气发酵池中，再按比例加入复合微生物菌剂，对畜禽粪便进行无害化处理，经过充分发酵后沼渣沼液成为一种速效性优质有机肥料，最后利用管道、机械化或半机械化灌溉技术直接入园。

重庆市奉节县脐橙有机肥替代化肥技术模式

一、"有机肥＋配方肥"模式

（一）适宜范围

适宜于长江流域奉节段海拔 600 米以下的低山河谷地带；适宜对象为新型经营主体、种植大户和无养殖的种植农户。

（二）施肥措施

1. 施肥方式

有机肥的施用实行深翻扩穴改土施用，即在树冠滴水线抽槽，即长 80 厘米、宽 30 厘米、深 30 厘米的槽 2～4 条，开平行沟、环状沟或斜沟均可，将有机肥与配方肥均匀地施入槽中（最佳方法是 5～10 千克绿肥、厩肥或枝叶杂草垫底，有机肥与配方肥和土按 1∶6 拌匀施用），然后回土覆盖；或应用大型作业机械进行行间深耕深松，逐年进行果园深耕改土，逐步改变果园土壤结构，改变脐橙生产环境。

2. 施肥次数及施用量

有机肥施用提倡一年一次，在秋季作基肥与配方肥一起一次性施用，优质有机肥施用量不少于 10 千克/株，堆肥、自制有机肥施用量不低于 15 千克/株。

化肥施用提倡先测土、营养诊断，后指导配方施肥，一般每年施肥 2～3 次，结果树每株施肥量控制在 2～2.5 千克范围内，脐橙施肥推荐施用硫酸型复合肥，严禁施用氯化钾、氯化钾型复合肥和复混肥。同时，不建议施用氮、磷、钾比例为 15∶15∶15 的硫酸钾型复合肥，避免磷、钾元素的浪费及果园绿藻发生。生长期还需叶面喷施浓度为 0.1%～0.2% 的硼、锌、镁等微肥。

3. 施肥时期

（1）春季促花肥　叶片检测显示氮含量低于 2.8% 的果园，在 2 月中旬至 3 月施用促花肥，施用量占全年施肥量的 20%，施肥配方要重氮轻磷、钾，推荐施肥配方 22-11-10。若叶氮含量超过 2.8% 的果园，要酌情减施。同时，结合农户当地采果施肥习惯，若上一年在施采果肥时未施用有机肥的果园，可将有机肥和促花肥一起施用。

（2）夏季壮果肥　施肥时期一般是在第二次生理落果结束后的 6 月下旬至 7 月上旬，施用量占全年施肥量的 20%～40%，施肥配方要控氮降磷重钾，主推配方为 18-5-22。

壮果肥所有果园都要施用，但已施促花肥、保果肥的果园要结合果树长势情况酌情控制本次施肥量。

（3）秋季基肥　施肥时期一般是在 9 月下旬至 10 月上旬，施用量占全年施肥量的40%～60%，施肥配方要控氮稳磷、钾，主推配方为 16 - 13 - 16。另外，此次施肥应该注重有机肥的施用，优先选择优质有机肥，农家肥（堆肥、厩肥、沤肥等）必须充分堆沤腐熟发酵后施用，有条件的地方建议施用高品质的生物有机肥。

另外，针对土壤、果树缺素情况，在肥料配方中加入微量元素肥料，在 4 月上旬初花期叶面喷施 0.1%～0.2% 的硼肥，5 月喷施 0.1%～0.2% 的镁肥、锌肥。微肥喷施要注重叶片背面，尤其新叶背面要喷湿。

（三）配套技术

1. 测土配方技术配套

对"有机肥＋配方肥"模式的配方肥配制，对土壤进行测土分析化验，根据土壤养分情况，种植作物对养分的需求情况、产量等情况，组织专家、肥料配肥站技术员一起进行综合分析制定配方肥料，按照施肥要求进行科学施用。

2. 有机肥的生产发酵技术配套

商品有机肥产品质量必须达到有机肥农业行业标准（NY 525—2012《有机肥料》），有机肥中的粪大肠菌群数和蛔虫卵死亡率要符合农业行业标准（NY 884—2012《生物有机肥》），有机肥抗生素残留检测按照 GB/T 32951—2016《有机肥料中土霉素、四环素、金霉素与强力霉素的含量测定高效液相色谱法》执行。以作物秸秆、畜禽粪污堆沤发酵就地就近集中生产的有机肥，按照 NY/T 3442—2019《畜禽粪便堆肥技术规范》，配备足够的发酵场和堆沤池，实行先堆沤充分腐熟，达到无明显臭味、无结块后，再加入微生物发酵菌进行发酵处理后施用，严禁有害病菌、重金属超标，防止造成土壤污染。

3. 生产经营服务方式配套

针对奉节县山大坡陡、种植分散，部分人员外出务工而导致的大量脐橙园撂荒无人管理或管理不善的现象，创新"企业＋农户"的推广方式，由公司组建劳务队，农户自愿参与、自愿缴费，双方签订社会化服务协议，明确双方责、权、利，制定明细的服务内容、服务收费标准、物资质量要求等。实行"企业组织带动、乡村宣传推动、农户自愿鼓动、村民监督行动"的脐橙全程化肥服务模式，在脐橙施肥环节采取"有机肥＋配方肥"模式，优先资源化利用服务范围内的畜禽粪便，实现服务区畜禽粪污 100% 利用，让农民当上了"甩手掌柜"，企业成了"服务保姆"，产业得到"提质增效"，实现脐橙"农户＋企业＋产业"共赢发展的局面。

4. 试验监测技术配套

针对"有机肥＋配方肥"模式，对不同有机肥进行试验对比，通过试验分析对比和监测，总结适合三峡库区山区的"有机肥＋配方肥"模式。

二、"果-沼-畜"模式

（一）适宜范围

适宜于海拔在 600 米以上的中、高山区域。

（二）施肥措施

1. 施肥方式

沼渣的施用实行深翻扩穴改土施用，即在树冠滴水线 20 厘米外抽槽，即长 60 厘米、宽 30 厘米、深 30 厘米的槽 2～4 条，开平行沟、环状沟或斜沟均可，将沼渣与配方肥均匀后施入槽中、灌溉沼液后回土覆盖。

2. 施肥次数及施用量

化肥施用提倡先测土、营养诊断，后指导配方施肥，一般每年施肥 2～4 次，结果树每株施肥量控制在 2～2.5 千克范围内，脐橙施肥推荐施用硫酸型复合肥，严禁施用氯化钾、氯化钾型复合肥和复混肥。同时，不建议施用氮、磷、钾比例为 15：15：15 的硫酸钾型复合肥，避免磷、钾元素的浪费及果园绿藻发生。生长期还需叶面喷施浓度为 0.1%～0.2% 的硼、锌、镁等微肥。

沼渣施用建议一年一次，在秋季作基肥与配方肥一起一次性施用，施用量不少于 8 千克/株。沼液提倡一年不少于两次，施用量每次不少于 25 千克/株，施用量应根据土壤肥力状况、沼渣沼液的深度酌情增减。

3. 施肥时期

（1）春节促花肥　叶片检测显示氮含量低于 2.8% 的果园，在 2 月中旬至 3 月施用促花肥，配方肥施用量占全年施肥量的 20%，施肥配方要重氮轻磷、钾，推荐施肥配方 15 - 10 - 15。叶片氮含量超过 2.8% 的果园酌情减肥。同时，结合农户当地采果施肥习惯，若上一年在施基肥时未施用沼渣的果园，可将沼渣和促花肥一起施用，沼渣肥施用量不少于 8 千克/株。

（2）夏季壮果肥　施肥时期一般是在第二次生理落果结束后的 6 月下旬至 7 月上旬，配方肥施用量占全年施肥量的 20%～40%，施肥配方要控氮降磷重钾，主推配方为 15 - 7 - 20。壮果肥所有果园都要施用，但已施促花肥、保果肥的果园要结合果树长势情况酌情控制本次施肥量。开槽施用配方肥后，用沼液沿树冠灌溉。

（3）秋季采果肥　施肥时期一般是在 9 月下旬至 10 月上旬，施用量占全年施肥量的 40%～60%，施肥配方要控氮稳磷、钾，主推配方为 16 - 13 - 16。此外，此次施肥应配合施用沼渣沼液，沼渣与配方肥拌匀施入槽中，用沼液沿树冠灌溉。

另外，针对缺素果园，要注重微肥的施用，在 4 月上旬初花期叶面喷施 0.1%～0.2% 的硼肥，5 月喷施 0.1%～0.2% 的镁肥、锌肥。微肥喷施要注重叶片背面，尤其新叶背面要喷湿。

（三）配套技术

1. 测土配方技术配套

"果-沼-畜"模式的配方肥配制施用：对土壤进行测土分析化验，根据土壤养分情况、种植作物对养分的需求情况、产量等情况，组织专家、肥料配肥站技术员一起进行综合分析制定配方肥料，按照施肥要求进行科学施用。

2. 沼气厌氧发酵、沼液好氧处理设施配套

实施"果-沼-畜"模式的面积按照 3 头猪满足一亩地进行核算，要有完善的沼气发酵设施、沼液重金属沉淀池、氧化池、输送管道等，每亩要配套不少于 3 米^3 的沼液贮存池和直径不小于 25 毫米的 PE 管 30 米。

重庆市云阳县柑橘有机肥替代化肥技术模式

"有机肥＋配方肥＋绿肥"模式

（一）适宜范围

适宜于全县亩植 50 株及其以下的成年柑橘果园或未成年果园。因绿肥生长需要光照，柑橘郁密度 0.85 以上（不长杂草或杂草较少）的果园则不宜采用。

（二）施肥措施

每亩施有机肥 300～500 千克，配方肥（折纯）35～45 千克，氮、磷、钾三要素配比 1：（0.37～0.4）：（0.6～0.75）。分期施用情况如下。

1. 越冬肥

（1）施肥时间　采果前 7～10 天。

（2）有机肥　有机肥质量标准执行农业行业标准 NY525—2012《有机肥料》，每株用量 7.5～12.5 千克。

（3）配方肥　配方肥为硫酸钾型复合（混）肥（下同），每株施柑橘通用配方肥（15-6-9）或专用配方肥（18-6-6）1～1.25 千克。

（4）施肥方法　每株沿树冠滴水线向外开长（0.6～1）米×深 0.3 米×宽 0.2 米的施肥槽 2 个，将有机肥和配方肥均匀施于槽沿与泥土混合后回填于槽内；施肥深度 20～30 厘米。

2. 促花肥

（1）施肥时间　2 月下旬至 3 月上旬。

（2）配方肥　每株施柑橘通用配方肥（15-6-9）0.75～1 千克或专用配方肥（20-10-5）0.5～0.75 千克。

（3）施肥方法　每株沿树冠滴水线开槽施用；施肥深度 15～20 厘米。

3. 壮果肥

（1）施肥时间　6 月下旬至 7 月上旬。

（2）配方肥　每株施柑橘通用配方肥（15-6-9）1.5～1.75 千克或专用配方肥（15-5-20）1.25～1.5 千克。

（3）施肥方法　每株沿树冠滴水线开槽施用；施肥深度 15～20 厘米。

（三）配套技术

1. 有机肥堆沤技术

（1）碳氮比　堆肥原料混合物的碳氮比应保持在（25～35）：1。

（2）含水量　堆肥原料含水量以 50%～60% 为宜。

（3）发酵菌剂　堆制堆肥的发酵菌种应含有低温菌、常温菌及高温菌，且枯草芽孢杆菌、酵母等有效活菌数≥25.0 亿/克。

（4）堆制温度　堆肥温度调控在 50～65℃，时间持续 7～10 天，有利于微生物发酵和杀灭病原体、虫卵及杂草种子，但温度超过 70 ℃后，则对微生物产生不利影响，应及时翻堆或加水降温。

（5）堆肥腐熟　其简易判断方法：堆肥温度下降并趋于环境温度；基本没有臭味；外观呈褐色，团粒结构疏松，堆内物料带有白色菌丝。

2. 树盘覆盖技术

（1）覆盖时间　每次施肥覆土后都可对柑橘树冠投影的树盘进行覆盖。

（2）覆盖材料　就地取材，如园内杂草、绿肥和作物秸秆等。

（3）覆盖厚度　不超过 15 厘米。

（4）覆盖要求　覆盖物离树干留 20 厘米间隙，覆盖后用泥土压住覆盖物，防止大风刮起并防火，待下次施肥时将半腐烂覆盖物收拢垫于施肥槽底。

3. 苕子种植技术

（1）播期　9 月下旬至 10 上中旬，选择在雨水充分湿润土壤后抢时播种。

（2）用种量　2～2.5 千克/亩。

（3）播种方式　撒播。首次按每亩用种 1.5～1.8 千克播种，余下的 0.7～1 千克种子可对出苗不均匀处及时进行补播。

（4）注意事项　一是要清除杂草，让撒播种子接触土壤；二是撒播要均匀，密度要尽量一致；三是树干方圆 1 米范围内不能播种，以免苕子藤蔓往柑橘树上攀爬。

4. 苕子绿肥利用技术

苕子经过夏、秋两季高温高湿自然枯萎分解后，在施越冬肥时，先将树周干枯溃烂的苕子和半腐烂的树盘覆盖物收拢垫于施肥槽底，再将有机肥和配方肥施于槽沿，与泥土混合后回填于槽内。

重庆市万州区柑橘有机肥替代化肥技术模式

"有机肥＋配方肥"模式

（一）适宜范围

适宜于畜禽粪便等有机肥资源丰富区域。

（二）施肥措施

万州玫瑰香橙为晚熟柑橘，施肥量受多种因素影响，与树势、气候、管理水平等相关，根据目标产量法，通常亩产 2 000 千克果实全年需要使用纯氮 22～24 千克、五氧化二磷 13～15 千克、氧化钾 17～19 千克。结果树一般全年施肥，分促花肥、壮果肥和采后肥 3 次施用。

促花肥一般在 2 月下旬到 3 月下旬施用，施肥量占全年 35%。推荐高氮中磷中钾型复合肥，如 20-13-12 或相近配方，每亩施用 35～45 千克，施用有机肥 300 千克。施肥方式采用条施或者沟施，施肥深度 20～25 厘米，施完覆土。

壮果肥常在 7 月中旬到 8 月上旬施肥，用肥量占全年的 30%。建议施用中氮低磷高钾型复合肥，如 18-5-22 或相近配方，每亩施用 30～40 千克，施肥方法采用条沟、穴施，有条件的地方可进行水肥一体化施肥，施肥深度在 10～20 厘米，施完覆土。

采后肥常在 11 月上旬到 12 月下旬施用，施肥量占全年的 35%，推荐施用中氮中磷高钾型复合肥，如 12-8-20 或相近配方，每亩施用 30～35 千克，施用有机肥 300 千克或牛粪、羊粪、猪粪等畜禽粪便充分腐熟发酵的农家肥 500 千克，采用条沟或穴施，施肥深度 20～25 厘米，结合深耕施用。

（三）配套技术

农家肥堆沤技术：

（1）堆肥原料　主要由主料、辅料、发酵剂或生石灰组成。主料为牛、羊、猪、兔粪便，约占 80%；辅料为各种作物秸秆、菌渣、枯枝落叶、锯末等，约占 20%；其他：发酵菌，一般 1 吨原料需用 1～2 千克发酵菌。

（2）堆制时期　在春、夏、秋季期间，室外温度保持在 20 ℃以上进行堆制。

（3）场地选择　选择向阳、地势稍高、有利排水、方便运输的开阔地。

（4）堆制方法　工序依次为：将主料、辅料等混合，调制水分（水分控制在 60% 左右），建堆（宽 2 米、高 1 米，长度不限），封堆（堆内每隔 1～2 米插通气孔或者小把玉米秸秆，为微生物提供氧气，用塑料布封盖），翻堆（当堆内温度达到 60 ℃时，翻堆并补充水分）。

重庆市忠县柑橘有机肥替代化肥技术模式

"绿肥＋配方肥" 模式

（一）适宜范围

适宜于丘陵坡地、季节性降水量丰沛、有机质含量较低的多年生果园，特别适合三峡库区丘陵果园。

（二）施肥措施

1. 春季施肥

3～4 月在苕子绿肥翻压的同时配合施配方肥（直接覆盖还田的果园揭开苕子绿肥施配方肥后，将苕子绿肥继续覆盖上）。选用 40% 高氮中磷中钾型配方肥（21-6-13 或相近配方），施肥方法采用在树冠滴水线下条沟、穴施，施肥深度 10～20 厘米，并补充硼肥。

2. 夏季施肥

在 6～8 月果实膨大期施用 46% 高钾配方肥（16-8-22 或相近配方），施肥方法采用在树冠滴水线下条沟、穴施，施肥深度 10～20 厘米。

3. 秋冬季施肥

于 9 月下旬至 11 月下旬施用 45%（15-15-15 或相近配方），施肥方法采用在树冠滴水线下条沟、穴施，施肥深度 10～20 厘米。

（三）配套技术——苕子绿肥种植技术

1. 播种前

人工清理杂草，晒种 1～2 天，9 月底至 10 月中旬透雨后天晴抢墒撒播，保证种子出苗。冬闲田、地（净地）每亩用种量 3 千克，幼年果园每亩用种量 2 千克，成年果园每亩用种 1.5 千克，不除草果园根据杂草情况适当增加用种量至 3～5 千克/亩。

2. 田间管理

出苗 30～40 天用尿素 2～5 千克/亩效果会更好，产量可达 3 000 千克/亩以上。

3. 还田时间及还田方式

果园大面积种植，苕子绿肥不翻压，直接让苕子绿肥自然干枯死亡腐烂还田，让其长时间覆盖地表，达到节约人工、控制其他杂草生长、减少雨水冲刷、防止水土流失、保湿降温抗旱的目的。

四川省丹棱县柑橘有机肥替代化肥技术模式

一、"自然生草＋绿肥"模式

（一）适宜范围

适宜于年日平均温 16 ℃以上，年降水量在 1 200 毫米左右，年均日照 1 000 小时以上，年有效积温在 5 000 ℃以上的地区。

（二）施肥措施

果园生草对草的种类有一定要求，其主要标准是要求矮秆或匍匐生，适应性强，耐阴耐践踏，耗水量较少，与果树无共同的病虫害，能引诱天敌，生育期比较短。目前，草种以白三叶草、紫花苜蓿、箭筈豌豆等豆科牧草为好，其中白三叶草最优，为果园生草主导草种。白三叶草最佳播种时间为春、秋两季。春播可在 4 月初至 5 月中旬，秋播以 8 月中旬至 9 月中旬最为适宜：春播后，草坪可在 7 月果园草荒发生前形成；秋播，可避开果园野生杂草影响，减少剔除杂草的繁重劳动。种植方式宜采取条播，可适当覆草保湿，也可适当补墒，有利于种子萌芽和幼苗生长，极易成坪，条播行距以 15～25 厘米为宜，土质肥沃又有水浇条件时，行距可适当放宽，土壤瘠薄，行距要适当缩小。播种宜浅不宜深，以 0.5～1.5 厘米为宜，建议白三叶草每亩果园用种量为 0.5～0.75 千克。白三叶草属豆科植物，自身有固氮能力，但苗期根瘤尚未生成，需补充少量的氮肥，待成坪后只需补充磷、钾肥即可。白三叶草苗期生长缓慢，抗旱性差，应保持土壤湿润，以利种子萌发和苗期生长。成坪后如遇干旱也需适当浇水，生草初期灌水后要及时松土，清除野生杂草，尤其是恶性杂草。果园生草，适时刈割，利于增加年内草产量，增加土壤有机质，但生草最初几个月不要刈割，生草当年最多刈割 1～2 次。刈割要注意留茬高度，以利再生，切勿齐地面平切，一般以留茬 5～10 厘米为宜，刈割下的草覆盖于树盘上。果园覆草四季均可进行，以春、夏季为好，旱薄地多在 20 厘米土层温度达 20 ℃时进行；密闭和不进行间作的果园宜全园覆草，幼龄果园宜覆盖树盘或行间，覆草厚度 15～20 厘米，树盘覆草要覆盖到树冠外缘（根系分布的地方）；覆草种类：杂草、树叶、作物秸秆和碎柴草均可。春季覆干草，夏季压青草。局部覆草每亩用干草 1 000～1 500 千克，鲜草一般 2 000～3 000 千克，全园覆草分别为 2 000～2 500 千克和 4 000 千克。覆草前要进行土壤深翻或深锄、浇水、株施氮肥 0.2～0.5 千克，以满足微生物分解有机物对氮的需要。在草被上零星点压些土，以防风刮和火灾，土层薄的果园可采用挖沟掩埋与盖草相结合的方法。长草要铡短，以便于覆盖和腐烂。覆盖园秋后要浅刨一遍。秋施基肥时，不要将覆草翻入地下。草要每年或隔年加盖，4～5 年深翻一次，翻后再覆草。追肥时可扒开覆草，多点穴施，施后适量灌水。

（三）配套技术

合理利用果园杂草，也有人工生草的作用。任何杂草都有增加土壤有机质和保持水土的功效，不要"见草就除，除草务净"。对果园内一些无大害的草，可以当作自然生草利用起来，对个别恶性草要彻底铲除或用除草剂灭除。国内不少生草果园种了一两种草，但逐渐生长出多种草，实际上变成了自然生草的果园，既有了草覆盖，又节省了灭除这些草的劳力、财力的投入，已经逐渐被果农接受。但须注意控制草的高度，不要让这些草长高，以免影响树体生长发育。通常情况下，拉拉秧、小旋花、灰菜、茵陈蒿、猪毛菜、苋菜、马齿苋等杂草无害，可保留利用。

二、"水肥一体化"模式

（一）适宜范围

该项技术适宜于有井、水库、蓄水池等固定水源，且水质好、符合滴灌要求，并已建设或有条件建设滴灌设施的区域推广应用；主要适用于设施农业栽培、果园栽培和棉花等大田经济作物栽培，以及经济效益较好的其他作物。

（二）施肥措施

1. 水肥管理要点

（1）灌溉施肥系统建设　综合考虑气象、地形、土壤、作物、水源等基本条件，在充分了解用户种植计划、生产水平、建设要求、投资能力等的基础上进行规划、设计和建设。

（2）水分管理　收集气象、土壤、农业等相关资料，开展墒情监测，根据作物需水规律、土壤墒情、根系分布、土壤性状、设施条件和节水农业技术措施等制定灌溉制度，包括作物全生育期的灌溉定额、灌水次数、灌水时间和灌水定额等。按照作物根系特点确定计划湿润深度，使灌溉水分布在根系层。柑橘适宜的计划湿润深度一般为 0.3～0.4 米。果树因品种、树龄不同，适宜的计划湿润区间深度为 0.3～0.8 米。灌溉上限一般为田间持水量的 85%～95%，灌溉下限一般为田间持水量的 55%～65%。

（3）养分管理　选择溶解度高、溶解速度较快、腐蚀性小、与灌溉水相互作用小的肥料。当灌溉水硬度较大时，宜采用酸性肥料。按照目标产量、作物需肥规律、土壤养分含量和灌溉施肥特点制定施肥制度，包括施肥量、施肥次数、施肥时间、养分配比、肥料品种等。根据土壤养分情况，有机肥施用量，上一季作物施肥量，产量水平等进行调整。根据土壤测试结果，对土壤养分含量的丰缺情况进行评价。当土壤养分接近适中水平，可不进行调整；土壤养分含量较低时调高养分施用量，土壤养分较高时调低养分施用量，调整幅度一般为 10%～30%。土壤氮含量较高时，不宜大幅度调减氮肥施用量。根据作物不同生育期需肥规律，确定施肥次数、施肥时间和每次施肥量。

2. 操作要点

（1）水源部分　安装逆止阀，防止水肥污染水源。根据水源和灌水器对水质的要求选择过滤器，必要时采用不同类型的过滤器组合进行多级过滤，滴灌过滤器精度不低于

0.125 毫米（120 目），微喷过滤器精度为 0.18～0.25 毫米（60～80 目），大型喷灌机过滤器精度为 0.25～0.85 毫米（20～60 目）。

（2）肥料搭配　肥料搭配使用时应考虑相容性，避免相互作用而产生沉淀或拮抗作用。混合后会产生沉淀的肥料应单独施用，即第一种肥料施用后，用清水充分冲洗系统，然后再施用第二种肥料。

（3）系统使用和维护　灌溉施肥系统使用时应先滴清水，待压力稳定后再施肥，施肥完成后再滴清水。施肥前、后滴清水时间根据系统管道长短、大小及系统流量确定，一般为 10～30 分钟。在灌水器出水口利用电导率仪等定时监测溶液浓度，通常电导率不大于 3 毫西/厘米，避免肥害。定期检查、及时维修系统设备，防止漏水使作物灌水不均匀。经常检查系统首部和压力调节器压力，当过滤器前后压差大于 0.02 兆帕时，应清洗过滤器。定期对离心过滤器集沙罐进行排沙。作物生育期第一次和最后一次灌溉时应冲洗系统，每灌溉 2～3 次后冲洗 1 次。作物生育期结束后应进行系统排水，防止冬季结冰爆管，做好易损易盗部件（空气阀、真空阀、调压阀、球阀等）保护。

（三）配套技术

（1）肥料建议使用全溶肥料，避免堵塞滴头。

（2）不同肥料建议分开施或者分开泡。每桶装肥 60 千克。

（3）肥料在施肥桶里全部溶解要兑水 10 倍以上，不要同时将所有肥料倒入施肥桶，边溶边倒。

（4）在土壤较干时，施肥时间在 1～2 个小时内完成。先滴灌 10 分钟清水，使管道充满水后开始施肥，施肥完毕继续滴水 20 分钟，将管道内肥液全部排出，否则可能会在滴头处长青苔，堵塞滴头。

（5）当土壤不缺水或连续下雨时，施肥照样进行。先滴 10 分钟清水，开始施肥，施肥时间要控制在 20～30 分钟内完成，施肥完成后不用滴清水。

（6）柑橘的根系分布主要在土层下 40 厘米左右。滴灌主要使根系层湿润，因此要经常检查根系周围水分状况。挖开根系周围的土用手抓捏土壤，能捏成团块表明水分够，如果捏不成团表明水分不够，要开始滴灌。一般滴灌时间 1.5～2.0 小时，以少量多次为好，直到根系层湿润为止。

（7）把握施肥时间非常关键，如施肥时间过长，肥料会被淋洗到根层下面，作物吸收不到养分，造成肥料浪费和减产。

（8）采用这一模式要求施肥时果园土壤较疏松，若土壤较板结需松土后再进行淋施，否则，淋施水肥不能及时渗入根部土壤，造成大量水肥沿地表流失。

四川省广安区龙安柚有机肥替代化肥技术模式

"有机肥＋配方肥" 模式

（一）适宜范围

适宜于土壤呈弱酸性或中性的四川省柑橘产区。

（二）施肥措施

1. 测土配方施肥

通过"采样、化验、配方、加工、购肥、用肥、监测、修订"技术路径，生产施用龙安柚配方肥。根据龙安柚不同生长期施用底肥、萌芽肥时养分比为 24 - 12 - 6 的专用配方肥，在施壮果肥时养分比为 16 - 6 - 20 的专用配方肥，增加了有机肥的施用量。

2. 有机肥替代化肥

广安区龙安柚在施肥种类上经历了两次重大变革，由 2007 年前一直施用"普通复混肥（养分比为 15 - 15 - 15）＋农家肥"，2007—2014 年期间施用"配方肥＋农家肥"，2015 年至今施用"商品有机肥＋配方肥＋农家肥＋叶面肥"，实现了化肥减量、品质提升、柚农增收。

广安市广安区龙安柚化肥减量增效施肥模式（千克/株）

		2007 年以前施肥模式	2007—2014 年施肥模式	2015 年至今化肥减量增效模式
底肥 （12 月中旬）	化肥	2 (15 - 15 - 15)	1.5 (24 - 12 - 6)	1.5 (24 - 12 - 6)
	猪粪水	20	18	35
	油枯		1	2
	商品有机肥			6
萌芽肥 （2 月下旬）	化肥	1.5 (15 - 15 - 15)	1.5 (24 - 12 - 6)	0.5 (24 - 12 - 6)
	猪粪水	20	10	18
壮果肥 （6 月上旬）	叶面肥			喷施两次（每次 0.02） (20 - 20 - 20＋TE，400 倍)
	化肥	2.5 (15 - 15 - 15)	3 (16 - 6 - 20)	1 (16 - 6 - 20)
	硫酸钾		1	1
	商品有机肥			6

注：该模式针对广安区成年龙安柚树，目标产量 2 250 千克/亩，密度 40 株/亩。

（三）配套技术

以测土配方施肥为基础，构建"测、配、产、供、施"技术推广体系，实现精准施肥；以"增施有机肥，喷施叶面肥"为路径，减少复合肥用量，实现节本增效。

1. 测土配方施肥

根据土壤养分丰缺程度和龙安柚本身的需肥情况，通过肥效试验和校正来确定肥料氮、磷、钾的比例，制成配方肥施用，达到增产增收的目的。

2. 增施有机肥

有机肥主要来源于植物和动物，经生物物质、动植物废弃物、植物残体加工而来，消除了其中的有毒有害物质，富含大量有益物质，如多种有机酸、肽类以及包括氮、磷、钾在内的丰富的营养元素。有机肥不仅能为农作物提供全面营养，而且肥效长，可增加和更新土壤有机质，促进微生物繁殖，改善土壤的理化性质和生物活性。有机肥主要有三大作用：一是改良土壤、培肥地力；二是增加产量、提高品质；三是提高肥料的利用率。

3. 喷施叶面肥

龙安柚施用叶面肥具有三大好处：一是迅速补充营养；二是充分发挥肥效；三是减轻对土壤的污染。

四川省西充县柑橘有机肥替代化肥技术模式

一、"有机肥＋配方肥"模式

（一）适宜范围

适宜所有柑橘园推广，特别适合柑橘面积种植不大的区域（柑橘面积 100 亩以内）。

（二）施肥措施

1. 施肥量

柑橘年生育周期每亩施肥量为：商品有机肥 400～600 千克或堆肥 800～1 000 千克，N 22～26 千克，P_2O_5 13～15 千克，K_2O 15～18 千克。

柑橘推荐施肥量（千克/亩）

肥力等级	目标产量	推荐施肥量		
		N	P_2O_5	K_2O
低肥力	1 500～2 000	23～26	14～15	17～18
中肥力	2 000～2 500	22～25	13～14	16～17
高肥力	2 500～3 000	20～22	12～13	15～16

2. 施肥比例

基肥占 25％，追肥占 75％，其中：花前肥占 25％、保果肥占 15％、壮果肥占 35％。

3. 基肥

每亩施用商品有机肥 400～600 千克或堆肥 800～1 000 千克，配方肥（25－7－8）20～25 千克。

柑橘基肥推荐施用量（千克/亩）

肥力水平		低肥力	中肥力	高肥力	备 注
产量水平		1 500～2 000	2 000～2 500	2 500～3 000	基肥在采果后 7 天内施用。根据实际情况，基肥选择有机肥或商品有机肥或堆肥与商品有机肥搭配
有机肥	堆肥	1 000	900	800	
	商品有机肥	600	500	400	
配方肥		25	23	20	

4. 追肥

每亩施用配方肥（22 - 12 - 16）60～75 千克。

柑橘追肥推荐施用量（千克/亩）

施肥时期	低肥力	中肥力	高肥力	备　　注
	配方肥	配方肥	配方肥	花前肥：3月上旬；保果肥：6月上中旬；壮果肥：7月上中旬
花前肥	25	23	20	
保果肥	15	13.5	12	
壮果肥	35	30.5	28	

（三）配套技术

畜禽粪污通过堆沤腐熟或沼气池厌氧发酵后直接还田，适宜水果、蔬菜、粮食等作物。

二、"有机肥＋水肥一体化"模式

（一）适宜范围

适宜于柑橘种植面积较大的区域。

（二）施肥措施

1. 基肥

每亩用沼肥 2～3 米^3，大量元素水溶肥 15～20 千克（30 - 10 - 10）。

柑橘基肥推荐施用量

肥力水平	低肥力	中肥力	高肥力
产量水平（千克/亩）	1 500～2 000	2 000～2 500	2 500～3 000
沼肥（米^3/亩）	3	2.5	2
大量元素水溶肥（千克/亩）	20	17.5	15

2. 追肥

每亩施用大量元素水溶肥料（30 - 10 - 10）45～60 千克，沼肥 3 米^3。

柑橘追肥推荐施用量

施肥时期	低肥力		中肥力		高肥力	
	速效水溶肥（千克/亩）	沼肥（米^3/亩）	速效水溶肥（千克/亩）	沼肥（米^3/亩）	速效水溶肥（千克/亩）	沼肥（米^3/亩）
花前肥	20	1	17.5	1	15	1
保果肥	12	1	10.5	1	9	1
壮果肥	28	1	24.5	1	21	1

三、"自然生草＋绿肥"模式

(一) 适宜范围

适宜于未封行的果园,特别是幼龄果园。

(二) 施肥措施

种植绿肥后第二年,基肥有机肥用量比常年施用量少 20%,其余施肥措施按"有机肥＋配方肥"模式或"有机肥＋水肥一体化"模式执行。

(三) 配套技术

1. 品种选择

根据本地生态气候特点和耕作制度选择绿肥品种,川东北地区果园间作冬绿肥以选用一年生的光叶紫花苕、箭筈豌豆、南选山藜豆或多年生的三叶草为宜。

2. 适时播种

在 9 月上中旬至 10 月上旬播种。播种方式采用浅旋耕或免耕在树盘外用人工方式均匀撒播。播种时要求土壤湿润,最好雨前或冒雨播种效果最好。

3. 适宜播量

根据果树栽植方式和空行宽度确定播种量,山藜豆和箭筈豌豆一般用种量 4～5 千克/亩、光叶紫花苕子 3.0～4.0 千克/亩、三叶草 1.5 千克/亩。

4. 施肥与管理

豆科绿肥根瘤具有较强的固氮能力,抗逆性和抗病性也较强,一般不施肥或于苗期少施适量磷、钾肥。

5. 翻压与覆盖

绿肥播种 2 个月后果园地面覆盖率可达 80%以上,抑草效果十分显著。翌年 3 月底至 4 月初盛花期生物产量达到高峰,一般鲜草亩产可达 2 000 千克以上,此时翻埋培肥效果最佳。无机械刈割翻压条件的,也可在成熟后让其自然枯死覆盖地面,相当于提供 N 6 千克、P_2O_5 2 千克、K_2O 2 千克,减少化肥用量 10 千克(折纯)。

第二章

苹果有机肥
替代化肥技术模式

河北省邢台县苹果有机肥替代化肥技术模式

"商品有机肥＋配方肥" 模式

(一) 适宜范围

邢台县苹果集中种植在西部的丘陵山区一带,属温带大陆性季风气候,年日照时间2 370 小时,降水量 550 多毫米,年平均气温 11～13 ℃,无霜期 187 天,晚秋昼夜温差较大,海拔高度多在 400～800 米,土壤多为沙壤质褐土,pH 在 6.5～7.0 之间。该地区独特的气候条件和土壤条件,有利于苹果风味和色泽的发育,是红富士苹果最适宜栽培区。该模式适宜于邢台县丘陵山区以及冀南太行山所有苹果产区。

(二) 施肥措施

1. 秋施基肥

从 8 月底开始,落叶前结束,因为晚熟苹果施肥不方便,所以施肥时间在果实采摘后,但必须保证在落叶前结束。

可采用条沟法,起垄栽培的果园在垄下施肥,沟深 20～30 厘米:①每亩施商品有机肥 750～1 000 千克 ($N+P_2O_5+K_2O \geqslant 5\%$),堆沤腐熟有机肥可以按产量 "斤果斤肥" 施用;②每亩施硫基复合肥 ($N-P_2O_5-K_2O=25-13-7$) 75～85 千克;③每亩施含中微量元素肥 (含量 50%) 20 千克。

2. 夏季追肥

5 月 25 日开始,6 月 15 日结束。每亩施用硫基复合肥 ($N-P_2O_5-K_2O=13-11-21$) 85 千克 (硝硫基最好);中微量元素肥 ($\geqslant 50\%$) 10 千克,采用放射沟法施肥 (每棵树 5～6 条,沟深 20 厘米,根据树冠大小决定开沟长宽),肥土拌匀施入。

7 月 25 日至 8 月 15 日,苹果二次膨大期,将水溶性硫基复合肥 ($N-P_2O_5-K_2O=15-10-25$) 10 千克＋水溶性锌硼镁铁肥 5 千克配成水溶液,用施肥枪追肥一次,追肥深度 25 厘米,每棵树下保证施肥点 15 个以上。

3. 叶面施肥

① 萌芽前全树喷施 3% 硫酸锌＋2% 尿素溶液 1～2 次。②苹果落花后至套袋前喷施钙肥 3～4 次,间隔 10 天一次。③苹果采摘后至落叶前喷施尿素 3 次:第一次,苹果采摘后 3 天以内喷施 1% 尿素溶液;第二次,间隔 7 天,喷施 2% 尿素溶液;第三次,间隔 7 天,喷施 3% 尿素溶液。

4. 施肥后浇水

每次施肥后浇水,7～8 月注意排涝。

以上是亩产 3 000 千克的果园施肥量。实际操作过程中根据负载量适当增减。苹果对氮、磷、钾的吸收比例为 2∶1∶2。施肥依据为每生产 100 千克果实需氮 (N) 1.12 千克、磷 (P_2O_5) 0.48 千克、钾 (K_2O) 1 千克。根据果树一年中对氮、磷、钾的需求,秋施基肥要施用全年氮肥的 60%,磷肥的 50%,钾肥的 30%。追肥要施用全年氮肥的40%,磷肥的 50%,钾肥的 70%。

（三）配套技术

1. 水肥一体化

根据当地的实际情况，采取移动性水肥一体化措施，将肥料溶解后，用施肥枪将其注射到树冠下。其优点是使用简单，移动性强，可节水节肥 40% 以上；缺点是肥料必须选择水溶性的，除此之外，还要靠机器产生的压力才能使用。

2. 果园生草

果园生草的方法有两种，一种是人工种草，一种是自然生草。在邢台果区，主要推广的是自然生草，即在浅沟台畦的基础上保留浅根性杂草，草高时刈割，以后停止耕翻。

据粗略估算，一年可以割草 4～5 次，每次每亩割草至少 1 000 千克，这样算来，每年每亩果园可相当于增施优质有机肥 4 000～5 000 千克，对提高整体果园土壤供肥能力，不是一个小数。

如果果园生草不够，可以采取秸秆覆盖代替果园生草。

3. 施肥方式

因为苹果花芽分化阶段需要适度干旱，大水漫灌，一是不利于花芽分化，二是不利于节水，三是不利于根系外移。因此，要在果区推广"起垄栽培"的地下肥水管理模式。按照这种模式浇水施肥，不但可以节水，而且可以大幅度提高肥料利用率。具体做法可以分两个步骤：第一步，在树行的中心线两侧挖 20 厘米深的两条沟，在株间挖一条沟；第二步，挖沟时将土撒于以主干为中心的树冠之下，然后用铁耙将每个树盘都搂成煎饼锅状，树在高处，向外渐低，树的根茎处高于地面 15～20 厘米，浅沟的底部低于地面 15～20 厘米，具体如下图所示：

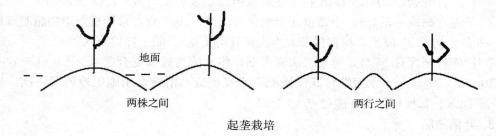

起垄栽培

河北省抚宁区苹果有机肥替代化肥技术模式

"堆肥自制有机肥＋商品有机肥＋配方肥"模式

（一）适宜范围

抚宁属于暖湿带大陆季风气候区，具有春季干燥多风，夏季炎热多雨，秋季光照充足、凉爽，冬季寒冷少雪的特点，气候条件适宜多种林木尤其是苹果的生长发育。该模式适宜于抚宁区范围内平原、丘陵、山地等多种地域类型的苹果园地。

（二）施肥措施

采果后立即施基肥，一般在 9 月下旬到 10 月中下旬，可采用条沟法，沟深 0.5～0.6

米，每亩施用 400～500 千克有机肥（N+P_2O_5+K_2O≥5％），硫酸钾型复合肥 50～75 千克，与土混匀后施于放射沟。春季 3 月上中旬追肥一次，每亩施用硫酸钾型复合肥 100 千克，采用辐射沟法施肥（5～6 条，距树干 0.5 米，长 1.2 米、宽 0.4 米、深 0.3 米），肥土拌匀施入。膨果期追肥一次，每亩施用硫酸钾型复合肥 50～75 千克，采用辐射沟法施肥，肥土拌匀施入。每次施肥后浇透水。每年交换施肥沟位置。每年可在萌芽前喷 3％～5％的硫酸锌溶液和尿素溶液 3～4 次，开花前喷 0.2％～0.3％的硼砂溶液 2～3 次，幼果期喷施 0.3％～0.4％氨基酸钙溶液 2～3 次。生长季适时浇水，浇水后和雨后及时中耕松土。

以上是以中等肥力土壤为标准的施肥量，也可以根据产量负载定肥量，施肥比例要均衡。苹果对氮、磷、钾的吸收比例为 1∶0.5∶1。一般每生产 100 千克果实需氮（N）0.8 千克、磷（P_2O_5）0.4 千克、钾（K_2O）0.8 千克。

（三）配套技术

畜禽粪便加入高含量速腐菌剂堆沤发酵制成有机肥，搭配商品有机肥和配方肥施用，这样既消耗了本地的畜禽粪便，净化了环境，又可以将腐熟后的有机肥用于苹果生产。

有机肥施用方法：

有机肥一般作为基肥，条施或穴施，以秋季施肥为主。苹果园秋施基肥的时间，以中熟品种采收后、晚熟品种采收前为最佳，一般为 9 月下旬至 10 月上旬最晚可延至 12 月上冻前，春季可在 3 月补施。有机肥料分解较慢，供肥期较长，宜适当深施肥，一般苹果有机肥施用深度为 40～60 厘米。提倡沟状、放射状、环状轮换使用的方法，反对地面撒施。具体操作时掌握第一年用沟状施肥法，第二年则变为环状或放射状法。三年轮换一次，让土壤最大限度地吸收养分。

速腐菌剂使用方法：

（1）堆沤各类秸秆或其他有机物直接还田，彻底改造中、低产田。

（2）快速处理畜禽粪便。调节好水分，按粪重的 0.2％～0.4％加入速腐剂，在密闭条件下堆肥，注意适当通风。这种堆肥自然升温和降温，堆温在 60 ℃以上，就可以杀死蚊蝇、病菌、虫卵和草籽，并分解尿激酶，完全达到净肥下地，20 多天即能使新鲜的畜禽粪便腐熟，得到快速、有效的处理，变废为宝，还保护了环境。

具体操作采用热厩法，或疏松堆积发酵法（各种秸秆和动物粪便的发酵方法），具体如下：

（1）处理动物粪便需要配合秸秆类以利于疏松透气。秸秆预处理：麦秆稻草不需要处理，玉米秆则要铡成 20 厘米以内，或破碎处理，或拖拉机轧破或压断处理，如果不切短处理，则长秸秆的发酵时间需要适当延长；秸秆的加入量，视资源搭配情况有如下范围：秸秆料∶湿粪料=（300～800）∶（700～200），这里的秸秆也可以使用草料、食用菌糠、花生壳等。

（2）加水，控制含水量在 60％～70％，干秸秆一般加 1∶1.8 的水量，再加入湿粪料。如果是新鲜秸秆，则适当减少加水量；如果粪料是干的，则还得加入粪料量 1∶1 的水量。

（3）将菌剂与 2 千克米糠（或玉米粉、麦麸、薯粉、麦粉、谷粉等）混合，制成菌种混合物备用，目的是便于搅拌均匀；配料操作：铺一层秸秆或草料，撒一层菌种混合物，撒一层湿粪料，再按秸秆比例洒一次水湿透秸秆，再适当耙几下简单混合；要求堆高最少80厘米，最上面一层用半湿的秸秆覆盖（特别是冬天堆肥时可起到保温作用），如果遇上下雨天，可以简单地用塑料薄膜覆盖一下，但不需要密封，除冬天外的晴天每天可及时掀开塑料薄膜一次，以利于通气好氧发酵，为了避雨，有条件的也可以再在料上方设置遮雨的雨棚，防止雨水淋湿。

（4）适当松料，以增强发酵，充分成熟：一般物料会在发酵1~2天内（冬天慢一些），内部温度可以达到50~70℃，保持到第3天后，即建议可开始松料处理，可用木棒或长耙插入料中松动几下。几天后，如果温度超过65℃，则可再次松料，一般松料2次，温度保持相对恒定后发酵就完成了。发酵成功的标志：物料已经完全没有了粪便的臭味，相反有种淡淡的生物发酵后的芳香味，堆内布满大量白色菌丝。

操作方法：提倡沟状、放射状、环状轮换施用的方法，反对地面撒施。具体操作时掌握今年用沟状施肥法，明年则变为环状或放射状法，三年轮换一次，最大限度地利用果园中有限的土地面积。每棵树具体施肥部位应掌握在树冠垂直投影的中外围，因为绝大多数的吸收根都分布在树冠外围的土壤中。

施肥部位：根系中的毛细根是苹果树吸收养分的主要器官，苹果树对肥料的吸收主要靠根系中的根毛来完成，因此在根系集中分布区施肥是提高肥效的关键之一。苹果树的地上部和地下部存在着一定的相关性。一般情况下，水平根的分布范围为树冠径的1~2倍，但绝大部分集中于树冠投影的外缘或稍远处，其垂直分布随树种、土质、管理水平而有差异。一般苹果的根系分布较深，可达70~80厘米，但80%以上的根系集中于60厘米左右的土层中。所以，施肥时要根据这一特点来施用肥料；根系分布深的要适当深施，反之浅施；有机肥料分解较慢，供肥期较长，宜深施肥，化肥移动性较大，可浅施。一般苹果有机肥施用深度为40~60厘米。同时，施肥时应以树冠投影边缘和稍远地方为主，这样才能最大限度地发挥肥效。

山西省翼城县苹果有机肥替代化肥技术模式

一、"腐熟畜禽粪肥＋配方肥"模式

（一）适宜范围

适宜于高海拔丘陵区。

（二）施肥措施

1. 施肥量

目标产量以3 000千克/亩计，基肥每亩施腐熟畜禽粪肥6米³、45%配方肥（15-15-15）270千克，萌芽肥每亩施高氮肥15千克，促花肥每亩施高磷水溶肥25千克，膨果肥每亩施高钾水溶肥50千克。

2. 施肥时间和方法

（1）基肥 以秋施为主，在9月下旬至10月上旬进行。方法：8~15年果树采用条沟施，5～7 年果树采用环状沟施或放射状沟施。

（2）追肥　在生长季根据果树各个生长发育阶段情况施用，一般进行 3 次：萌芽肥，在 3 月下旬至 4 月上旬果树萌芽前施入，以氮肥为主，配方肥每亩用量 15 千克；促花肥，在 5 月下旬至 6 月上旬施入，以高磷冲施肥为主，配方肥每亩用量 25 千克；膨果肥，在 7 月中旬至 7 月下旬施入，以高钾冲施肥为主，配方肥每亩用量 50 千克。

（三）配套技术

1. 有机肥堆沤

（1）堆沤场地　在堆沤未腐熟的有机肥时，堆肥场地要选在背风、向阳、地势高燥的地方。

（2）方法　在堆肥地面铺农膜或选水泥地面，要将农家肥中的畜粪结块打碎，秸秆要铡碎在 5 厘米以下进行碾压，并要混入 3% 左右的过磷酸钙和粪土，翻匀后进行堆积。

（3）堆沤时间　农家肥堆 60 天左右即可腐熟。

2. 有机肥施用技术

把充分腐熟的有机肥施入果园时，应选择树冠垂直投影下以外部位，开挖宽 30～40 厘米、深 30～40 厘米的施肥沟，将有机肥与适量化肥（氮、磷肥）和表土混匀后投入施肥沟底，最后用翻出的底层生土覆盖，或进行全园撒施，撒施后翻入土层。

3. 其他配套措施

（1）苹果园间伐技术　间伐是乔化密植苹果园的首选改形技术。目前苹果园常见的株行距为 2 米×3 米、2.5 米×3.5 米、2 米×4 米、2.5 米×4 米、3 米×4 米等。通过逐年进行隔行挖除或隔株挖除等间伐形式，将乔化果园每亩密度调减在 33～45 株，矮化果园调减在 50～70 株，使栽植密度降低一半。

（2）改形修剪技术

① 苹果改形。苹果树改形要坚持以下 10 个要点，即落头要狠、提干要稳、疏枝要准、主枝选留要活、修剪手法要变、枝组配备要适、永久临时要明、伤口保护要好、开张角度要平、主干环剥要轻。

② 苹果修剪。把握三个原则，一是培养丰产的树体结构；二是调节养分的再分配，解决营养生长与生殖生长的矛盾；三是改善树体生长环境，通风透光，合理用光，"不见光路难结果，不见水路树糟糕"。具体操作中要掌握以下 10 个原理，即终生矛盾（生长与结果的矛盾）、两个动力（光和水）、两个优势（垂直优势和顶端优势）、两个角度（骨干枝角度和骨干枝上枝组的角度）、两个部分（地上部与地下部）、两条路（水分和有机营养输送过程的两条路）、两个中心（一是运送到生长最活跃的新梢顶端，用于生长；二是运输到结果部位，用于果实生长）、两个生长阶段（春梢、秋梢）、两种手法（短截和疏枝）、冬夏结合（冬季修剪与夏季修剪相结合）。

（3）疏花疏果技术

① 疏花、疏果的时间。依据"疏果不如疏花、疏花不如疏蕾、疏蕾不如疏芽"的原则科学疏花疏果。

疏花的时间：疏花一般要求自显蕾期开始，盛花前结束。

疏果的时间：疏果、定果，应从落花后 1 周左右开始，在最短的时间内结束，最好不要迟于花后4周。一般分2次进行。

② 疏花、疏果的方法。疏花疏果，包括人工疏除、化学疏除和器械疏除等方法。

人工方法疏花疏果：一是"以花定果"的疏花技术，依照留果量要求，按15～25厘米的留花间距，选留健壮花序，其余花序一次性疏除；二是间距疏果技术，此方法通常在花后1～4周坐果后进行，对授粉条件差、坐果率低的果园特别适用，采用"间距法"疏果，关键是确定适宜的留果间距。一般情况下，大果形品种（如富士系、秦冠、元帅系等）以20～25厘米为宜，中、小果形品种（如嘎拉系、粉红女士等）以15～20厘米较适宜。

化学方法疏花疏果：采用化学疏除方法，关键是适宜药剂的选择，同时还要注意喷药时期与使用浓度。

（4）果实套袋技术

① 套袋时间。在定果后15～20天立即套袋。一般从5月底、6月初开始套袋，一天里套袋应在上午8～12时、下午4～8时进行，应避免中午高温或有露水时套袋。

② 套袋方法。正确的套袋方法是由撑袋、套果、压口、紧口、封口五步完成。

（5）苹果病虫害控制技术　采用农业防控、物理防控、生物防控和化学防控科学防控苹果病虫害。

① 农业防控。如选用优良的抗病虫品种的脱毒苗木、土壤深耕和土壤改良、合理密植、合理整形修剪、加强田间管理等。

② 物理防控。对于具有趋光性的有害成虫，可以使用黑光灯捕捉，在黑光周围安装高压电网，或者在灯下悬挂毒瓶，或在灯下放置水面滴上浮油的水盆；用黄板诱杀蚜虫。在果园中放置具有大量有机油的黄色木板（或纸板）可用于粘捕迁飞过程中的有翅蚜。

③ 生物防控。采用以虫治虫、以菌治虫、以菌治菌等方法防控苹果病虫害。

④ 化学防治。选用低毒、低残留化学农药，采用科学使用农药、科学轮换使用农药等方式防控苹果病虫害。

（6）适期采收技术　不同品种采摘时间不同，在正常的气候条件下，苹果一般都有比较稳定的生长发育时期，一般早熟品种在盛花后60～100天成熟，中熟品种100～140天成熟，中晚熟品种140～160天成熟，晚熟品种160～190天成熟。

二、"果园生草＋腐熟畜禽粪肥＋配方肥"模式

（一）适宜范围
适宜于平川区和低海拔丘陵区红富士苹果种植区。

（二）施肥措施
施肥措施同模式一。

（三）配套技术
果园生草技术

（1）果园生草的好处　一是提高土壤有机质含量，种草5年后的土壤有机质含量可提高1％左右；二是调节土壤湿度，提高水分利用率，种草果园土壤含水量可明显增加2％以上；三是可以提高营养元素的有效利用率；四是调控土壤温度，种植白三叶能够使果园

冬季土封冻晚、冻层浅，早春解冻早，增加根系活动时间和对营养的吸收效率；五是生草果园湿度增加，有利于营养积累，提高果实含糖量，试验表明，生草果园苹果着色率能够普遍提高 6%～23%。

（2）果园种草时间　一般在春季或秋季进行。

（3）种草方法　果园种植建议采取撒播的方式，包衣的优质白三叶草籽建议播种量以 3 千克/亩为宜，撒播后轻耙地表，种子覆土深度以 1～1.5 厘米为宜。雨后墒情较好情况下种植，种子一般可在 4 天左右萌发，一周可显苗。

（4）刈割方法　人工种草最初几个月不要割，当草根扎深、营养体显著增加后，才开始刈割。一般 1 年刈割 2～4 次，灌溉条件好的可多刈割 1 次。具体来说，豆科草要留茬 15 厘米以上，禾本科留茬 10 厘米左右；全园生草的，刈割下来的草就地撒开，也可开沟深埋，与土混合沤肥。

其他配套措施包含果园间伐、改形修剪、疏花疏果、果实套袋、病虫害控制、适期采收等，均与模式一相同。

山西省平陆县苹果有机肥替代化肥技术模式

一、"畜禽粪污腐熟肥＋配方肥"模式

（一）适宜范围

适宜于平陆县栽植果树的乡镇，主要是中西部的七个乡镇：洪池乡、常乐镇、张村镇、杜马乡、部官乡、圣人涧镇、张店镇。这些乡镇种植规模较大，集中连片，交通便利，农田基础设施好，农民科技素质较高。

（二）施肥措施

果树施肥分基肥和追肥两部分，以每亩生产商品苹果 2 500 千克为目标计算施肥量。

配方依据：按理论计算，每生产 100 千克苹果需要氮（N）0.7 千克、磷（P_2O_5）0.35 千克、钾（K_2O）0.7 千克。2 500 千克苹果生产量需氮（N）17.5 千克、磷（P_2O_5）8.75 千克、钾（K_2O）17.5 千克。化肥中补充的养分按 N：P_2O_5：K_2O（15：15：15）比例计算，120 千克化肥能提供氮（N）、磷（P_2O_5）、钾（K_2O）各 18 千克，肥料利用率按氮 50%、磷 30%、钾 40% 计算，得出化肥中可补充氮（N）9 千克、磷（P_2O_5）5.8 千克、钾（K_2O）7.2 千克，剩余部分需要有机肥中的养分来补充。

保证苹果产量基本养分表

养分＼项目	全年需求	化肥补充	有机肥补充
氮（N，千克）	17.5	9.0	8.5
磷（P_2O_5，千克）	8.75	5.8	2.95
钾（K_2O，千克）	17.5	7.2	10.3

畜禽粪便养分值含量表

项目	全氮（N,%）	全磷（P$_2$O$_5$,%）	全钾（K$_2$O,%）
人粪	6.382	1.322	1.604
猪粪	2.087	0.896	1.118
牛粪	1.669	0.429	0.948
羊粪	2.012	0.496	1.321
鸡粪	2.338	0.929	1.606
兔粪	1.561	1.470	1.021

畜禽粪便用量表

需补养分 \ 有机肥	猪粪（千克/亩）	牛粪（千克/亩）	羊粪（千克/亩）	鸡粪（千克/亩）	兔粪（千克/亩）
氮（N）8.5千克	407.3	509.3	422.5	363.6	566.7
磷（P$_2$O$_5$）2.95千克	329.2	687.6	594.8	317.5	200.7
钾（K$_2$O）10.3千克	921.3	1 086.4	779.7	641.3	1 009.8
选最大值	930	1 090	780	650	1 010

注：依据需要从有机肥中补充养分值可折算畜禽粪便用量数。

1. 基肥

9月下旬至10月上旬秋施基肥，选择每亩施用畜禽粪污腐熟肥1吨＋配方肥(15-15-15)120千克（每袋40千克共3袋），按照条状沟施和放射状沟施的标准施入土壤。

2. 追肥

(1) 翌年5月下旬至6月上旬，即果实第一次膨大期，每亩追施高磷水溶肥10～12千克，用施肥枪注入（目前果农普遍采用简便省力高效的施肥方法）。

(2) 翌年7月下旬至8月上旬，即果实第二次膨大期，每亩追高钾水溶肥15～20千克，用施肥枪注入。

（三）配套技术

1. 肥水土壤管理配套

增施优质农家肥，达到"斤果斤肥"，保证果园土壤肥沃。果园每年施肥3次，以秋季果实采收前施基肥为主，每亩施优质腐熟农家肥3 000～4 000千克或生物有机肥200～300千克，并将需要补充的氮、磷、钾以及硼砂、硫酸锌等微肥掺入到有机肥中，施入树盘周围40～60厘米深的土壤中。

根据各种果树不同物候期的需要、土壤水分状况及气候条件，合理确定浇水次数和时期。在一年中，果树生长季节的前半期，植株萌芽、生长、开花、结果，生命活动旺盛，需要充足的水分，而后半期，为了使之及时停止生长，促进枝蔓成熟，适时进入休眠期，做好越冬准备，则要适当控制水分。一般情况下果树全年在萌芽期、膨果期、硬核期和休眠期浇水 3～4 次。

2. 果园生草技术配套

根据果园不同肥水状况，分别采用自然生草和种草生草。肥水水平一般或较高的果园采用人工种草，主要是在果园行间种植。种植时间春季为 3 月中旬至 5 月中旬，秋季为 8 月底至 10 月上旬。草种类一般为耐阴、耐践踏的豆科类，如白三叶、紫花苜蓿、毛叶苕子等，也可种植繁缕、油菜等；肥水水平较差的采用自然生草，在春季对深根系杂草及时进行拔除。不论种草还是自然生草的果园，等草成株长到 30～50 厘米高时（油菜除外）留 5～10 厘米茬及时进行刈割，并覆盖在果树树盘。在果园种草、生草可增加土壤有机质、培肥地力，增加天敌种群，改善农田小气候。

3. 疏花保果管理配套

推广科学疏花、疏果、人工授粉或壁蜂授粉技术，严格按优质果生产规程认真管好花果生长发育的每一个环节。

4. 膜加纸双套袋配套

推广膜袋加纸袋双套袋技术，解决单套袋容易造成苹果裂纹、灼伤等问题。

5. 病虫害防治配套

实施科学的病虫害综合防治技术，严禁使用高毒、高残留农药，坚持使用生物源、矿物源等低毒、低残留农药，从而实现果品生产的安全无公害。

6. 果实成熟期精细管理配套

果实进入着色期后，根据降雨情况及时摘袋，摘袋以后叶面喷施钾肥，促进着色，提倡两次摘叶。

二、"果-沼-畜"模式

（一）适宜范围

适宜于平陆县的常乐镇、部官乡、张村镇等。这几个乡镇都有大型的养殖场，在养殖场内，建有一体化沼气发酵池，并有配套的水泥"U"形渠或地埋管网。

（二）施肥措施

沼肥作苹果追肥施用，以每亩生产商品苹果 2 500 千克为目标计算，配方依据同模式一，每亩施沼液 8 米^3＋配方肥（15 - 15 - 15）120 千克。在果实第一次膨大期每亩追高磷水溶肥 10～20 千克，在果实第二次膨大期每亩追高钾水溶肥 15～20 千克（追肥可选配），每年施一次。

具体方法：在树冠外缘挖成条形沟或挖 4～6 个坑，也可挖成圆弧形沟，深 30 厘米、宽 20 厘米，施后待沼液渗干及时覆土。这期间施肥有利于枝条生长发育，能够促进花芽分化。

（三）配套技术

1. 肥水土壤管理配套

增施优质农家肥，达到"斤果斤肥"，保证果园土壤肥沃。果园每年施肥 3 次，以秋季果实采收前施基肥为主，每亩施优质腐熟农家肥 3 000～4 000 千克或生物有机肥 200～300 千克，并将需要补充的氮、磷、钾以及硼砂、硫酸锌等微肥掺入到有机肥中，施入树盘周围 40～60 厘米深的土壤中。

根据各种果树不同物候期的需要、土壤水分状况及气候条件，合理地确定浇水次数和时期。在一年中，果树生长季节的前半期，植株萌芽、生长、开花、结果，生命活动旺盛，需要充足的水分，而后半期，为了使之及时停止生长，促进枝蔓成熟，适时进入休眠期，做好越冬准备，则要适当控制水分。一般情况下果树全年在萌芽期、膨果期、硬核期和休眠期浇水 3～4 次。

2. 果园生草技术配套

根据果园不同肥水状况，分别采用自然生草和种草生草。肥水水平一般或较高的果园采用人工种草，主要是在果园行间种植。种植时间春季为 3 月中旬至 5 月中旬，秋季为 8 月底至 10 月上旬。草种类一般为耐阴、耐践踏的豆科类，如白三叶、紫花苜蓿、毛叶苕子等，也可种植繁缕、油菜等；肥水水平较差的采用自然生草，在春季对深根系杂草及时进行拔除。不论种草还是自然生草的果园，等草成株长到 30～50 厘米高时（油菜除外）留 5～10 厘米茬及时进行刈割，并覆盖在果树树盘。果园种草、生草可增加土壤有机质、培肥地力，增加天敌种群，改善农田小气候。

3. 疏花保果管理配套

推广科学疏花、疏果、人工授粉或壁蜂授粉技术，严格按优质果生产规程认真管好花果生长发育的每一个环节。

4. 膜加纸双套袋配套

推广膜袋加纸袋双套袋技术，解决单套袋容易造成苹果裂纹、灼伤等问题。

5. 病虫害防治配套

实施科学的病虫害综合防治技术，严禁使用高毒、高残留农药，坚持使用生物源、矿物源等低毒、低残留农药，从而实现果品生产的安全无公害。

6. 果实成熟期精细管理配套

果实进入着色期后，根据降雨情况及时摘袋，摘袋以后叶面喷施钾肥，促进着色，提倡两次摘叶。

山西省临猗县苹果有机肥替代化肥技术模式

一、"常规畜禽粪污腐熟肥＋配方肥"模式

（一）适宜范围

该模式是把分散于示范区周边的养殖场畜禽粪便集中，通过转化加工服务站加工成腐熟粪肥供给示范区果农，按农时结合配方肥施入苹果园。该模式对临猗县所有果园均适用。

（二）施肥措施

1. 基肥

9 月下旬至 10 月上旬秋施基肥，施常规畜禽粪污腐熟肥和配方肥，以条状沟施和放射状沟施为宜；基肥施用方法为沟施或穴施。沟施时沟宽 30 厘米左右、长度 50～100 厘

米、深 40 厘米左右，分为环状沟、放射状沟以及株（行）间条沟。穴施时根据树冠大小，每株树 4～6 个穴，穴的直径和深度为 30～40 厘米。每年交换位置挖穴，施用时要将有机肥和配方肥与土充分混匀。

2. 追肥

翌年 5 月下旬至 6 月上旬，即果实第一次膨大期，每亩追施中氮高磷水溶肥 10～12 千克，用施肥枪注入（目前果农普遍采用简便省力高效的施肥方法）；翌年 7 月下旬至 8 月上旬，即果实第二次膨大期，每亩追施中氮高钾水溶肥 15～20 千克，用施肥枪注入。追肥配方和用量要根据果实大小灵活掌握，如果个头够大（如红富士在 7 月初达到 65～70 厘米、8 月初达到 70～75 厘米）则要减少氮素比例和用量，否则可适当增加。

（三）配套技术

配套果园间伐、改形修剪、疏花疏果、果实套袋、病虫害控制、适期采收等技术，提高果园标准化管理水平，总结一整套集成技术体系。

二、"水冲畜禽粪污腐熟肥＋配方肥"模式

（一）适宜范围

该模式是把示范区内及附近养猪场的猪粪尿腐熟后通过输送管道施到苹果园，实现就地就近消化，结合农时季节再施入配方肥。该模式适合养猪场附近的果园。

（二）施肥措施

1. 基肥

秋施基肥最适时间在 9 月下旬至 10 月上旬，对于晚熟品种如富士，建议在采收后马上施肥、越早越好。采用条沟（或环沟）法施肥，施肥深度在 30～40 厘米，先将配方肥撒入沟中，腐熟肥通过输送管道随浇地施入果园。输入方法因地制宜，一是从发酵池由加压泵送到果园浇水用的 "U" 形渠中，随浇地水而施入；二是从养殖场铺设管道直接至每个果园，通过加压泵直接施入果园。

2. 追肥

在果实第一次膨大期每亩追施中氮高磷水溶肥 10～20 千克，在果实第二次膨大期每亩追施中氮高钾水溶肥 15～20 千克。

3. 施肥时期及施肥方式

时间和用量：在秋季和春季分两次冲施于果园，每亩施入量为 9.3 米^3（养分量等同 930 千克腐熟猪粪量）。配方肥和追肥施用量和方法同 "常规畜禽粪污腐熟肥＋配方肥" 模式。

（三）配套技术

在养殖场建发酵池，将猪粪尿集中于池中，按照 1∶10 比例加入复合微生物菌剂，进行无害化处理。配套果园间伐、改形修剪、疏花疏果、果实套袋、病虫害控制、适期采收等技术，提高果园标准化管理水平，总结一整套集成技术体系。

三、"常规畜禽粪污腐熟肥＋水肥一体化"模式

（一）适宜范围

该模式是以常规畜禽腐熟肥作基肥，追肥结合水肥一体化设备，采用大量元素水溶

肥、腐殖酸水溶肥、氨基酸水溶肥、叶面肥等有机肥料，有效提高水肥利用率，节水节肥。该模式适用于有井水水源和电源方便的附近苹果园。

（二）施肥措施

1. 基肥

基肥施用方式和时间同"常规畜禽粪污腐熟肥＋配方肥"技术模式。

基肥用量每亩建议施用有机肥 880 千克，配方肥建议采用配方 17 - 17 - 17，用量 60～80 千克。

2. 追肥

亩产 2 500 千克苹果园水肥一体化追肥量一般为：氮（N）7.5～12.5 千克，磷（P_2O_5）3.75～6.25 千克，钾（K_2O）8.5～14.5 千克。采用滴灌模式，灌水总额控制在 160～180 米^3/亩，如果雨季土壤湿度可以，则用少量水即可。

（三）配套技术

实施水肥一体化滴灌技术要配套应用病虫害防治和田间综合管理技术，同时根据作物特性采用对应技术，充分发挥节水、节肥优势，达到提高作物产量、改善作物品质、增加效益的目的。

辽宁省兴城市苹果有机肥替代化肥技术模式

一、"有机肥＋水肥一体化＋自然生草"技术模式

（一）适宜范围

适宜于兴城市近几年建立的配有水肥一体管道的苹果矮化园。

（二）施肥措施

结合苹果测土配方施肥工作，完善果树施肥配方。施用堆肥或商品有机肥，发挥有机肥和化肥的互补优势，做到有无结合、提质增效。基肥采用机械深施有机肥和配方肥，追肥采用水肥一体滴灌技术，减轻劳动强度，提高水肥效率。行间自然生草定期刈割并在树冠下覆盖，减少裸露，防止水土流失，培肥地力。

苹果产量 3 000 千克/亩，推荐施肥如下：

1. 基肥

基肥以秋季施肥为主，在落叶前一个半月施入，秋季 9～10 月机械开沟施堆肥或商品有机肥 2 000～3 000 千克/亩，同时沟施 24 - 11 - 10 或相近配方果树专用肥 40～50 千克/亩。

2. 追肥

根据土壤营养分析和叶营养诊断，以及果树的营养吸收规律和特点确定施肥量和施肥种类，一般情况下每年追肥 3～5 次。追肥采用水肥一体化技术措施，通过采用滴灌技术借助压力灌溉系统，将可溶性固体或液体肥料与灌溉水融为一体，均匀、准确、定时、定量地供给苹果树根系，通过滴头以水滴的形式不断地湿润果树根系主要分布区的土壤，使土壤含水量经常保持在适宜作物生长的最佳含水状态。于花后 2～4 周施用 24 - 12 - 12 或相近配方的大量元素水溶肥料（或等养分含腐殖酸水溶肥料或有机水溶肥料）15～20 千

克/亩；苹果花后 6～8 周、果实膨大期、采收前施用 15 - 6 - 29 或相近配方大量元素水溶肥料（或等养分腐殖酸水溶肥料或有机水溶肥料）35～40 千克/亩，每次施用 10～15 千克/亩。

（三）配套技术

采用有机肥堆沤、机械深施、生草覆盖栽培等配套栽培技术措施。

有机肥堆沤采取平地条垛式发酵工艺，在人工控制和一定水分、C/N 比值和通风条件下通过微生物的发酵作用，将畜禽粪污转化为有机肥，把不稳定状态的有机物转变为稳定的腐殖质物质。产品不含病原菌、寄生虫卵和杂草种，无臭无蝇，重金属、蛔虫卵死亡率和粪大肠杆菌数等必须达到无害化要求。

机械深施是通过使用果园小型开沟机、挖穴机等机械设施，开沟施用基肥，施肥后机械整平覆盖，提升施肥质量。

果园自然生草覆盖是将果园行间自然生草，割后覆盖树盘的一种果园土壤管理方法或制度。生草覆盖作为一种提升果园土壤肥力、保持土壤墒情以及控制树冠下杂草的土壤管理技术，已在生产得到广泛应用。平地果园可利用便携式割草机刈割 4～6 次，山地果园采用动力式果园割草机械进行刈割。每年刈割次数为 4～6 次，雨季后期停止刈割。刈割下的草覆盖于树盘上。

二、"配方肥＋有机肥＋机械深施＋青草覆盖"模式

（一）适宜范围

适宜于兴城市苹果栽培所有区域。

（二）施肥措施

结合苹果测土配方施肥工作，完善果树施肥配方。施用堆肥或生物有机肥，发挥有机肥和化肥的互补优势，做到有无结合、提质增效。采用机械深施有机肥和配方肥，减轻劳动强度，提高施肥效率。行间自然生草定期刈割并在树冠下覆盖，减少裸露，防止水土流失，培肥地力。

苹果产量 3 000 千克/亩左右，推荐施肥如下：

1. 基肥

9 月中旬至 10 月中旬施用堆肥或商品有机肥 1 000～2 000 千克/亩、24 - 11 - 10 或相近配方果树专用肥 45～50 千克/亩。采用辐射沟方式施肥，距离树干 30～50 厘米由内而外开沟，沟深 20～40 厘米，沟宽 20～40 厘米，一直延伸到树冠正投影的外缘处，将有机肥和基肥混拌均匀施入后覆土。

2. 第一次追肥

6 月中旬追施 24 - 11 - 10 或相近配方果树专用肥 45～50 千克/亩，施肥方式参照基肥方式。

3. 第二次追肥

8 月中旬追施 10 - 5 - 30 或相近配方果树专用肥 45～50 千克/亩，施肥方式参照基肥。

（三）配套技术

采用有机肥堆沤、机械深施、自然生草覆盖及中微量元素肥料的施用等配套技术

措施。

有机肥堆沤采取平地条垛式发酵工艺,在人工控制和一定水分、C/N 比值和通风条件下通过微生物的发酵作用,将畜禽粪污转化为有机肥,把不稳定状态的有机物转变为稳定的腐殖质物质。产品不含病原菌、寄生虫卵和杂草种,无臭无蝇,重金属、蛔虫卵死亡率和粪大肠杆菌数等必须达到无害化要求。

机械深施是通过使用果园小型开沟机、挖穴机等机械设施,开沟施用基肥,施肥后机械整平覆盖,提升施肥质量。

果园自然生草覆盖是将果园行间自然生草,割后覆盖树盘的一种果园土壤管理方法或制度。生草覆盖作为一种提升果园土壤肥力、保持土壤墒情以及控制树冠下杂草的土壤管理技术,已在生产得到广泛应用。平地果园可利用便携式割草机刈割 4~6 次,山地果园采用动力式果园割草机械进行刈割。每年刈割次数为 4~6 次,雨季后期停止刈割。刈割下的草覆盖于树盘上。

中微量元素严重缺乏的地区土壤补充中微量元素肥料,可施用钙镁中量元素肥料 10~20 千克/亩,硼砂 1~2 千克/亩。采收后至落叶前喷施 700~1 000 倍液锌硼微量元素水溶肥料;新梢旺长期为矫正缺铁黄叶病,喷施 0.1%~0.2%柠檬酸铁或微量元素水溶肥料;套袋前喷施 0.2%~0.5%硝酸钙或者中量元素水溶肥料;摘袋后喷施 0.2%~0.5%硝酸钙或者中量元素水溶肥料。

辽宁省瓦房店市苹果有机肥替代化肥技术模式

一、"有机肥+配方肥"模式

(一)适宜范围
适宜于瓦房店市苹果优势产区、核心产区和知名品牌生产基地。

(二)施肥措施
在原有施用有机肥的基础上,增施畜禽粪污堆肥 375~750 千克/亩作基肥,根据苹果树龄、树势、产量确定化肥施用量,建议施 N 15 千克/亩、P_2O_5 7.5 千克/亩、K_2O 15 千克/亩。基肥:每 50 千克产量施肥量为 0.75 千克(N 0.135 千克、P_2O_5 0.1 千克、K_2O 0.1 千克)。第一次追肥,果实套袋前后每 50 千克产量施肥量为 0.625 千克(N 0.135 千克、P_2O_5 0.03 千克、K_2O 0.115 千克);第二次追肥,7~8 月每 50 千克产量施肥量为 0.625 千克(N 0.135 千克、P_2O_5 0.03 千克、K_2O 0.115 千克);第三次追肥,9 月冲施黄腐酸营养液 15 千克/亩。

(三)配套技术
畜禽粪污堆肥:在人工控制下,在一定的温度、湿度、碳氮比以及通气条件下,利用微生物的发酵作用,人为地促进可生物降解的有机物向稳定的腐殖质转化的微生物学过程,即有机肥腐熟过程。

1. 碳氧比
堆肥混合物的碳氮平衡是使微生物达到最佳生物活性的关键因素。较适宜的堆肥混合物碳氮比为（25～35）：1，腐熟堆肥的碳氮比一般应小于20：1。

2. 温度

注意对堆肥温度的监测，堆肥温度要达到55℃，这样既有利于微生物发酵又能杀灭原体。

3. 湿度

注意阶段性监测堆肥混合物的湿度，过高和过低都会使堆肥速度降低或停止，堆肥湿度一般应保持在40%～70%。

4. 堆肥时间

堆肥时间随碳氮比、湿度、天气条件、堆肥运行管理类型及畜禽粪污和菌剂的不同而不同。运行管理良好的条垛式发酵堆肥在夏季堆肥时间一般为15～30天，春、秋季一般为30～45天。

5. 其他参数

长方形发酵堆垛宽度为1.8～3米，肥堆高度通常为2.5～3.5米，发酵堆垛需定期翻堆，使温度保护在75℃以下，翻堆频率为10天。

二、"有机肥＋水肥一体化"模式

（一）适宜范围

适宜于瓦房店市苹果优势产区、核心产区和知名品牌生产基地，具备水肥一体化技术条件的果园。

（二）施肥措施

在原有施用有机肥的基础上，增施畜禽粪污堆肥375～750千克/亩作基肥，根据苹果树龄、树势、产量确定化肥施用量，建议每500千克产量施氮（N）1.5～2.5千克、磷（P_2O_5）0.75～1.25千克、钾（K_2O）1.9～2.75千克，氮、磷、钾施肥比例为2：10：2。施用有机水溶肥85千克/亩，分8次施用。

（三）配套技术

将可溶性固体肥料或液体肥料与灌溉水融为一体，均匀、准确、定时、定量地供给苹果吸收。采用滴灌技术借助压力灌溉系统，通过滴水以水滴的形式不断地湿润果树根系主要分布区的土壤，使其经常保持在适宜果树生长的最佳含水状态。

三、"自然生草＋绿肥"模式

（一）适宜范围

适宜于瓦房店市苹果优势产区、核心产区和知名品牌生产基地的沙丘地、沙土地和土质较薄的果园。

（二）施肥措施

生物覆盖量2400千克/亩，根据苹果树龄、树势、产量确定化肥施用量，建议施N 15千克/亩、P_2O_5 7.5千克/亩、K_2O 15千克/亩。基肥：施用平衡型苹果专用肥，每50千克产量施肥量为0.75千克。第一次追肥，果实套袋前后施用高氮中磷高钾配方复合肥，每50千克产量施用0.5千克；第二次追肥，7～8月施用低氮高钾配方复合肥，每50千克产量施肥 0.5 千克。

（三）配套技术

自然生草苹果园行间不进行中耕除草，优良野生杂草自然生长，及时拔除豚草、苋菜、藜、苘麻、葎草等恶性杂草。当草长到 40 厘米左右时要进行刈割，割后保留 10 厘米左右，割下的草覆于树盘下，每年刈割 2～3 次。覆草前要先整好树盘，浇一遍水，施一次速效氮肥，覆草厚度常年保持在 15～20 厘米为宜。另外树干周围 20 厘米左右不覆草，以防积水影响根颈透气。深秋覆一次草，可保护根系安全越冬。覆草果园要注意防火，风大地区可零星在草上压土、石块、木棒等防止草被大风吹走。

四、"绿色施肥＋绿色防控"模式

（一）适宜范围

适宜于瓦房店市苹果优势产区、核心产区和知名品牌生产基地。

（二）施肥措施

在施用有机肥的基础上，增施畜禽粪污堆肥 375～750 千克/亩，根据苹果树龄、树势、产量确定化肥施用量，建议施 N 15 千克/亩、P_2O_5 7.5 千克/亩、K_2O 15 千克/亩。基肥：施用生物有机肥 200 千克/亩。第一次追肥，果实套袋前后施用黄腐酸螯合肥 25 千克/亩（平衡型 N 10％、P_2O_5 10％、K_2O 10％）；第二次追肥，7～8 月施用黄腐酸螯合肥 25 千克/亩（高钾型 N 5％、P_2O_5 3％、K_2O 20％）；第三次追肥，9 月冲施黄腐酸营养液 50 千克/亩（N 10％、K_2O 10％）。

（三）配套技术

采用"绿色肥料＋绿色防控"绿色生产模式，施用有机认证腐殖酸肥料，结合病虫害绿色防控措施，实现全程绿色生产。

辽宁省绥中县苹果有机肥替代化肥技术模式

一、"有机肥＋配方肥＋自然生草"模式

（一）适宜范围

适宜于种植在山坡、丘陵和河滩上，土层薄、小气候干旱的果园。

（二）施肥措施

1. 基肥施用

9 月下旬至 10 月中旬为秋施基肥最佳时期，在树冠外沿垂直投影部分行间开沟，采用机械开沟（沟宽 40 厘米、深 40 厘米）或穴施方式（长×宽×深为 60 厘米×40 厘米×40 厘米）有机肥和土混匀施于沟（穴）下部，上面覆盖 10 厘米土。每亩施优质农家肥 2 000～3 000 千克或商品有机肥 800～1 000 千克或生物有机肥 500～800 千克，然后将配方肥（18－12－15）与土混匀施于上面，覆土填平沟（穴）。每亩施配方肥 100～180 千克。秋施基肥使用全年有机肥施入量的 100％、全年配方肥施用量的 60％以上。

2. 夏季追肥

配方肥的 40% 作追肥。第一次膨果肥于果实套袋前后，施用高氮中磷高钾（16-6-20 或相近配方）的配方复合肥，每 1 000 千克产量用 10 千克左右；采用条沟法施肥，施肥深度在 20～25 厘米。第二次膨果肥于 7～8 月施用低氮高钾（10-6-24 或相近配方）配方复合肥，每 1 000 千克产量用 10 千克左右；采用条沟法施肥，施肥深度在 15～20 厘米。与基肥施肥部位错开挖穴，以避免机械开沟造成根系损伤。

（三）配套技术

1. 有机肥堆沤

（1）原辅料配比技术　将畜禽粪便、植物秸秆、木屑、谷糠粉及菇渣等废弃材料，以及微生物菌剂等原料入场，粪便水分控制在 85% 以下，以保证运输过程的二次污染控制及堆肥前处理的水分控制；粪便不得夹杂有其他较明显的杂质。辅料要具有良好吸水性和保水性、粒径不大于 2 厘米、不得夹带粗大硬块。原辅料 C/N 比控制在（23～28）：1，配比后猪粪的含水量控制在 52%～68%，容重控制在 0.4～0.8 克/厘米^3。添加菌剂后将菌剂与原辅料混匀，并使堆肥的起始微生物含量达 $1×10^6$ 个/克以上。

（2）堆肥发酵技术　堆成高度 1.0～1.5 米、宽 1.5～3.0 米的长垛，长度可根据发酵车间长度而定。堆肥温度一般在 50～60 ℃，最高时可达 70～80 ℃。温度由低向高呈现逐渐升高的过程，即为堆肥无害化的处理过程。堆肥在高温（45～65 ℃）维持 10 天，病原菌、虫卵、草籽等均可被杀死。堆肥温度上升到 60 ℃以上，保持 48 小时后开始翻堆，（但当温度超过 70 ℃时，须立即翻堆），每 2～5 天可用机械或人工翻垛一次，以提供氧气、散热和使物料发酵均匀，翻堆时务必均匀彻底，将低层物料尽量翻入堆中上部，以便充分腐熟，视物料腐熟程度确定翻堆次数。发酵中如发现物料过干，应及时在翻堆时喷洒水分，确保顺利发酵，如此经 40～60 天的发酵达到完全腐熟。堆肥发酵消除了其中的有毒有害物质，产出了富含大量有益物质以及含氮、磷、钾等丰富营养元素的有机肥。

2. 自然生草技术

（1）生草技术　生长前期，先任由野草生长，利用活的草层进行覆盖，当草长到 30 厘米时留 10 厘米及时刈割，覆盖树盘；每年割 3～5 次，保持果园草高不超过 30 厘米；立秋后，停止割草至生长末期，任其自然死亡，使杂草产生一定数量种子，保持下一年的杂草密度。每年覆草数量为 2 000 千克/亩以上。

（2）注意事项

① 选留良性杂草，去除恶性杂草。良性杂草包括马唐、狗尾草、虎尾草、牛筋草等一年生杂草，须根多、根系浅、茎叶匍匐、矮生、覆盖面大、耗水少，这些草种每年能在土壤中留下大量死根，腐烂后既增加了有机质，又能在土壤中留下许多空隙，增加土壤通透性。恶性杂草包括反枝苋、灰绿藜、曼陀罗、刺儿菜等直立、高大、根系深的草种，容易与果树争肥争水，所以要去除。

② 幼园生草注意要点。幼年果园最容易受到生草对养分和水分竞争的影响，宜在树干周围一定范围内不留生草，将其他部分割取的青草覆盖在树下，待树冠扩大到一定面积时再进行全面生草。

③ 实行生草的果园，还应每年或隔年结合冬季清园进行一次 15～20 厘米表土中耕、翻土埋草，以增加土壤有机质，改良土壤。

二、"有机肥＋水肥一体化＋生草（覆草）"模式

（一）适宜范围

适宜于应用水肥一体化技术，株行距为 4 米×（1.5～2）米，水质好、水源充足，便于管道铺设的有技术条件的果园。覆草适用于山丘地、沙土地、土层薄的地块。黏土地覆草由于易使果园土壤积水、引起旺长或烂根，不宜采用。

（二）施肥措施

1. 基肥施用

9 月下旬至 10 月中旬为秋施基肥最佳时期，在树冠外沿垂直投影部分行间开沟，采用机械开沟（沟宽 40 厘米、深 40 厘米）或穴施方式（长×宽×深为 60 厘米×40 厘米×40 厘米）有机肥和土混匀施于沟（穴）下部，上面覆盖 10 厘米土。每亩施优质农家肥 2 000～3 000 千克或商品有机肥 800～1 000 千克或生物有机肥 500～800 千克。

2. 夏季追肥

追肥滴施大量元素水溶肥 8～15 千克/（亩·次），全年 3～5 次，每次灌水量 4～5 米³/亩。春季采用配方（15－7－38），夏季果实膨大期采用中氮低磷高钾配方（10－6－24 或相近配方等）。同时，滴施微生物菌剂、有机水溶肥促进有机物分解。

3. 果园生草（覆草）

以自然生草为主，如马唐、稗、光头稗、狗尾草等当地优良野生杂草自然生长，及时拔除豚草、苋菜、藜、苘麻、葎草等恶性杂草。当草长到 40 厘米左右时要进行刈割，割后保留 10 厘米左右，割下的草覆于树盘下，每年刈割 2～5 次。覆草可覆盖作物秸秆、杂草、花生壳、腐熟牛粪等，厚度以常年保持在 15～20 厘米为宜。另外，树干周围 20 厘米左右不覆草，以防积水影响根颈透气。

辽宁省凌海市苹果有机肥替代化肥技术模式

一、"有机肥＋配方肥"模式

（一）适宜范围

适宜于凌海市大凌河街道办事处、白台子镇、三台子镇等。

（二）施肥措施

1. 基肥

（1）秋季施肥　牛粪、羊粪、猪粪等经过充分腐熟的堆肥，按"斤果斤肥"的原则施用，即预计每产 1 千克苹果施入 1 千克腐熟的堆肥；或每产 5 千克苹果施入 1 千克商品有机肥；或每产 10 千克苹果施入 1 千克生物有机肥。同时，施入 18－13－14 或相近配方的苹果配方肥，每 1 000 千克产量用 12～15 千克。农家肥或商品有机肥或生物有机肥用量增加 20%～100%，配方肥用量减少 10%～50%。另外，每亩施入硅钙镁肥 20～30 千克、

硼肥 1 千克、锌肥 2 千克。

（2）基肥最适时间　9 月中旬至 10 月中旬，即早中熟品种采收后施肥；对于晚熟品种如富士，采收后马上施肥。采用条沟法或穴施，施肥深度 30～40 厘米。

2. 追肥

（1）第一次膨果肥　果实套袋前后，施用 22 - 5 - 18 或相近配方果树专用肥，每 1 000 千克产量用 12～15 千克。采用放射沟法或穴施，施肥深度在 15～20 厘米。

（2）第二次膨果肥　7～8 月，施用 12 - 6 - 27 或相近配方果树专用肥，每 1 000 千克产量用 12～15 千克。采用放射沟法或穴施，施肥深度在 15～20 厘米。

（三）配套技术

1. 堆（沤）肥生产技术

堆（沤）肥就是在人工控制下，在一定的温度、湿度、碳氮比以及通气的条件下，利用自然界广泛分布的细菌、放线菌、真菌等微生物的发酵作用，人为地促进可生物降解的有机物向稳定的腐殖质转化的微生物学过程，即人们常说的有机肥腐熟过程。

在堆沤过程中要注意以下事项：一是碳氮比（C/N）。堆肥混合物的碳氮平衡是使微生物达到最佳生物活性的关键因素，一般情况下，较适宜的堆肥混合物碳氮比为（25～35）：1，腐熟堆肥的碳氮比一般应小于 20：1。二是温度。要注意对堆肥温度的监测，堆肥温度要超过 55 ℃，这样才能既有利于微生物发酵又能杀灭病原体。三是湿度。注意阶段性监测堆肥混合物的湿度，过高和过低都会使堆肥速度降低或停止，好氧堆肥湿度一般应保持在 40%～70%。四是堆肥时间。堆肥时间随碳氮比、湿度、天气条件、堆肥运行管理类型及废弃物和添加剂的不同而不同。运行管理良好的条垛发酵堆肥在夏季堆肥时间一般为 15～30 天，春、秋季一般为 30～45 天。五是其他设计参数。长方形发酵堆垛需定期翻堆，使温度保持在 75 ℃以下，翻堆频率为 2～10 天/次。长方形条垛的宽、深受翻堆设备的限制，条垛一般为 1.2～1.8 米深、1.8～3 米宽。

2. 自然生草技术

自然生草，选择自然存在耐瘠薄、窄叶型、一年生的草品种，如独行草、野豌豆、附地菜、荠菜、蒲公英等矮生或匍匐生长的植物，依据凌海市情况，主选独行草、附地菜和野豌豆。管理模式主要是人工去除自然杂草如苋菜、藜、豚草、苘麻、葎草等。如果 6～8 月雨量偏大，草长势繁茂，视情况可待草长到 40 厘米左右时进行刈割，割后保留 10 厘米左右，割下的草覆于树盘下，每年刈割 2～3 次。

3. 绿色防控技术

病虫害防治：引用新技术"电解水"防控病虫发生，替代或减少农药应用数量，将稳定 pH 为 13 的电解水稀释 200～300 倍，用弥雾机全园定期喷施，果树萌芽前开始每隔 7～10 天应用一次，直到 9 月中旬结束；苹果进行人工疏果后套袋管理，降低病虫侵染。

二、"有机肥＋水肥一体化"模式

（一）适宜范围

适宜于凌海市大凌河街道办事处、双羊镇、温滴楼镇等区域。

（二）施肥措施

1. 基施有机肥

牛粪、羊粪、猪粪等经过充分腐熟的农家肥，按"斤果斤肥"的原则施用，即预计每产1千克苹果施入1千克腐熟的农家肥；或每产5千克苹果施入1千克商品有机肥；或每产10千克苹果施入1千克生物有机肥。

基肥最适时间：在9月中旬至10月中旬，即早中熟品种采收后施肥；对于晚熟品种如富士，采收后马上施肥。采用条沟法或穴施，施肥深度30～40厘米。

2. 追肥

盛果期苹果园，养分供应量的多少主要根据目标产量而定，亩产3000千克需氮（N）3～5千克、磷（P_2O_5）1.5～2.5千克、钾（K_2O）3.5～5.5千克。在开花前、花后3周、花后7周、采收后及果实膨大期施用18-8-26或相近配方大量元素水溶肥料，每亩施用12千克、9千克、18千克、6千克、15千克；同时，果实膨大期每亩施用含氨基酸水溶肥料20千克左右。

（三）配套技术

采用滴灌施肥、堆沤肥、机械旋耕等技术。

1. 滴灌技术

滴灌是一种节水低压灌溉技术，广泛用于农田水利工程。它将过滤的有压水通过输水管道及管网输送到灌溉带，通过滴头以水滴的形式进行平缓均匀灌溉。滴灌技术一般与机械配套使用，利用专门设计的毛管管道和滴头，将水和肥料一同滴灌到果树根部，进行局部灌溉。在滴灌系统下，灌溉水浸润土壤表面，可很大程度上避免土壤水分的无效蒸发，能提高果品品质。滴灌系统能够给果树及时适量供水、供肥，在有效提高苹果产量的同时，改善果品品质，使灌区内产品生产率显著提高，提升经济效益。

（1）滴灌系统　滴灌系统主要由首部枢纽、管路和滴头三部分组成。

（2）首部枢纽　包括水泵（及动力机）、化肥罐过滤器、控制与仪表等。其作用是抽水、施肥、过滤，以一定的压力将一定数量的水送入干管。

（3）管路　包括干管、支管、毛管以及必要的调节设备（如压力表、闸阀、流量调节器等）。其作用是将加压水均匀地输送到滴头。

（4）滴头　其作用是使水流经过微小的孔道，形成能量损失，减小其压力，使其以点滴的方式滴入土壤中。滴头通常放在土壤表面。6分滴管（毛管）一般每行铺2～3条。

2. 堆（沤）肥生产技术

堆（沤）肥是在人工控制下，在一定的温度、湿度、碳氮比以及通气的条件下，利用自然界广泛分布的细菌、放线菌、真菌等微生物的发酵作用，人为地促进可生物降解的有机物向稳定的腐殖质转化的微生物学过程，即人们常说的有机肥腐熟过程。

在堆沤过程中要注意以下事项：一是碳氮比（C/N）。堆肥混合物的碳氮平衡是使微生物达到最佳生物活性的关键因素，一般情况下，较适宜的堆肥混合物碳氮比为（25～35）∶1，腐熟堆肥的碳氮比一般应小于20∶1。二是温度。要注意对堆肥温度的监测，堆肥温度要超过55℃，这样才能既有利于微生物发酵又能杀灭病原体。三是湿度。注意阶段性监测堆肥混合物的湿度，过高和过低都会使堆肥速度降低或停止，好氧堆肥湿度一般应保持在 40%～70%。四是堆肥时间。堆肥时间随碳氮比、湿度、天气条件、堆肥运行管理类型及废弃物和添加剂的不同而不同。运行管理良好的条垛发酵堆肥在夏季堆肥时间一般为 15～30 天，春、秋季一般为 30～45 天。五是其他设计参数。长方形发酵堆垛需定期翻堆，使温度保持在 75℃以下，翻堆频率为 2～10 天/次。长方形条垛的宽、深受翻堆设备的限制，条垛一般 1.2～1.8 米深、1.8～3 米宽。

3. 机械旋耕

应用机械旋耕促进有机肥施用到田，将堆（沤）肥或生物有机肥或商品有机肥撒施果园行间，然后用旋耕机深旋 30 厘米左右，充分拌匀土与肥，改变过去挖沟费工、费时、费力的有机肥施用模式，提高作业效率，解决有机肥施用难的问题。

山东省沂源县苹果有机肥替代化肥技术模式

"有机肥＋自然生草＋配方肥"模式

（一）适宜范围
适宜于沂源县辖区内五等地以上的苹果栽植区域。

（二）施肥措施

1. 基肥施用

（1）施肥时期　最好的基肥施用时间为秋季。秋季施肥最适宜的时间是 9 月中旬到 10 月中旬，即中熟品种采收后，此时正是根系最后一次生长高峰，气温、土温、墒情均较适宜，既有利于根系伤口愈合恢复，又有利于基肥尽快分解转化，利于果树吸收养分，增加贮藏营养，为下一年春季萌芽、开花、坐果提供充足营养保证。晚熟品种如"红富士"等，果实采摘前施肥不方便，应在果实采收后马上施肥、越快越好。

（2）施肥原则　基肥选择要以有机肥为主、化肥为辅，增施生物肥料。

（3）有机肥的施用

① 有机肥类型选择。有机肥可以选择豆粕、豆饼类，商品有机肥类，生物有机肥类，羊粪、牛粪、猪粪等畜禽粪便与秸秆、菌渣混合堆制的堆肥类，沼渣类等。有机肥必须要事先进行充分腐熟发酵，绝对不能直接施用生鲜畜禽粪便，以免发生肥害、烧伤毛细根、加大病菌虫害扩繁。

② 有机肥用量。一般来说，有机肥根据土壤的肥力确定不同时期的施肥量较为适宜。扩冠期，每年每亩施入有机肥 2 000～3 000 千克；压冠期，每年每亩施入有机肥 3 000～5 000 千克；丰产期，更应重视有机肥的施入，用量可根据产量而定，一般亩产 2 000 千克以上的果园达到"斤果斤肥"的标准，即每生产 1 千克苹果需施入堆肥 1 千克；亩产 2 500～4 000 千克的丰产园，堆肥的施用量要达到每生产 1 千克苹果施用 1.5 千克堆肥的水平。也可每亩施用优质生物 500 千克，或饼肥 200 千克。

③ 有机肥施用方法。有机肥建议采用集中施用、局部优化的方式进行，可采取沟施或穴施，沟施时沟宽 30 厘米左右、长 50～100 厘米、深 40 厘米左右，分为环状沟、放射状沟以及株（行）间条沟。穴施时根据树冠大小，每株树 4～6 个穴，穴的直径和深度为

30~40 厘米。每年交换位置挖穴，穴的有效期为 3 年。施用时将有机肥等与土充分混匀。

（4）基肥中化肥的配合施用　采用单质化肥的类型和用量：在土壤有机质含量 10 克/千克、碱解氮 80 毫克/千克、有效磷 60 毫克/千克和速效钾 150 毫克/千克左右情况下，每生产 1 000 千克苹果需要施氮肥（N）2.4~4 千克（换算成尿素为 5.2~8.7 千克），最适用量为 3.2 千克左右；施磷肥（P_2O_5）1.8~3 千克（换算成 18% 过磷酸钙为 10~16.7 千克），最适用量为 2.4 千克左右；施钾肥（K_2O）2.1~3.3 千克（换算成硫酸钾为 4.2~6.6 千克），最适用量为 2.6 千克左右。在土壤碱解氮小于 55 毫克/千克、有效磷小于 30 毫克/千克和速效钾小于 50 毫克/千克情况下取高值；而在土壤碱解氮大于 100 毫克/千克、有效磷大于 90 毫克/千克和速效钾大于 200 毫克/千克或采用控释肥、水肥一体化技术等情况下取低值（下同）。

采用复合肥的配方和用量：建议配方为氮∶磷∶钾为 18∶13∶14（或相近配方），每 1 000 千克产量用复合肥 18 千克左右。

（5）中微量元素施用

① 中微量元素肥料类型和用量。根据外观症状每亩施用硫酸锌 1~2 千克、硼砂 0.5~1.5 千克。土壤 pH 在 5.5 以下的苹果园，每亩施用生石灰 150~200 千克或硅钙镁肥 50~100 千克。注意，生石灰和硅钙镁肥要均匀撒于果园土壤表层，然后适当浅耕或用机械旋耕，与耕层土壤尽可能混匀结合。

② 春季钙肥的施用。对于苹果苦痘病、裂纹等缺钙严重的苹果园，在 3 月中旬到 4 月中旬施一次钙肥，每亩施硝酸铵钙 40~60 千克。

2. 追肥

（1）追肥时期　追肥既是当季壮树和增产的肥料，也为果树下一年的生长结果打下基础。追肥的具体时间因品种、需肥规律、树体生长结果状况而定。一般情况下，全年分 3 次追肥为宜：4 月下旬追花后肥，这次追肥能有效地防止因开花消耗大量养分而产生脱肥，提高坐果率，促进新枝生长；6 月上旬追第一次膨果肥，满足果实膨大、枝叶生长和花芽分化的需要；8 月上旬追第二次膨果肥，满足果实膨大生长、提高品质的需要。

（2）花后肥的施用　根据树势进行追肥，树势弱的可每亩追尿素 6.9~9.2 千克；树势过旺的不用追施。

（3）第一次膨果肥的施用　在果实套袋前后，即 6 月初进行。采用放射状沟施或穴施，施肥深度 15~20 厘米。

① 采用单质化肥的类型和用量。在土壤有机质含量 10 克/千克、碱解氮含量 80 毫克/千克、有效磷含量 60 毫克/千克和速效钾含量 150 毫克/千克左右情况下，每生产 1 000 千克苹果需要施氮肥（N）2.4~4 千克（换算成尿素为 5.2~8.7 千克），最适用量为 3.2 千克左右；施磷肥（P_2O_5）0.6~1 千克（换算成 18% 过磷酸钙为 3.3~5.6 千克），最适用量为 0.8 千克左右；施钾肥（K_2O）2.1~3.3 千克（换算成硫酸钾为 4.2~6.6 千克），最适用量为 2.64 克左右。

② 采用复合肥的配方和用量。建议配方为氮∶磷∶钾为 22∶5∶18（或相近配方），每 1 000 千克产量用复合肥 14.5 千克左右。

（4）第二次膨果肥的施用　在果实第二次膨大期，即 7 月底至 8 月初进行。采用放射状沟施或穴施，施肥深度在15～20厘米，最好采用少量多次法，水肥一体化技术最佳。

① 采用单质化肥的类型和用量。在土壤有机质含量10克/千克、碱解氮含量80毫克/千克、有效磷含量60毫克/千克和速效钾含量150毫克/千克左右情况下，每生产1000千克苹果需要施氮肥（N）1.2～2千克（换算成尿素为2.6～4.4千克），最适用量为1.4千克左右；施磷肥（P_2O_5）0.6～1千克（换算成18%过磷酸钙为3.3～5.6千克），最适用量为0.8千克左右；施钾肥（K_2O）2.8～4.4千克（换算成硫酸钾为5.6～8.8千克），最适用量为3.5千克左右。

② 采用复合肥的配方和用量。建议配方为氮∶磷∶钾为16∶6∶26（或相近配方），每1000千克产量用复合肥12千克左右。

3. 根外施肥

相对于大量元素氮、磷、钾，果树对中微量元素的需求量较少。正常条件下，土壤所含有的中微量元素基本可满足苹果树正常生长的需要。但在高产园、有土壤障碍发生或大量元素肥料施用不合理的苹果园，以及土壤中微量元素含量低的地区，往往会出现中微量元素缺乏问题。在此类苹果园中，中微量元素肥料施入土壤后养分有效性较低，因此，中微量元素肥料建议采用叶面喷施的方法进行补充，具体根外施肥时期、浓度和作用如下表所示。

苹果根外施肥时期、浓度

时　期	种类、浓度（用量）	作　用	备　注
萌芽前	3%尿素＋0.5%硼砂	增加贮藏营养	特别上一年落叶早的苹果园，喷3次，间隔5天左右
萌芽前	1%～2%硫酸锌	矫正小叶病	主要用于易缺锌的苹果园
萌芽后	0.3%～0.5%硫酸锌	矫正小叶病	出现小叶病时应用
花期	0.3%～0.4%硼砂	提高坐果率	可连续喷施2次
新梢旺长期	0.1%～0.2%柠檬酸铁	矫正缺铁黄叶病	可连续喷施2～3次
5～6月	0.3～0.4%硼砂 0.3～0.4%硝酸钙	防治缩果病 防治苦痘病	可连续喷施2次 在套袋前连续喷施3～4次
落叶前	1%～10%尿素＋0.5%～2%硫酸锌＋0.5%～2%硼砂	增加贮藏营养，防生理性病害	主要用于早期落叶、缺锌、缺硼的苹果园。浓度前低后高，喷3次，每次间隔7天左右

（三）配套技术

果园生草可涵养土壤水分，保护果园生态环境，可减少土壤水分蒸发。利用果园自然杂草，保留禾本科等浅根、矮生杂草，铲除高秆和深根杂草，在草旺盛生长季节要刈割2～3次，割后保留10厘米高，割下的草覆于树盘下。每隔3～4年要进行一次地面旋耕（或开沟深埋），将地面积累残存的植物秸秆和树叶等有机物料旋耕（或深埋）入土，以利于土壤透气。

山东省栖霞市苹果有机肥替代化肥技术模式

一、"有机肥＋配方肥"模式

（一）适宜范围

适宜于栖霞市辖区内五等地以上的苹果栽植区域。

（二）施肥措施

1. 基肥施用

基肥施用最适宜的时间是 9 月中旬至 10 月中旬，对于红富士等晚熟品种，可在采收后马上进行、越早越好。基肥施肥类型包括有机肥、土壤改良剂、中微肥和复合肥等。有机肥的类型及用量：农家肥（腐熟的羊粪、牛粪等）2 000 千克/亩，或优质生物肥 500 千克/亩，或饼肥 200 千克/亩，或腐殖酸 100 千克/亩，或黄腐酸 100 千克/亩。土壤改良剂和中微肥建议施用硅钙镁钾肥 50～100 千克/亩、硼肥 1 千克/亩左右、锌肥 2 千克/亩左右。复合肥建议采用高氮高磷中钾型复合肥。基肥施用方法为沟施或穴施。沟施时沟宽30 厘米左右、长度 50～100 厘米、深 40 厘米左右，分为环状沟、放射状沟以及株（行）间条沟。穴施时根据树冠大小，每株树 4～6 个穴，穴的直径和深度为 30～40 厘米。每年交换位置挖穴，穴的有效期为 3 年。施用时要将有机肥等与土充分混匀，并结合灌溉。

2. 追肥施用

追肥建议 3～4 次，第一次在 3 月中旬至 4 月中旬建议施一次硝酸铵钙（或 25-5-15 硝基复合肥），施肥量 30～45 千克/亩；第二次在 6 月中旬建议施一次平衡型复合肥（15-15-15 或类似配方），施肥量 30～45 千克/亩；第三次在 7 月中旬至 8 月中旬，施肥类型以高钾（前低后高）配方为主（如前期 16-6-26、后期 10-5-30，或类似配方），施肥量 25～30 千克/亩。配方和用量要根据果实大小灵活掌握，如果个头够大（如红富士在 7 月初达到 65～70 厘米、8 月初达到 70～75 厘米）则要减少氮素比例和用量，否则可适当增加。

3. 根外追肥

根外追肥具有吸收快、肥料利用率高、不受环境影响、不被土壤固定等优点。萌芽前喷施尿素 100 倍液促进萌芽、长枝。开花前喷施欧田甲 400 倍液可防冻，提高坐果率。花期喷 0.3％硼砂溶液和 0.3％尿素溶液，提高坐果率，防治苹果缩果病和缺硼旱斑病。花后至套袋前 3 遍药都要加入叶面钙肥，防治因缺钙引起的苹果苦痘病、苹果痘斑病、苹果黑点病、果实裂纹裂口等。摘袋前 1 个月是苹果第二个需钙高峰期，结合喷施钙肥，加喷2～3 遍叶面硅肥，以增加果皮厚度和韧性，促进着色和表光靓丽。苹果着色期叶面喷施磷酸二氢钾 300 倍液，促进着色，增加果实含糖量。

4. 水分管理

苹果树萌动期，为了促进萌芽、开花和新梢生长，提高坐果率，减轻早春冻害，要浇早浇透。落花后 20 天幼果快速生长期也是果树第一需水临界期，必须适时适量浇水，小水勤浇，不宜大水漫灌。7 月中旬至 8 月下旬果实膨大期，要根据土壤含水量和天气情况，及时适量浇水。果实采收前为减轻果实日烧现象的发生，要适量浇水，但水量过多将影响果实着色，降低果实品质。11 月底土壤上冻之前，及时灌溉封冻水，灌水量为 40～50 米³/亩。

（三）配套技术

配套使用有机肥堆沤技术，以人畜粪便、作物秸秆、落叶青草、动植物残体等为原料，按比例混合或与少量泥土混合进行好氧发酵腐熟而成，发酵过程一般需要 45～60 天的时间。在堆肥前期的升温阶段以及高温阶段会杀死植物致病病原菌、虫卵、杂草籽等有害微生物，但此过程中微生物的主要作用是新陈代谢、繁殖，而只产生很少量的代谢产物，并且这些代谢产物不稳定也不易被植物吸收。到后期的降温期，微生物才会进行有机物的腐殖质化，并在此过程中产生大量有益于植物生长吸收的代谢产物，这个过程需要 45～60 天。经此过程的堆肥可以达到三个目的：一是无害化；二是腐殖质化；三是产生大量微生物代谢产物如各种抗生素、蛋白类物质等。

二、"果-畜-沼"模式

（一）适宜范围

适宜于栖霞市辖区内五等地以上的苹果栽植区域。

（二）施肥措施

1. 基肥施用

根据沼气发酵技术要求，将畜禽粪便、秸秆、果园落叶、粉碎枝条等物料投入沼气发酵池中，按 1：10 的比例加水稀释，再加入复合微生物菌剂，对其进行腐熟和无害化处理，充分发酵后经干湿分离，分沼渣和沼液直接施用。沼渣每亩施用 3 000～5 000 千克、沼液每亩施用 50～100 米³；苹果专用配方肥选用平衡型（15-15-15 或类似配方），用量 50～75 千克/亩；另外，每亩施入硅钙镁钾肥 50 千克左右、硼肥 1 千克左右、锌肥 2 千克左右。秋施基肥最适时间在 9 月中旬至 10 月中旬，对于晚熟品种如富士，建议在采收后马上施肥、越早越好。采用条沟（或环沟）法施肥，施肥深度在 30～40 厘米，先将配方肥撒入沟中，然后将沼渣施入。沼液可直接沟施或结合灌溉施入，施肥后表层覆土 10 厘米左右，以减少铵态氮养分的挥发。使用沼液时应适当稀释，防止养分含量过高，造成"烧根"。

2. 基施追肥施用

追肥建议 3～4 次，第一次在 3 月中旬至 4 月中旬建议施一次硝酸铵钙（或 25-5-15 硝基复合肥），施肥量 30～45 千克/亩；第二次在 6 月中旬建议施一次平衡型复合肥（15-15-15 或类似配方），施肥量 30～45 千克/亩；第三次在 7 月中旬至 8 月中旬，施肥类型以高钾（前低后高）配方为主（如前期 16-6-26、后期 10-5-30，或类似配方），施肥量 25～30 千克/亩，配方和用量要根据果实大小灵活掌握，如果个头够大（如红富士在 7 月初达到 65～70 厘米、8 月初达到 70～75 厘米）则要减少氮素比例和用量，否则可适当增加。每次追肥都结合灌溉每亩施入沼渣沼液 25～35 米³。

此外，沼液还可以作为叶面肥使用，具有追肥和防治病虫害的作用。当果树长势不好时，可用纯沼液在叶面喷洒，浓度为 30% 左右。沼液对害虫特别是对蚜虫，红、黄蜘蛛和枯萎病等病害有一定的防治作用。

3. 根外追肥

根外追肥具有吸收快、肥料利用率高、不受环境影响、不被土壤固定等优点。萌芽前喷施尿素 100 倍液促进萌芽、长枝。开花前喷施欧田甲 400 倍液可防冻，提高坐果率。花期喷 0.3% 硼砂溶液和 0.3% 尿素溶液，提高坐果率，防治苹果缩果病和缺硼旱斑病。花后至套袋前 3 遍药都要加入叶面钙肥，防治因缺钙引起的苹果苦痘病、苹果痘斑病、苹果黑点病、果实裂纹裂口等。摘袋前 1 个月是苹果第二个需钙高峰期，结合喷施钙肥，加喷 2～3 遍叶面硅肥，以增加果皮厚度和韧性，促进着色和表光靓丽。苹果着色期叶面喷施磷酸二氢钾 300 倍液，促进着色，增加果实含糖量。

4. 水分管理

苹果树萌动期，为了促进萌芽、开花和新梢生长，提高坐果率，减轻早春冻害，要浇早浇透。落花后 20 天幼果快速生长期也是果树第一需水临界期，必须适时适量浇水，小水勤浇，不宜大水漫灌。7 月中旬至 8 月下旬果实膨大期，要根据土壤含水量和天气情况，及时适量浇水。果实采收前为减轻果实日烧现象的发生，要适量浇水，但水量过多将影响果实着色，降低果实品质。11 月底，土壤上冻之前，及时灌溉封冻水，灌水量为 40～50 米^3/亩。

三、"有机肥＋生草＋配方肥＋水肥一体化"模式

(一) 适宜范围

适宜于栖霞市辖区内五等地以上的苹果栽植区域。

(二) 施肥措施

1. 基肥施用

基肥施用时间和方法：最适宜的时间是 9 月中旬至 10 月中旬，对于红富士等晚熟品种，可在采收后马上进行、越早越好。基肥施肥类型包括有机肥、土壤改良剂、中微肥和复合肥等。基肥以有机肥为主，结合实际情况施用复合肥。有机肥的类型及用量为：农家肥（腐熟的羊粪、牛粪等）2 000 千克/亩，或优质生物肥 500 千克/亩，或饼肥 200 千克/亩，或腐殖酸 100 千克/亩，或黄腐酸 100 千克/亩。土壤改良剂和中微肥建议施用硅钙镁钾肥 50～100 千克/亩、硼肥 1 千克/亩左右、锌肥 2 千克/亩左右。复合肥建议采用高氮高磷中钾型复合肥。基肥施用方法为沟施或穴施。沟施时沟宽 30 厘米左右、长度 50～100 厘米、深 40 厘米左右，分为环状沟、放射状沟以及株（行）间条沟。穴施时根据树冠大小，每株树 4～6 个穴，穴的直径和深度为 30～40 厘米。每年交换位置挖穴，穴的有效期为 3 年。施用时要将有机肥等与土充分混匀，并结合灌溉。

2. 追肥施用

水肥一体化技术根据目标产量和土壤养分情况确定施肥量，以亩产 3 000 千克苹果园为例，整个生育期水肥一体化追肥量一般为：氮（N）9～15 千克，磷（P$_2$O$_5$）4.5～7.5 千克，钾（K$_2$O）10～17.5 千克，根据不同时期对养分的需求不同改变配比，通过微喷、滴灌等水肥一体化技术，将肥料输送到树体，以满足果树生长需求。各时期氮、磷、钾施用比例如下表所示。

苹果树水肥一体化灌溉施肥制度

目标产量：3 000 千克/亩

生育时期	灌溉次数	灌水定额 [米³/(亩·次)]	每次灌溉加入养分占总量比例（%）		
			N	P_2O_5	K_2O
萌芽期	1	25	20	20	0
花前	1	20	10	10	10
花后 2~4 周	1	25	15	10	10
花后 6~8 周	1	25	10	20	20
果实膨大期	1	15	5	0	10
	1	15	5	0	10
	1	15	5	0	10
采收前	1	15	0	0	10
采收后	1	20	30	40	20
封冻前	1	30	0	0	0
合计	8	205	100	100	100

根据地力状况和目标产量不同，施肥量作相应调整，以确保果树生长需求，提高作物产量和品种，达到增产增收的目的。

（三）配套技术

配套技术为果园生草。果园生草一般分为两种情况：一是果园人工种草，果园生草一般在果树行间进行，品种可选择高羊茅、黑麦草、早熟禾和鼠茅草等，播种时间以9月中旬至10月初最佳，早熟禾、高羊茅和黑麦草也可在春季3月初播种。播深为种子直径的2~3倍，土壤墒情要好，播后喷水2~3次。二是自然杂草，即果园中自然生长的杂草不进行中耕除草，由马唐、稗、光头稗、狗尾草等当地优良野生杂草自然生长，及时拔除豚草、苋菜、藜、苘麻、葎草等恶性杂草。不论是人工种草还是自然生草，当草长到30~40厘米时要进行刈割，割后保留10厘米左右，割下的草覆于树盘下，每年刈割2~3次，每2~3年翻耕并重新种植。通过实践证明，果园生草有利于改善土壤结构，减少土壤水分蒸发，能有效防止土肥水流失，并有效防止高、低温危害，减少果树病害，提高果实品质，春、冬季生草的果园还可以防止因干燥引起的火灾。

山东省平度市苹果有机肥替代化肥技术模式

一、"有机肥＋配方肥"模式

（一）适宜范围

适宜于平度市旧店镇、店子镇、东阁街道、李园街道等地苹果园产区。

（二）施肥措施

1. 基肥

（1）时间　9月中旬至10月下旬，对于红富士等晚熟品种，在采收后可尽早施肥。

（2）种类　包括有机肥、土壤改良剂、中微肥和复合肥等。

有机肥：早熟品种，或土壤较肥沃或树龄小或树势强的果园施用农家肥（腐熟的牛粪、羊粪等）2 000千克（5～6米³）/亩，加生物有机肥300千克/亩；晚熟品种，或土壤瘠薄或树龄大或树势弱的果园施用农家肥2 500千克（6～7米³）/亩，加生物有机肥350千克/亩。

配方肥：施用硅钙镁钾肥50～70千克/亩、硼肥1千克/亩、锌肥2千克/亩；复合肥施用平衡型如15-15-15（或类似配方），用量50～70千克/亩。

（3）方法　沟施或穴施。沟施时，沟宽30厘米左右，沟长50～100厘米，沟深40厘米左右，分为环状沟、放射状沟及株（行）间条沟。穴施时，根据树冠大小，每株树4～6个穴，穴的直径和深度为30～40厘米，每年交换位置挖穴。施肥时要将肥料与土充分混匀，施肥后浇一次透水，树盘灌溉每亩灌水定额为35米³左右。

2. 追肥

第一次追肥，在6月中旬果实套袋前后进行，根据留果情况，氮、磷、钾肥配合施用，增加钾肥用量，施用17-10-18苹果配方肥，施肥量为40～60千克/亩；第二次追肥，在7月下旬至8月中旬，根据降雨、树势和产量情况，化肥类型以高钾配方为主（10-5-30或类似配方），施肥量为25～30千克/亩。

（三）配套技术

1. 有机肥简易堆沤

（1）堆沤原料　作物秸秆一般用粉碎的小麦、玉米、花生等秸秆；粪肥一般选用牛粪、羊粪、兔粪等。

（2）堆沤方法　将粪便、秸秆按体积比1∶3混合，加适量水湿透（以粪肥不流水为宜），每立方米使用1千克腐熟剂，将腐熟剂用干净清水稀释，把菌液泼洒在粪肥中，边洒边混合均匀。堆肥高度以1.5～2米为宜，用塑料膜盖严封好，利于保湿、保温、保肥。堆沤过程中，当堆心温度达到70℃时要及时进行翻堆，保持腐熟剂菌种活性。

（3）堆沤时间　夏季10～15天，春、秋季30～40天。

（4）腐熟标准　无臭味或有较淡的氨气味；用手捏易破碎、无蛆虫；堆积温度在40℃以下。

2. 果园生草

一般在果树行间进行，可自然生草，也可人工种植。

（1）自然生草　自然生草果园，行间不进行中耕除草，由马唐、稗草、狗尾草、狗牙根等野生矮株型杂草自然生长，及时拔除藜、苘麻、马鞭草、苍耳等高株型杂草。当杂草长到40厘米左右时要进行刈割，草茬保留10厘米左右，割下的草覆于树盘下，每年刈割2～3次。刈割时期要避开7月中下旬、8月上旬高温季节。

（2）种植鼠茅草　播种前要清除果园杂草，整细整平地面；每亩播种量1.5千克左右；播种时间以9月下旬至10月上旬为宜；土壤表土墒情要适宜，将种子与细土混匀，均匀撒于地表后，用铁耙拉一遍即可。以后每年的 9 月下旬至 10 月上旬进行一次旋耕，利于鼠茅草种子入土发芽。

二、"有机肥＋复合微生物肥料＋水肥一体化"模式

（一）适宜范围

适宜于平度市旧店镇、店子镇、东阁街道、李园街道等地苹果园产区。

（二）施肥措施

1. 基肥

（1）时间　9 月中旬至 10 月下旬，对于红富士等晚熟品种，在采收后可尽早施肥。

（2）种类　包括有机肥、土壤改良剂、中微肥和复合微生物肥料等。

有机肥：早熟品种，或土壤较肥沃或树龄小或树势强的果园施用农家肥（腐熟的牛粪、羊粪等）2 000 千克（5～6 米³）/亩；晚熟品种，或土壤瘠薄或树龄大或树势弱的果园施用农家肥 2 500 千克（6～7 米³）/亩。

配方肥：施用硅钙镁钾肥 50～70 千克/亩、硼肥 1 千克/亩、锌肥 2 千克/亩；复合微生物肥料（22－8－15、有机质 30%、有效活菌数 0.2 亿个/克）50～70 千克。

（3）方法　沟施或穴施。沟施时，沟宽 30 厘米左右，沟长 50～100 厘米，沟深 40 厘米左右，分为环状沟、放射状沟及株（行）间条沟。穴施时根据树冠大小，每株树 4～6 个穴，穴的直径和深度为 30～40 厘米，每年交换位置挖穴。施肥时要将肥料与土充分混匀，施肥后浇一次透水，树盘灌溉每亩灌水定额为 35 米³ 左右。

2. 追肥

采用水肥一体化滴灌施肥技术，使用适宜水肥一体化水溶性肥料。

施肥时期、用量如下表所示。

苹果滴灌施肥制度

生育时期	灌溉次数	灌水定额 [米³/(亩·次)]	每次灌溉加入的纯养分量（千克/亩）				备注
			N	P_2O_5	K_2O	$N+P_2O_5+K_2O$	
花前期	1	20	4.5	1.5	3.3	9.3	微灌
花后期	1	25	4.5	1.5	3.3	9.3	微灌
幼果期	1	25	4.5	1.5	3.3	9.3	微灌
花芽分化期	1	25	6.0	1.5	3.3	10.8	微灌
果实膨大前期	1	25	3.0	4.6	9.1	微灌
果实膨大后期	1	25	0	1.5	6.1	7.6	微灌
合计	6	145	22.5	9	23.9	55.4	

（三）配套技术

1. 有机肥简易堆沤

（1）堆沤原料　作物秸秆一般用粉碎的小麦、玉米、花生等秸秆；粪肥一般选用牛

粪、羊粪、兔粪等。

（2）堆沤方法　将粪便、秸秆按体积比1∶3混合，加适量水湿透（以粪肥不流水为宜），每立方米使用腐熟剂1千克，将腐熟剂用清水稀释，把菌液泼洒在粪肥中，边洒边混合均匀。堆肥高度以1.5～2米为宜，用塑料膜盖严封好，利于保湿、保温、保肥。堆沤过程中，当堆心温度达到70℃时要及时进行翻堆，以保持腐熟剂菌种活性。

（3）堆沤时间　夏季10～15天，春、秋季30～40天。

（4）腐熟标准　无臭味或有较淡的氨气味；用手捏易破碎、无蛆虫；堆积温度在40℃以下。

2. 果园生草

一般在果树行间进行，可自然生草，也可人工种植。

（1）自然生草　自然生草果园行间不进行中耕除草，由马唐、稗草、狗尾草、狗牙根等野生矮株型杂草自然生长，及时拔除藜、苘麻、马齿草、苍耳等高株型杂草。当杂草长到40厘米左右时要进行刈割，草茬保留10厘米左右，割下的草覆于树盘下，每年刈割2～3次。刈割时期要避开7月中下旬、8月上旬高温季节。

（2）种植鼠茅草　播种前要清除果园杂草，整细整平地面；每亩播种量1.5千克左右；播种时间以9月下旬至10月上旬为宜；土壤表土墒情要适宜，将种子与细土混匀，均匀撒于地表后，用铁耙拉一遍即可。以后每年的9月下旬至10月上旬进行一次旋耕，利于鼠茅草种子入土发芽。

河南省洛宁县苹果有机肥替代化肥技术模式

一、"有机肥＋配方肥"模式

（一）适宜范围

适宜于洛宁县县域内五等地以上的苹果栽植区域。

（二）施肥措施

1. 施肥量

根据产量和树势确定全年施肥量。一般亩产2 000～2 500千克的果园：有机肥使用量达到"斤果斤肥"的标准，即每生产1千克苹果需施入优质有机肥1千克；配方肥：氮肥（N）10～12.5千克/亩，磷肥（P_2O_5）5～8千克/亩，钾肥（K_2O）12～14千克/亩。亩产2 500～4 000千克果园：有机肥使用量达到每生产1千克苹果需施入优质有机肥1.5千克的标准；配方肥：氮肥（N）12.5～20千克/亩，磷肥（P_2O_5）6～10千克/亩，钾肥（K_2O）15～22.5千克/亩。化肥（配方肥）施入量根据树势强弱可适当增减。

2. 基肥

提倡有机肥与化肥结合施入。除按标准将全年有机肥全部施入外，同时可将全年所需氮肥的1/3、磷肥的1/5及钾肥的1/2作为基肥一同施入。

3. 追肥

主要在开花前、果实膨大期及采果后进行。前期以氮肥为主,配合施入少量钾肥;后期以磷、钾肥为主,配合施入少量氮肥。

土壤缺锌、硼和钙的果园,萌芽前后每亩分别施用硫酸锌 1～1.5 千克、硼砂 0.5～1.0 千克和硝酸钙 20 千克;在花期叶面喷施 0.3‰硼砂溶液;果实套袋前的幼果期喷 3 次优质钙肥。

4. 施肥时期

施用有机肥要结合深翻改土、扩展树盘进行,要早施,在秋末 9 月下旬至 10 月底施入最好。

5. 施肥方法

有机肥施入可采用环状沟施或条状沟施法。环状沟施,在树冠外围挖 40～50 厘米宽、50～60 厘米深的沟,将有机肥施入后再覆土,环状沟不宜连通,应开挖为 3～4 段,避免伤根过多而使幼树处于孤岛境地。条状沟施,在果树行间一侧树冠外缘挖一条宽、深各 40～50 厘米的沟,翌年则在另一侧挖沟,以后再挖沟时应从先前条沟外缘再向外挖,通过逐年施基肥将全园深翻改土一遍。

(三) 配套技术

推广果园生草技术。果园生草包括果树行间自然生草和果园种草。自然生草需要随时拔除高大株型、藤本缠绕树体等恶性杂草。果园种草以白三叶草为主,坡度过大园区可以选择黑麦草或者黑麦草与三叶草混播。果园生草要及时刈割,使草坪经常保持鲜嫩状态、高度不超过 40 厘米。

二、"有机肥＋水肥一体化"模式

(一) 适宜范围

适宜于洛宁县县域内五等地以上的苹果栽植区域。

(二) 施肥措施

在有水源条件的示范区,推广矮化密植,在增施有机肥的同时,推广水肥一体化施肥技术,提高水肥利用率。

1. 基肥

有机肥与化肥配合施入。果实采收后,开沟每亩基施腐熟有机肥 3 000～4 000 千克,同时施入三元复合肥 (N∶P_2O_5∶K_2O 比例为 20∶10∶20) 50～60 千克。

2. 追肥

水肥一体化滴灌施入。在正常年份,全生育期滴灌 5～7 次,总灌水量 110～150 米^3/亩;随水施入水溶肥 3～4 次,每次 3～6 千克。花后滴施水溶性配方肥 10～15 千克/亩,N∶P_2O_5∶K_2O 比例以 20∶10∶10 为宜。果实膨大期结合滴灌施肥 1～2 次,每次滴施水溶性配方肥 10～15 千克/亩,N∶P_2O_5∶K_2O 比例以 10∶10∶20 为宜。

(三) 配套技术

实施水肥一体化的果园,根据土壤墒情调整肥料浓度。无灌水条件的果园要趁墒施肥。雨季及时排除果园积水。

陕西省旬邑县苹果有机肥替代化肥技术模式

一、"有机肥十配方肥"模式

（一）适宜范围

适宜于旬邑县每亩栽植株数 50～60 株、没有滴灌辅助设施的果园。

（二）施肥措施

1. 基肥

以农家肥或商品有机肥为主，配合施用部分速效化肥。经过充分腐熟的农家肥每亩用量 4～8 米³，或商品有机肥料每亩用量 1 000 千克左右，或商品生物有机肥每亩用量 500 千克。同时施入苹果配方肥，建议配方含量为 45％（20 - 15 - 10 或相近配方），每 1 000 千克产量用 25 千克左右。农家肥或商品有机肥或生物有机肥用量再增加 20％～100％，配方肥用量减少 10％～50％。另外，每亩施入硼肥 1 千克左右、锌肥 2 千克左右。具体如下：

（1）肥料规格及用量

① 总养分含量。有机肥符合国家标准；配方肥养分含量 45％，$N - P_2O_5 - K_2O$ 为 20 - 15 - 10。

② 施肥用量。每亩施商品有机肥 500 千克。配方肥使用应遵循果树的生长特点，幼树期营养生长旺盛，需氮肥多，应以铵态氮肥为主，辅以适量的磷肥。盛果期因其大量结果，对磷、钾肥需求量增多，在保证氮肥用量的基础上，要增加磷、钾肥的施用量，尤其要重视钾肥的施入，以提高果品质量。衰老期树，在保证磷、钾肥的同时，适当增加氮肥，以促进衰老树的更新生长。目标产量 2 500～3 000 千克/亩，配方肥推荐用量 160 千克/亩。

（2）施肥时期　秋施基肥最适时间在 9 月中旬至 10 月中旬，即早中熟品种采收后，对于晚熟品种如富士，最好在采收前，确因实际操作困难，建议在采收后马上施肥、越快越好。采用条沟法或穴施，并应遵循"早、饱、全、深、匀"的技术要求，越早越好。

（3）施肥方法　幼树采用"环状沟施法"，结合扩盘进行，沟宽 20～30 厘米、沟深 30～40 厘米，逐年向外扩展。成龄树采用"放射沟"或"条沟"施肥法，沟宽 30～40 厘米、沟深 30～40 厘米，施肥后覆土（生物有机肥和配方肥应分层使用）。

2. 追肥（膨大肥）

施用中氮低磷高钾配方（16 - 4 - 20）复合肥，每 1 000 千克产量用 15 千克左右。采用条沟法施肥，施肥深度在 15～20 厘米。

（1）肥料规格及用量

① 总养分含量。养分含量 40％，$N - P_2O_5 - K_2O$ 为 16 - 4 - 20。

② 施肥建议。应依据目标产量、土壤墒情及树势自行掌握，但配方肥推荐用量应控制在 60～80 千克/亩。

（2）施肥时期　追肥遵循"适、浅、巧、匀"的技术要求，一般每年一次。在花芽分化及果实膨大期（5月中下旬至6月上旬），以氮、钾肥为主，混合使用。

（3）施肥方法　追肥能促进花芽分化，增加产量和果实含糖量，促进着色，提高硬度。此次追肥以钾为主，选用穴施或"井"字沟浅施。

（三）配套技术

在果树生长季节，保护好园内自生浅根系杂草，在其长到30～40厘米高时（影响果园作业时）进行割除并覆盖于树盘内；如此循环到秋施基肥时将所有覆盖于地面的杂草全部翻压于地下。

二、"自然生草＋绿肥"模式

（一）适宜范围

适宜于旬邑县所有果园。

（二）施肥措施

按照目标产量，在施用好基肥（除商品有机肥）和追肥的基础上（用量、时期、方法同"有机肥＋配方肥"模式），搞好"自然生草＋绿肥"模式的实施。

1. 自然生草

在果树花芽分化及果实膨大期即追肥使用后，果园自生杂草进入旺盛生长时期，及时尽早拔除深根系杂草，借雨撒施氮肥，促进生长，草高30～40厘米时（影响果园作业时）割除并覆盖于树盘内；如此循环到秋施基肥时将所有覆盖于地面的杂草全部翻压于地下。

2. 种植绿肥

（1）绿肥品种　适宜果园种植的有白三叶、红三叶、多年生黑麦草、高羊茅、小油菜、豆类等。

（2）种植时间　最佳播种时期应在8月上旬至9月下旬。

（3）种植方法　借助旬邑县秋季连阴雨较多这一特点，在果园行间种植绿肥，于盛花期割除并覆盖于树盘内，到秋施基肥时将覆盖于地面的绿肥全部翻压于地下。

（4）种植方法注意事项

① 乔化果园行间种植1～1.5米绿肥带或全园种植，双矮果园行间种植绿肥带与果树的距离应保持在0.8～1米。

② 乔化果园应在苹果套袋后播种，双矮果园应在上一年基肥使用后或当年开春播种。

③ 播量应根据实际播种面积进行计算，并超量20%撒播，以增加密度和产草量。

（三）配套技术

利用旬邑县雨热同季的特点，在家畜粪便、作物秸秆及生产生活中的有机废弃物中添加腐熟菌剂，促进快速腐熟。在秋季施用基肥时每亩使用3～5米^{3}农家肥或生物有机肥500千克。

三、"果-沼-畜"模式

（一）适宜范围

适宜于旬邑县生猪养殖企业比较集中和果农对沼肥施用有一定基础的种植区域周边的果园。

（二）施肥措施

按照目标产量，在使用好基肥（除商品有机肥）和追肥施用的基础上（用量、时期、方法同"有机肥＋配方肥"模式），每亩施入经堆沤腐熟的家畜粪便或沼渣 3 米³ 以上。

1. 基肥

（1）施肥量　结合秋季施肥，在果树周围挖好窝或沟，每亩施熟化的畜禽粪便 3 米³（约 3 000 千克）和其他基施肥料一同施入，施后用土覆盖。

（2）施肥方法　施肥时幼树采用环状沟施法，结合扩盘进行，沟宽 30～40 厘米，沟深 30～40 厘米，逐年向外扩展。成龄树采用放射沟或条沟施肥法，沟宽 30～40 厘米，沟深 30～40 厘米。

2. 追肥

沼液（即腐熟后的猪尿）以喷施为主（也可浇灌），结合苹果病虫害的防治，将沼液用两层窗纱过滤或澄清后，用喷雾器直接喷洒在叶面上特别是背面。一般在果树萌芽抽梢前 10 天和新梢抽生 15 天后，用 30％～60％浓度的沼肥喷施果树叶面，老果园在苹果套袋后可原液喷施；新植幼园在生长期，每半月追施一次。果树开花期、虫害多发期，在沼液中加适量农药、洗衣粉喷施，可减轻病虫危害，实现丰产。

（三）配套技术

利用旬邑县雨热同季的特点，对家畜粪便集中进行（添加腐熟菌剂）堆沤，促进快速腐熟。根据沼气发酵技术要求，对畜禽粪便进行腐熟和无害化处理，后经干湿分离，分沼渣和沼液施用。

四、"有机肥＋水肥一体化应用"模式

（一）适宜范围

适宜于旬邑县现有的双矮密植园或有滴灌辅助设施的所有果园。

（二）施肥措施

按照目标产量在做好基肥施用的基础上（用量、时期、方法同"有机肥＋配方肥"模式），在果树的生育期内，依据其对水肥的需求特点进行施肥，提高水肥利用效率。

（1）在做好基肥全量使用的基础上（用量、时期、方法同"有机肥＋配方肥"模式），追肥以充分发挥水肥一体化技术优势，适当调整肥水施用次数和数量，实现少量多次，提高养分利用率。在生产过程中应根据天气情况、土壤墒情、苹果长势等，及时对已有的灌溉施肥制度进行调整，保证水分、养分主要集中在作物主根区和需水需肥高峰期。可分施水溶肥 8～9 次。

（2）施肥建议　现有的密植园已陆续挂果将转入盛果期，养分供应量的多少主要根据目标产量而定，每 1 000 千克产量需氮（N）3～5 千克、磷（P_2O_5）1.5～2.5 千克、钾（K_2O）3.5～5.5 千克。

（三）配套技术

在果树生长季节，保护好园内自生浅根系杂草或在行间种植三叶草、黑麦草等，在其长到 30～40 厘米高时（影响果园作业时）进行割除并覆盖于树盘内；如此循环到秋施基肥时将所有覆盖于地面的杂草全部翻压于地下。

陕西省延川县苹果有机肥替代化肥技术模式

一、"果-沼-畜"模式

（一）适宜范围

适宜于具有养殖大户、沼气工程区域的苹果种植区域。

（二）施肥措施

遵循"以果定沼、以沼定畜、以畜促果"的生态循环农业发展理念，依托已建成的沼气工程、水肥一体化工程和田间沼肥贮存池等基础设施进行田间沼肥配送。按照统筹规划、就近利用的原则，通过沼肥社会化沼渣沼液运输服务车配送到苹果园水肥一体化调配站或田间沼肥贮存池。按照苹果园"斤果斤肥"的有机肥施用标准，推荐每年给每亩苹果园配送沼肥 1～3.5 吨，配方肥（$N：P_2O_5：K_2O=18：12：15$）75～130 千克，其中：幼果园 $N：P_2O_5：K_2O=13.5$ 千克/亩：9 千克/亩：11.25 千克/亩，盛果园 $N：P_2O_5：K_2O=23.4$ 千克/亩：15.6 千克/亩：19.5 千克/亩，指导果农进行沼液水肥一体化或沟（穴）施。具体施肥措施如下。

1. 基肥

（1）施用时间　一般在苹果采收后至果树开花前（9 月下旬至翌年 4 月上旬），每年基施一次，原则是宜早不宜晚，最迟赶土壤封冻前全部施入土中。

（2）施用方法　采用正常产气 3 个月以上沼气池的沼渣，在树冠外缘垂直开沟或挖 4～6 个坑穴，深 30～40 厘米，进行沟施或穴施，施肥后应及时覆土，挖穴时尽量与上一年度位置错开。

（3）施用量　根据树龄大小和目标产量，每株每次施入沼渣 7～28 千克和配方肥（$N：P_2O_5：K_2O=18：12：15$）0.6～1.1 千克，即每亩施入沼渣沼液 350～1 400 千克和配方肥 30～55 千克。

2. 追肥

（1）施用时间　一般在果树萌芽期至膨大期（采收前 30 天左右），每年追施 3 次，分别是萌芽肥（4 月上旬）、花后肥（5 月下旬）、果实膨大肥（7 月上旬）。

（2）施用方法　采用正常产气 3 个月以上沼气池的沼液，兑水 2 倍，过滤后进行水肥一体化滴灌（或者沼渣沼液在树冠外缘垂直开沟或挖 4～6 个坑穴，深 30～40 厘米，进行沟施或穴施，施肥后应及时覆土）。

（3）施用量　根据树龄大小和目标产量，每株每次施入沼液 7～14 千克和配方肥（$N：P_2O_5：K_2O=18：12：15$）0.3～0.5 千克，即每亩施入沼渣沼液 350～700 千克和配方肥 15～25 千克。

（三）配套技术

该技术模式以沼气工程为纽带，按照"果沼、果畜"两种生态循环农业发展模式，采取"果-沼-畜"正向推算法，确定苹果园所需沼渣沼液的数量、沼气容积和养殖规模；采取"畜-沼-果"倒向推算法，确定畜禽养殖场粪污需消纳数量、处理方式和苹果园规模。

按照企业规模化养殖场配套建设沼气工程、集约化苹果园配套建设水肥一体化设施和散户苹果园配套建设田间沼肥贮存池的工作思路，优化布局养殖场、沼气工程、田间沼肥贮存池，合理配套养殖规模和沼气容积，达到种养结合、畜沼肥平衡和畜禽粪污就近资源化利用。

延川县"果-沼-畜"模式示范区域为梁家河流域 1 000 亩苹果园，目标商品果产量为 2 000 千克/亩，按照"斤果斤肥"的有机肥施用标准，需有机肥 2 000 吨。因此，在示范区建设了 200 米³沼气工程 1 座，每年可处理畜禽粪污 2 000 吨；为了保障沼气发酵原料，在 200 米³沼气工程附近配套建设了 2 000 头养猪场 1 座。为了使果农能够方便、高效施用沼渣沼液，以企业、合作社为单元，配套建设了沼液水肥一体化滴灌设施 1 000 亩；以种植大户为单元，按照每 10 亩苹果园配置 1 座 4.5 米³田间沼液贮存池的标准，配套建设了田间沼肥贮存池 100 个。

二、"沼液＋水肥一体化"模式

(一) 适宜范围

适宜于具有水源、养殖大户、沼气工程和沼液社会化配送服务主体区域的规模化、集约化苹果园。

(二) 施肥措施

黄土高原山地苹果园按照"分区规划、分块指导"的原则，根据示范区苹果园地块分布，分设灌溉片区，每个灌溉片区根据果园面积配套建设水肥一体化调配池，每个地块设置地块阀门，每棵苹果树配套 1～4 根 3 毫米直径滴箭。推荐每年给每亩果园配送过滤后的沼液 1～2.5 吨，大量元素水溶肥（$N:P_2O_5:K_2O=18:12:15$）35～70 千克，与水按照一定比例混合调配后，采用农用电作为动力，通过水泵压力进行苹果园沼液水肥一体化滴灌。具体施肥措施如下。

1. 基肥

(1) 施用时间　一般在苹果采收后和果树开花前（9 月下旬至翌年 4 月上旬），每年基施一次，原则是宜早不宜晚，最迟赶土壤封冻前全部施入土中。

(2) 施用方法　采用正常产气 3 个月以上沼气池固液分离后的沼液与水按 1：2 的比例混合调配后，进行果园水肥一体化滴灌。

(3) 施用量　据树龄大小，每株每次施入沼液 5～40 千克和水溶肥（$N:P_2O_5:K_2O=18:12:15$）0.4～0.8 千克，即每亩施入沼液 250～2 000 千克和水溶肥 20～40 千克。

2. 追肥

(1) 施用时间　一般在果树坐果后和膨大期（采收前 30 天左右），每年追施 3 次，分别是萌芽肥（4 月上旬）、花后肥（5 月下旬）、果实膨大肥（7 月上旬）。

(2) 施用方法　采用正常产气 3 个月以上沼气池固液分离后的沼液与水按 1：2 的比例混合调配后，进行果园水肥一体化滴灌。

(3) 施用量　根据树龄大小，每株每次施入沼液 5～20 千克和水溶肥（$N:P_2O_5:K_2O=18:12:15$）0.1～0.2 千克，即每亩施入沼液 250～1 000 千克和水溶肥 5～10 千克。

（三）配套技术

该技术模式除了配套水源、养殖场、沼气工程和水肥一体化滴灌设施外，最好采取膜下滴灌措施，从而达到保墒、节水的效果。

延川县在苹果树盘覆盖 2 米宽幅地布，将滴灌带和滴箭覆盖于地布下。地布的使用寿命在 5 年以上，而且不易风化破损，既达到了保墒节水的效果，又解决了地膜破损难以回收造成环境污染的难题。

陕西省黄陵县苹果有机肥替代化肥技术模式

一、"有机肥＋配方肥"模式

（一）适宜范围

"有机肥＋配方肥"模式主要适宜于黄陵县畜禽粪便等有机肥资源丰富，且种植区域全部集中连片的苹果种植大户、专业合作社等，如隆坊镇、阿党镇、田庄镇和桥山街道办的塬上苹果园，适宜范围广、施肥简单方便。

（二）施肥措施

1. 基肥

（1）施用时期　为每年 9 月下旬至 10 月中旬。

（2）肥料类型　包括有机肥、土壤改良剂、中微肥和复合肥等。

（3）施用量　一般中产田亩产 2 000～2 500 千克的果园，每亩施优质农家肥 2 000 千克，或商品生物有机肥（含有机质≥40.0％、有效活菌数 0.20 亿/克）400～500 千克，土壤改良剂和中微量建议施用硅钙镁钾肥 50～100 千克/亩、硼肥 1 千克/亩、锌肥 2 千克/亩；复合肥建议采用优质高氮高磷中钾型复合肥（配方 20 - 12 - 10，含量≥42％），施用量为50～60 千克/亩。施肥方法为沟施或穴施，沟长 50 厘米、宽 30 厘米、深 40 厘米，分为放射状、环形状以及株行间条施，结合深翻改土，扩展树盘进行。每年交换位置挖穴，施肥时将肥料与土充分混合均匀。

2. 追肥

（1）施用时期与施肥量　分两次施入，第一次在苹果萌芽期（3 月下旬至 4 月中旬）追施高氮中磷低钾复合肥（配方 20 - 12 - 10，含量≥42％），每亩施 20～30 千克；第二次在苹果膨大期（6 月下旬至 7 月上旬）追施中氮低磷高钾复合肥（配方 16 - 6 - 18，含量≥40％），每亩施 30～40 千克，同时根据树势喷施叶面肥等微量元素肥及生物微肥。

（2）施肥方法　追肥能促进花芽分化，增加产量和果实含糖量，促进着色，提高硬度。此次追肥以钾肥为主，可选用穴施或沟施，施后及时覆土浇水。

（三）配套技术

在实施"有机肥＋配方肥"技术模式中，根据果树长势因地制宜，推广先进科学的农艺措施，提高土壤肥力，改善土壤结构。在果树行间种植绿肥、大豆等肥田作物，增施腐熟的农家肥，采用秸秆还田、增施有机肥并应用测土配方施肥技术。

二、"有机肥＋水肥一体化"模式

(一)适宜范围

适宜于黄陵县有井、蓄水池、水窖等固定水源，且水质好、符合微灌要求，并已建成或有条件建设微灌设施的塬上苹果园推广应用，如隆坊镇的南塬、北塬片区，田庄镇的黄渠农场片区和桥山镇街道办的塬上果园。

(二)施肥措施

水肥一体化是一项综合技术，涉及农田作物、土壤条件等，其主要技术要领如下。

1. 建立滴管系统

在设计方面要根据地形、田块位置、土壤质地、苹果园面积、水源特点等基本情况，设计管道系统的埋设深度、长度、灌区面积等，水肥一体化的灌水方式可采用管道灌溉、喷灌、微喷灌、泵加压滴灌、重力滴灌、渗灌、小管出流等，忌用大水漫灌，这容易造成氮素损失，同时也降低水分利用率。

2. 灌溉施肥系统

在田间设计为定量施肥，包括蓄水池和混肥池的位置、容量、出口、施肥管道、分配器阀门、水泵肥泵等。由首部枢纽、输配水管网、灌水器和施肥设备等组成。选择适宜的肥料种类：可选液态氮或固态肥料，如尿素、硫酸铵、硝酸铵、磷酸一铵、磷酸二铵、氯化钾、硫酸钾、硝酸钙、硫酸镁等肥料；固态以粉状或小块状为首选，要求水溶性强、含杂质少，一般不用颗粒状复合肥（包括中外产品）；如果用沼液或腐殖酸液态肥料，必须经过过滤，以免堵塞管道。

3. 灌溉施肥操作

一是肥料溶解与混匀。施用液态肥料时不需要搅拌或混合，一般固态肥料需要与水混合搅拌成液肥，必要时分离，避免出现沉淀等问题。二是施肥量控制。施肥时要掌握剂量，注入肥液的适宜浓度约为灌溉流量的 0.1％。例如灌溉流量为 50 米^3/亩，注入肥液大约为 50 升/亩，过量施用可能会导致作物死亡以及环境污染。三是灌溉施肥的程序分三个阶段，第一阶段选用不含肥的水湿润，第二阶段施用肥料溶液灌溉，第三阶段用不含肥的水清洗灌溉系统。

4. 水肥管理

基肥施肥时期为每年 9 月下旬至 10 中旬，一般亩产 2 000～2 500 千克苹果的果园基肥以有机肥为主，每亩施优质农家肥 2 000 千克，或商品生物有机肥（含有机质≥40.0％，有效活菌数 0.20 亿个/克）400～500 千克。配合施氮、磷、钾复合肥（配方20‐12‐10，含量≥42％）50～60 千克/亩，采用环状沟施或深开沟行间条施，沟深 20～30 厘米，结合深耕施用。果园一般年灌水量每亩 100～150 米^3，灌水次数 5～6 次，以少量多次最好。湿润深度为 0.3～0.5 米，灌溉上限控制田间持水量在 85％～95％，下限控制在 55％～65％；追肥时期结合灌水分 5～6 次进行，每亩施水溶肥 50 千克，一般在萌芽前、开花前、落花后、花芽分化期、果实膨大期和果实采收前追施水溶肥，每亩每次灌水定额 20 米^3 配施水溶肥 8～10 千克。施肥方法采用 2 次稀释法进行，首先用小桶将复合肥和其他水溶肥、有机肥化开，然后再加入贮肥罐。

（三）配套技术

滴水灌溉设施完成后，在果树行间种植绿肥，如三叶草、黑麦草等，在其长到30～40厘米高时及时进行刈割并覆盖于树盘内，保证果树行间有绿肥覆盖地面，以利于土壤蓄水保墒。

三、"自然生草＋绿肥"模式

（一）适宜范围

适宜于黄陵县的苹果主产区，如隆坊镇、阿党镇、田庄镇和桥山街道办等区域。

（二）施肥措施

1. 选种

一般选择耐热耐旱、发芽率高、适应性强的一年生或多年生豆科草本植物，如大豆、紫云英、三叶草等；也可选择十字花科植物，如油菜。

2. 种子处理

播种前对种子采用物理、化学或生物处理，包括精选、晒种、浸种、拌种、催芽等，促进种子发芽而整齐、幼苗生长健壮、预防病虫害。

3. 播种

夏季绿肥宜在3月下旬至4月上旬，秋季宜在9月上中旬至10月上旬结合降雨播种。可采用撒播或沟播，亩播量三叶草、大豆为2.5千克，油菜为1.0千克。建议幼园可种植油菜或者大豆类作物，老果园可种植三叶草、小冠花等。

4. 施肥管理

对于自然生草的果园，采用保留浅根果园杂草，去除深根杂草；对于种草的果园，播前平整耕翻果园行间，每亩施氮肥10～20千克，过磷酸钙5～10千克，草长成以后，根据生长情况及时刈割覆盖在行间；大豆、油菜可在盛花期至谢花期刈割翻压。

（三）配套技术

利用黄陵县雨热同季的特点，在家畜粪便、作物秸秆及生产生活中的有机废弃物中添加腐熟菌剂，促进快速腐熟。在秋季施用基肥时每亩使用1 500千克左右农家肥或生物有机肥500千克。

四、"有机肥＋肥料机械深施"模式

（一）适宜范围

适宜于黄陵县有机肥肥源充足的苹果主产区，便于机械操作的果园，包括隆坊镇、阿党镇、田庄镇和桥山街道办的塬上片区苹果园。

（二）施肥措施

1. 施肥时期

基肥为9月下旬至10月中旬，追肥分两次进行。

2. 施肥量

基肥采用深施肥机械将有机肥施入，肥料类型包括有机肥、土壤改良剂、中微肥和复合肥等。亩产2 000～2 500千克的果园，每亩施优质农家肥2 000千克，或商品生物有机肥（有机质含量≥40.0％、有效活菌数 0.20 亿个/克）400～500 千克，土壤改良剂和中微量建议施用硅钙镁钾肥 50～100 千克/亩、硼肥 1 千克/亩、锌肥 2 千克/亩；复合肥建议采用优质高氮高磷中钾型复合肥（配方 20－12－10，含量≥42％），施用量为 50～60 千克/亩。

追肥分两次施入，第一次在苹果萌芽期（3 月下旬至 4 月中旬）追施高氮中磷低钾复合肥（配方 20－12－10，含量≥42％），每亩施 20～30 千克；第二次在苹果膨大期（6 月下旬至 7 月上旬）追施中氮低磷高钾复合肥（配方 16－6－18，含量≥40％），每亩施 30～40 千克，同时根据树势喷施叶面肥等微量元素肥及生物微肥。可选用穴施或沟施，施后及时覆土浇水。

3. 施肥方法

在果树株行间机械开沟深施，选用果树施肥机，在果树行间开沟，沟深 40 厘米、宽 30 厘米，将肥料撒施于沟内，要求肥料与土充分混合均匀，立即覆土回填，每 3 年机械深施一次。

（三）配套技术

根据苹果树势因地制宜，结合测土配方施肥技术，对于有秸秆或农家肥的农户，在沟内填埋粉碎秸秆、优质农家肥还田，并及时覆土浇水，加速秸秆快速腐熟化解；在果树行间保存原有浅根杂草或种植绿肥，增加土壤有机质，提高土壤肥力，改善土壤结构。

陕西省长武县苹果有机肥替代化肥技术模式

"果园自然生草＋种植绿肥"模式

（一）适宜范围

本技术规定了有关自然生草、人工生草中草种选择、播种、播种后管理等技术措施内容。

本技术规定了渭北果园生草技术适用于渭北年降水量在 500 毫米以上的地区。长武县大部分地区如巨家镇、亭口镇、枣园镇、洪家镇、丁家镇、昭仁街道办、彭公镇降雨条件都可满足生草要求，降水量低于 500 毫米地区如相公镇不适合生草。

本技术涉及的果园简约化土壤管理技术适用于陕西省渭北旱地果园。

（二）施肥措施

果园自然生草、人工生草容易出现与果树"争氮"现象，常使果树叶黄枝弱，需要适时适量补充氮肥。但所选草种多为禾本类、豆科及十字花科等，它们相互弥补，可快速增加土壤有机质及矿物质营养，一般情况不需补肥或少量施磷、钾肥即可。人工生草一般都选在果实第二次膨大一个月后，但那时又是渭北旱地的雨季，所以果园自然生草、人工生草在渭北旱地均不施基肥。

在果树生长季节应该追施氮肥，当草种长至 10 厘米左右，结合降雨，撒施氮肥 5～7.5 千克/亩，半个月以后再施一次。

（三）配套技术

1. 人工生草技术

（1）草种的选择 陕西渭北旱地果园适宜采用的商业草种包括：黑麦草、长柔毛野豌豆、毛苕子、白三叶及鼠茅草等。

（2）果园生草方式 土层深厚、肥沃，根系分布深的成龄果园，可全园生草，反之，土层浅而瘠薄的幼龄果园，可用行间生草方式。草带应距离树盘外缘 40 厘米左右。全园生草也避免在树盘下（距离主干 60 厘米以内）生草。

（3）整地 为提高草种萌发率，播种前对土壤进行整理很必要。清理果园杂草，利用旋耕机将行间旋一遍，保证 20 厘米土壤深度，确保土壤平整疏松。在土壤管理粗放、杂草极多的果园，控制杂草也可在播种前进行除草剂处理，除草剂有效期过后再栽生草的幼苗。

（4）播种时期 秋播成坪抑制杂草能力较春播强。秋季播种时期为 8 月下旬至 9 月上旬。

（5）用种量 播种可撒播或条播，每亩用种 2～4 千克，黑麦草、长柔毛野豌豆用种量为 3～4 千克/亩；鼠茅草用种量为 1～1.5 千克/亩。可根据土壤墒情适当调整用种量：一般土壤墒情好，播种量宜小；土壤墒情差，播种量宜大些。生草带的边缘应根据树冠的大小在 60～200 厘米范围内变动。根据天气情况，最好选择为期一周的降雨期播种。播种时与沙土拌匀后撒播，保证出苗均匀。另外，也可采用播种器进行播种，通过调整播种孔径控制播种密度。

（6）播种技术 播种主要采用撒播或条播的方式。由于草种较小，一般草种采用撒播进行播种。草种不易萌发，但分蘖能力或生长力强的草种可采用条播方法，如白三叶，由于草种较小且轻，播种时要与细沙混匀后再进行播种，使用抖动法将草种均匀撒播到土壤表面，然后用短齿耙轻耙，使种子表面覆土 2～3 厘米，不需镇压。一般情况 2～3 天即可出苗，一周后可对少苗或无苗区补种。

（7）播种后管理 生草初期及时清除杂草，需要人工去除杂草 2～3 次，直到极强抑制杂草生长能力为止。注意加强苗期肥水管理。草种长至 10 厘米左右，结合降雨，撒施氮肥 5～7.5 千克/亩，半个月以后，再施一次。施肥后要及时灌水，使草种迅速生长。种植鼠茅草的果园不需要进行刈割。其他草种当草高近 40 厘米时，进行不定期刈割，保留高度 10～15 厘米，豆科草留茬 15 厘米以上，禾本科草留茬 10 厘米左右。利用便携式割草机刈割 4～6 次，每年刈割次数以 4～6 次为宜，雨季后期停止刈割。带状生草的，刈割下的草覆盖于树盘上，全园生草的，果园刈割的草就地撒开，也可开沟深埋，与土混合沤肥；秋播的当年不进行刈割，自然生长越冬后进入常规刈割管理。

2. 自然生草技术

（1）草种选择 应选留具有无木质化或仅能形成半木质化茎、须根多、茎叶匍匐、矮生、覆盖面大、耗水量小、适应性广等特点的草种，并以 1 年生草种为主要对象。但是果园中一些深根性恶性杂草如藜、苋菜、苘麻，串根性杂草如小蓟、茅草，缠绕性杂草如葎草、萝藦、菟丝子、牵牛花等要在自然生草中坚决去除。

（2）自然生草管理 自然生草果园一般春季进行人工拔除恶性草，连续 2～4 次，这样可在恶性草尚未对果树形成危害前就被消灭，同时为可用草留出充足的生长空间。在果树萌芽、开花、展叶需要肥水较多时，此时尽量控制草的生长，以保证土壤中的水分、有机质优先满足于果树生长需要。每年根据实际情况割草 2～5 次，并将割下的草覆盖树盘。

3. 病虫害防治

草种播后注意保持果园行间所生草的病虫害防治。在坚持"预防为主、综合防治"的原则下及时采用恰当方法，防治褐斑病、叶枯病、叶锈病、条锈病、叶斑病、黏虫、叶蝉、地老虎、蛴螬等病虫害。农药使用应安全合理，按 GB 4285—1989《农药安全使用标准》和 GB/T8321—2009《农药合理使用准则》执行。

陕西省洛川县苹果有机肥替代化肥技术模式

"有机肥＋配方肥"模式

（一）适宜范围

本施肥技术模式是在陕西省延安市洛川县优质苹果生产基地，通过近三年有机肥替代化肥试验示范总结而来，适用于洛川县境内所有苹果栽培区域。

（二）施肥措施

1. 基肥

（1）施肥时间　秋施，要在中晚熟品种采果后立即进行，即 9 月下旬至 10 月。用量是全部有机肥和占全年总施肥量 70％的配方复合肥。原则上是宜早不宜晚，最迟赶在土壤封冻前全部施入土中。

（2）施肥量　对已实施测土化验的农户，依据施肥建议卡精准施肥，没有采土化验的果园实施"大配方，小调整"科学施肥。

施肥量按每亩 28 株的密度制定如下，对于二次间伐果园，在亩产量水平不变的情况下，密度减半则每亩施肥量在原来的基础上增加一倍。

① 高产园。亩产 2 500 千克以上，有机质含量在 12 克/千克以上的果园，每亩施商品有机肥 2 000 千克，氮、磷、钾含量为 20-10-15 或者 20-10-18 的纯无机配方肥 84 千克。

② 中产园。亩产 1 500～2 500 千克，有机质含量在 9～12 克/千克的果园，每亩施商品有机肥 1 500 千克，氮、磷、钾含量为 20-10-15 或者 20-10-18 的纯无机配方肥 70 千克。

③ 低产园。亩产 1 500 千克以下，有机质含量在 9 克/千克的果园，每亩施商品有机肥 1 000 千克，氮、磷、钾含量为 20-10-15 或者 20-10-18 的纯无机配方肥 56 千克。

④ 新建矮化密植园（树龄 1～2 年）。每亩秋施腐熟农家肥 2 000 千克或商品有机肥 1 000 千克以上，配施 25-10-5 复合肥或相近的配方肥 100 千克。

（3）基肥施用方法为沟施或穴施　沟施时沟宽 30 厘米左右、长度 50～100 厘米、深 40 厘米左右，分为环状沟、放射状沟以及株（行）间条沟。穴施时根据树冠大小，每株树 4～6 个穴，穴的直径和深度为 30～40 厘米。每年交换位置挖穴，穴的有限期为 3 年。施用时要将肥料与土充分混匀。

2. 追肥

（1）第一次　春梢停长期追肥（5 月下旬至 6 月下旬）。

（2）第二次　秋梢停长期追肥（7 月下旬至 8 月下旬）。

（3）高产园 2次追肥分别选用高氮中钾型 20-10-15 和中氮高钾型 16-8-21 无机配方肥（或者当量水溶肥），每亩各追施 28 千克。

（4）中产园 2次追肥分别选用高氮中钾型 20-10-15 和中氮高钾型 16-8-21 无机配方肥（或者当量水溶肥），每亩各追施 21 千克。

（5）低产园 2次追肥分别选用高氮中钾型 20-10-15 和中氮高钾型 16-8-21 无机配方肥（或者当量水溶肥），每亩各追施 14 千克。

（6）新建矮化密植园（树龄 1～2 年） 追肥采取水肥一体化"少量多次"施入。

3. 叶面喷肥

萌芽期至成熟期可喷施 3～4 次，主要补充钙、镁、硼、铁、锌、锰、硒等中微量元素。采果后可喷施 2～3 次尿素水溶液（浓度 1%～5%，前低后高）。

（三）配套技术

1. 果园种植绿肥＋生草覆盖

果园生草一般在果园行间进行，可人工种植，也可自然生草后人工管理。春季适宜条播，秋季适宜撒播。人工种草可选择白花三叶草、大豆、油菜、毛叶苕子和鼠茅草等。播种时间以 8 月中旬最佳，早熟禾、大豆和油菜也可在第二年 4～5 月播种。播种深度为种子直径的 2～3 倍，土壤墒情要好。自然生草果园行间不进行中耕除草，由狗尾草、藜等当地优良野生杂草自然生长，及时拔除恶性杂草。不论是人工种草还是自然生草，当草长到 30～40 厘米时要进行刈割，割后保留 10 厘米左右，割下的草覆于树盘下，每年刈割 2～3 次。

在种草当年最初几个月最好不刈割，待草根扎稳、营养体显著增加后在草高约 30 厘米时开始刈割，即生草与覆草相结合，达到以草肥地的目的。绿肥生长期要合理施肥，每年 1～2 次，主要以氮肥为主，采用撒施或叶面喷施。生草头两年还要在秋季施有机肥，采用沟施，每亩 2 000 千克左右，以后逐年减少或不施。

2. 有机肥堆沤＋机械深施

（1）堆沤肥料来源 依托当地养殖产生的猪粪、羊粪、牛粪和粉碎的作物秸秆等为主要肥料进行科学堆沤。

（2）堆沤肥的方法 堆放到能晒到阳光的地方，采取疏松和紧密相结合的堆积方法，即在堆积初期，可将其疏松堆积，待堆内温度上升到 60～70 ℃时，可杀死大部分病菌虫卵及杂草种子，然后将肥堆踏实压紧，再往上堆积新鲜粪。这样下层粪肥处于嫌气条件下继续分解，减少了有机质和氮素的损失，而上层仍可进行好气分解，如此层层堆积，直至高达 2 米。堆面封泥，一般 4～5 个月即可腐熟。含水量要在 50% 以上，发酵好后，要先将其稍晾后再施用，这样不会灼伤根系。

发酵过程翻堆通气，注意适当翻堆（温度升至 60～70 ℃或 70 ℃以上要及时翻堆，一般要翻 2～3 次）。温度控制在 65 ℃左右。发酵完成，彻底腐熟，物料呈黑褐色，温度开始降至常温，没有明显臭味。

3. 机械深翻

深翻是土壤耕作的重要内容，是农业生产中经常运用的重要技术措施。利用机械的作用加深耕层，疏松土壤增加土壤的孔隙度。打破犁底层，有利于作物根系生长，同时掩埋有机肥料，清除残茬杂草，消灭寄生虫在土壤中或残茬上的病虫害。

陕西省澄城县苹果有机肥替代化肥技术模式

一、"有机肥＋水肥一体化技术＋果园生草"模式

（一）适宜范围

适宜在澄城县机井、水库、河流分布较多且水源充足的王庄镇水洼村、杨家洼村和赵庄镇郑家洼村推广应用。

（二）施肥措施

1. 基肥施用

果实采收后沿树盘开沟，沟深 40～60 厘米，有机肥在果实采收后作基肥一次性施入。一般亩产 2 000 千克以上的果园施用腐熟的农家肥 2 000 千克或者商品有机肥 300 千克；亩产 2 500 千克以上的丰产园，施用腐熟的农家肥 4 000 千克或者商品有机肥 500 千克。于 10 月下旬至 11 月每亩滴灌灌水 30～40 米^3，保证土壤水分充足。

2. 运用水肥一体化设备进行多次追肥

施肥配方有：16 - 16 - 16、19 - 7 - 19、16 - 6 - 21、20 - 9 - 11 等，可直接施用，冲施液体肥或沼液经过滤后可直接施用。

初挂果期果园灌溉施肥制度

生育时期	灌溉次数	灌水定额 [米^3/(亩·次)]	每次灌溉加入的纯养分量（千克/亩）				备注
			N	P$_2$O$_5$	K$_2$O	合计	
收获后	1	30	5	2	5	12	漫灌
萌芽前	1	25	3.2	1	2.6	6.8	滴灌
开花前	1	20	3.2	1	2.6	6.8	滴灌
落花后	1	20	3.2	1	2.6	6.8	滴灌
花芽分化期	1	20	3	1	4	8	滴灌
果实膨大期	1	20	3	1	4	8	滴灌
合计	6	135	20.6	7	20.8	48.4	

盛果期果园灌溉施肥制度

	重力自压式	加压追肥枪	小型简易动力	大型自动化
每年灌溉定额（米^3/亩）	30～50	9	60～80	80～100
每次灌水量（方/亩）	5～8	1～2	3～9	3～6
灌溉次数	5～6	4～6	15～20	20～25
果园规模（亩）	1～10	1～5	10～200	200～1 000
水源动力	水源缺乏、水价贵，拉水灌溉	同重力自压式	稳定水源，动力输水（井水、水库、河水）	同小型简易动力
肥料浓度（%）	0.5～1	2～4	0.1～0.6	0.1～0.3

苹果园不同水肥一体化模式下的每亩灌溉施肥量

生育时期	灌溉次数	灌水定额 [米³/(亩·次)]	每次灌溉加入的纯养分量（千克/亩）				备注
			N	P₂O₅	K₂O	合计	
收获后	1	35	5.3	2.0	5.3	12.6	漫灌
萌芽前	1	20	5.3	1.5	2.0	8.8	滴灌
开花前	1	25	5.0	1.5	2.0	8.5	滴灌
落花后	1	25	5.0	1.5	2.0	8.5	滴灌
花芽分化期	1	25	4.0	1.0	3.0	8.0	滴灌
果实膨大期	1	25	3.0	1.0	5.3	9.3	滴灌
果实膨大期	1	25	0.0	1.0	8.0	9.0	滴灌
合计	7	180	27.6	9.5	27.6	64.7	

3. 水肥一体化灌溉施肥配套设备

① 滴灌系统。一般由水源、首部枢纽、输水管道、滴头、各种控制电磁阀门和控制系统组成。根据水力计算确定灌溉分区。其首部控制枢纽一般包括变频控制柜、变频水泵、动力机、过滤器、化肥罐、空气阀、回止阀调节装置等。过滤器对滴灌十分重要，目前过滤器一般采用自动筛网式反冲洗过滤器、旋流砂石分离器、自动砂石过滤器、自动反冲洗叠片过滤器四种。根据水质情况一般选用二级或三级组合过滤系统，确保灌溉水质的清洁干净。输水管道是将压力水输送并分配到田间喷头中去。干管和支管起输、配水作用，末端接滴头，包括闸阀、三通、弯头和其他接头等。一般选用便于黏接的 PVC 管道，除毛管悬挂或铺设于地面外，其余各级管道均埋于地下。滴头一般选用压力补偿式滴头，带有自清洁能力，不容易堵塞，不同滴头的滴水速度能保持一致。沙土地果园，可以选用微喷头进行灌溉施肥。灌水器每小时流量为 2 升左右，直径 16 毫米。滴灌管在地面一般顺行布置。一般控制系统是由中央计算机控制、触摸屏、无线数据传输设备、田间控制单元和相应传感器组成，可实现数据采集、传输、分析处理灌溉的全程自动化。根据控制系统运行的方式不同，可分为手动控制、半自动控制和全自动控制三类。

② 施肥系统。包括 500 升开口施肥搅拌灌、输肥泵、1～2 米³ 的液体肥沉淀罐和 1～2 个 1 米³ 施肥罐。一般采用不锈钢离心泵或柱塞泵、隔膜泵等将溶解的肥料通过网式过滤器最后过滤后输入灌溉系统。也有采用文丘里和管道增压泵组成的自动施肥机进行灌溉。压差式施肥罐由于肥料浓度不容易控制，或施肥罐体积小，在大型灌溉施肥系统很少采用。肥料罐一般采用锥形口底，便于肥渣清洗；肥料液注入口一般安装在灌溉过滤系统之前，以防止滴头堵塞。如果有两种容易产生沉淀的肥料或微量元素肥料，一般要通过 2个肥料罐泵入灌溉系统进入土壤中。

（三）配套技术

水肥一体化设施安装完成后，通过种草或者生草来改良土壤，增加土壤有机质，同时起到保墒调温作用。幼龄果园只在树行间种草，草带距树盘的外沿 40 厘米左右。成龄的果园，可在行间和株间都能种草。

1. 水肥管理

生草初期做好追水管理，保证全苗及当年生长量。遇雨或灌水后应及时松土，清除野生杂草，特别是恶性深根杂草。

2. 适时刈割

① 多年生类型草。当年一般最多刈割 1～2 次，产草稳定后一般一年刈割 2～4 次。刈割时要注意留茬的高度，原则是既不要影响果树生长，也要有利于自身再生。一般留 5～10 厘米。

② 一年生豆类、两年生油菜一般在初花期刈割。

③ 刈割下来的草覆于树盘周围。生草果园可减少氮肥施用量，少施有机肥，同时在生长期果树根外追肥 3～4 次。生草 5～7 年后，草逐渐老化，应及时翻压，休闲 1～2 年后，重新播种。

二、"有机肥＋配方肥＋机械深施"模式

（一）适宜范围

该技术模式施肥简单，便于操作，应用果园机械省工省力。主要在澄城县生猪养殖规模较大的王庄镇水洼村、王庄镇白草垣村、王庄镇洛城村、王庄镇西城村、王庄镇杨家洼村、王庄镇李家洼村、冯原镇马村、冯原镇太极村、交道镇南社村、韦庄镇东白龙村、赵庄镇郑家洼村 11 个行政村推广应用。

（二）施肥措施

1. 基肥施用

（1）施肥时间　晚熟品种在 9 月中旬至 10 月中旬施用。

（2）施肥种类和施肥量　施肥包括有机肥、土壤改良剂、中微量肥料和复合肥。腐熟的农家肥一般亩产 2 000 千克以上的果园要达到"斤果斤肥"的标准；亩产 2 500～4 000 千克的丰产园要达到每生产 1 千克苹果需施入优质有机肥 1.5 千克的水平。或者商品有机肥每亩施 500 千克，土壤改良剂和中微量肥料每亩施用硅钙镁钾肥 50 千克，硼肥和锌肥分别施用 1 千克、2 千克，复合肥选用高磷配方肥 45％（11-22-12）或者平衡肥 45％（15-15-15）每亩施 40～60 千克。

（3）施肥方法　应用小型开沟器或者开沟施肥机械沿树冠向内 10～20 厘米进行行间施肥。

2. 追肥

（1）追肥分两次进行　3 月下旬至 4 月上旬追施高氮配方肥 45％（23-6-16）40～60 千克，促进萌芽、开花、幼果及新梢生长；6 月下旬至 7 月上旬追施高钾配方肥 45％（11-8-26）40～60 千克，促进花芽分化和幼果膨大。

（2）追肥方法　在树冠垂直投影下向冠内挖 4～6 条放射状沟，长度至树干 50 厘米处，沟深 15～20 厘米、宽 20～30 厘米。把配方肥与土壤混匀施入沟内。

（三）配套技术

施肥后及时浇水，以水促肥；多次叶面喷肥，补充中微量元素；应用氨基酸涂干，增强树势；行间种草或生草，刈割后覆盖行间，保水保肥，改良土壤，增加土壤有机质。

陕西省蒲城县苹果有机肥替代化肥技术模式

一、"有机肥＋配方肥"模式

（一）适宜范围

适宜于蒲城县苹果主产区。该区域地属暖温带季风型大陆性气候，四季分明，年平均气温 13.2 ℃，无霜期 180～220 天，年平均降水量 550 毫米；地貌复杂多样，川塬沟坡、山丘洼地兼有；土壤 pH 为 7.8～8.6，土壤有机质含量在 1.1％左右。

（二）施肥措施

1. 基肥

基肥施用最适宜的时间是 9 月中旬到 10 月中旬，对于红富士等晚熟品种，可在采收后马上进行、越早越好。基肥施肥类型包括有机肥、土壤改良剂、中微肥和复合肥等。有机肥的类型及用量为：农家肥（腐熟的羊粪、牛粪等）1 500～2 000 千克（4～6 米³）/亩，或优质生物肥 300～500 千克/亩。土壤改良剂和中微肥建议施硅钙镁钾肥 50～100 千克/亩、硼肥 1 千克/亩左右、锌肥 2 千克/亩左右。复合肥建议采用高氮高磷中钾型复合肥，用量 50～75 千克/亩。

基肥施用方法为沟施。沟施时沟宽 30 厘米左右、长 50～100 厘米、深 40 厘米左右，分为环状沟、放射状沟以及株（行）间条沟。施用时要将有机肥等与土充分混匀。

2. 追肥

追肥建议 3～4 次，第一次追肥在 6 月上中旬建议施 45％高氮型复合肥 40～50 千克/亩；第二次追肥在 7 月中下旬建议施 45％高钾型复合肥 40～50 千克/亩。

（三）配套技术

在实施"有机肥＋配方肥"模式中，在果树行间种植小油菜或黑麦草等绿肥，提高土壤肥力，改善土壤结构。增施有机肥并应用测土配方施肥、水肥一体化技术。

二、"有机肥＋水肥一体化"模式

（一）适宜范围

适宜于蒲城县苹果主产区水源条件相对较好的区域。

（二）施肥措施

1. 基肥

（1）有机肥一般每亩施农家肥 1 500～2 000 千克，或生物有机肥每亩 300～500 千克。

（2）配方肥选择 45％高磷型配方肥 50～80 千克。

2. 水肥一体化设施设备

（1）灌溉施肥系统　由首部枢纽、输配水管网、灌水器、施肥设备等组成。

（2）灌溉方式　小管出流，利用直径 4 毫米左右的小塑料管与毛管连接作为灌水器，以细流状局部湿润作物附近土壤。

（3）施肥设备　注肥泵，其工作原理是通过注射泵向微灌系统主管道注入调配好的肥液。

3. 水肥管理

（1）果园一般年灌水量每亩 150～175 米³，灌水次数 7～8 次，以少量多次最好。湿润深度为 0.3～0.5 米。灌溉上限控制田间持水量在 85%～95%，下限控制在 55%～65%。

（2）追肥　结合灌水分 6～7 次施肥。

（3）以亩产 2 500～3 000 千克苹果为例，设计灌水施肥制度，其他产量参考执行。

亩产 2 500～3 000 千克苹果灌水施肥制度

生育时期	灌水次数	灌水定额 [米³/（亩·次）]	每次灌溉加入的纯养分量（千克/亩）		
			N	P_2O_5	K_2O
萌芽前	1	25	3	2	2
开花前	1	20	3	3	3
落花后	1	20	3	2	3
花芽分化期	1	20	3	2	3
果实膨大期	1	20	2	0	3
果实膨大期	1	20	2	0	3
采收后	1	20	2	2	1
封冻前	1	30	0	0	0
合计	8	175	18	11	18

（三）配套技术

在果树行间种植小油菜或黑麦草等绿肥，提高土壤肥力，改善土壤结构，在其长到 30～40 厘米高时及时进行刈割，保证果树行间有绿肥覆盖地面，以利于土壤蓄水保墒，并增施有机肥，应用测土配方施肥等技术。

三、"自然生草＋绿肥"模式

（一）适宜范围

适宜于蒲城县苹果主产区。

（二）施肥措施

果园生草一般在果树行间进行，可人工种植，也可自然生草后人工管理。人工种草可选择小油菜、黑麦草等，播种时间以 9 月中旬最佳，黑麦草也可在春季 3 月初播种。播深为种子直径的 2～3 倍，土壤墒情要好。不论人工种草还是自然生草，当草长到 30～40 厘米时要进行刈割，割后保留 10 厘米左右，割下的草覆于树盘下，每年刈割 2～3 次，起到保水、降温、改土培肥等作用。

（三）配套技术

在实施该技术过程中，增施有机肥并应用测土配方施肥、水肥一体化技术。

四、"有机肥＋机械深施"模式

（一）适宜范围

适宜于蒲城县苹果主产区。

（二）施肥措施

1. 深施对象

主要是针对有机肥（堆肥、商品有机肥），在"有机肥＋配方肥"技术模式前提下进行作业。

2. 作业方式

可采用两种模式：一是单一作业模式。先用机械开沟或挖穴（沟穴深≥40厘米），后将有机肥施入沟（穴）内，施肥深度35厘米±5厘米，有机肥和土混匀施于沟（穴）下部，上面覆盖10厘米土，然后将配方肥与土混匀施于上面，覆土填平沟（穴）。二是联合作业模式。机械开沟（穴）＋施肥一次完成。主要是针对商品有机肥和化肥，对机械设备要求较高。

3. 注意事项

一是施肥区域必须在树冠外沿垂直投影部分；二是有机肥和化肥必须分层施入；三是施肥深度要根据不同作物品种进行合理调整。

（三）配套技术

结合测土配方施肥技术，对于有秸秆或农家肥的农户，可在沟内填埋粉碎秸秆、优质农家肥还田，并及时覆土浇水，利于秸秆快速腐熟化解；在果树行间保存原有浅根杂草或种植绿肥，增加土壤有机质，提高土壤肥力，改善土壤结构。

陕西省白水县苹果有机肥替代化肥技术模式

一、"有机肥＋配方肥"模式

（一）适宜范围

适宜于白水县县域内五等地以上的苹果栽植区域。

（二）施肥措施

1. 肥料种类

肥料分为有机肥和配方肥两种，其中有机肥又分为堆沤肥、商品有机肥或生物有机肥。其中堆沤肥是由畜禽养殖废弃物及农作物秸秆等进行堆沤腐熟制成。商品有机肥必须符合标准：NY525—2012《有机肥料》，有机质≥45％，总养分（N＋P_2O_5＋K_2O）含量≥5％；生物有机肥符合标准：NY884—2012《生物有机肥》，有效活菌数≥0.2亿个/克，有机质含量≥40％。配方肥是指以土壤测试和田间试验为基础，根据作物需肥规律、土壤供肥性能和肥料效应，以各种单质化肥和（或）复混肥料为原料，采用掺混或造粒工艺制成的适合于特定区域、特定作物的不同养分比例的化学肥料。

2. 施肥量

堆沤肥每亩施3米³以上或每亩施商品有机肥500千克；化肥选用45％配方肥（18-12-15），每亩施100～150千克，或折算成养分纯量为45～67.5千克，其中N 18～27千克/亩、P_2O_5 12～18千克/亩、K_2O 15～23千克/亩。

3. 施肥时期及施肥方式

根据施肥时期可分为基肥和追肥。

(1) 基肥施用　9月中旬至10月中旬为秋施基肥最佳时期。在果树树冠外沿的垂直投影部分或稍远处进行施肥,全园施肥也应在距离树干1米范围以外;在树冠外沿垂直投影部分行间开沟,采用机械开沟(沟宽40厘米、深40厘米)或穴施方式(长×宽×深＝60厘米×40厘米×40厘米)。有机肥和土混匀施于沟(穴)下部,上面覆盖10厘米土,然后将配方肥与土混匀施于上面,覆土填平沟(穴)。秋施基肥应施全年有机肥施入量的100%,配方肥全年施用量的60%以上。

(2) 追肥　又称果实膨大期追肥或夏季追肥,一般选在6月中下旬,将配方肥的40%作追肥一次性施完,此时期施用肥料以中氮高钾配方为主。采用穴施方式施入(与基肥施肥部位错开挖穴),以避免机械开沟造成根系损伤。

(3) 依据树龄施肥　盛果树施肥方案:每亩施入商品有机肥500千克以上或堆沤有机肥5米^{3}以上,配方肥(18-12-15)150千克;初结果园施肥方案:每亩施入商品有机肥300千克以上或堆沤有机肥3米^{3}以上,配方肥(18-12-15)120千克;幼树园施肥方案:每亩施入商品有机肥300千克以上或堆沤有机肥3米^{3}以上,配方肥(15-15-15)100千克。

(三) 配套技术

配套使用有机肥堆沤技术,把粪肥按30～40厘米堆一层,每层均匀撒入过磷酸钙,并可泼洒10%尿素水溶液或活性菌剂稀释液,堆至5～7层后,堆肥的高度以1.5～2米为宜,待堆积完毕,粪堆表面用泥土(3～4厘米)或塑料布把粪堆封好,以保温保湿阻碍空气进入和防止肥分、水分大量蒸发。夏季温度高,覆膜堆沤需20～30天,春、秋季堆沤均需2～3个月。根据情况适当加入"BTEM活性菌剂、HM菌、腐秆灵、CM菌催腐剂、酵素菌"等促进腐熟,可减少一半时间。

二、"有机肥+水肥一体化"模式

(一) 适宜范围

适宜于白水县县域内苹果栽植区滴灌设施铺设到位、水源到位的苹果园。

(二) 施肥措施

有机肥作为基肥施入土壤,水溶肥在果树生育期利用灌水、施肥设施滴灌施入土壤。

1. 肥料品种

有机肥选用等同"有机肥+配方肥"模式。水溶肥的选用必须符合国家标准,大量元素水溶肥料通用的执行标准是NY1107—2010《大量元素水溶肥料》,大量元素含量不低于50.0%(或500克/升);中量元素型是指产品中至少含有钙、镁两种元素中的一种,含量不低于1.0%(或10克/升);微量元素型是指产品中至少含有铜、铁、锰、锌、硼、钼六种元素中的一种,含量在0.2%～3.0%(或2～30克/升)。

2. 施肥时期

果树在落叶前土壤根施有机肥,在果树萌芽至着色期冲施水溶肥。

3. 施肥量

在操作过程中要注意水溶肥料稀释浓度，严格按照使用说明滴灌或喷施，浓度过大会对叶片造成损伤，喷施一般稀释至 800 倍液，滴灌浓度一般稀释至 300～500 倍液。幼树和初结果树每亩施商品有机肥 300 千克（或堆沤肥 3 米³ 以上），水溶肥 40～60 千克/亩；盛果期树每亩施商品有机肥 500 千克（堆肥 5 米³ 以上），水溶肥 50～60 千克。全生育期滴灌 8 次以上，每次灌水量 4～5 米³/亩，施水溶肥 5～8 次，平均每次 5～10 千克/亩。

（三）配套技术

做好水肥一体化设施的维护和保养，每次施肥结束前必须灌溉清水 30 分钟，进行冲洗管道和管带。

三、"自然生草＋绿肥" 模式

该技术模式必须与 "有机肥＋配方肥" 模式结合应用。

（一）适宜范围

自然生草适宜于白水县域内所有苹果园，人工种草适宜于洛河以南苹果种植区域。

（二）生草措施

1. 果园自然生草技术

生长前期，先是任由野草生长，利用活的草层进行覆盖，当草长到 30 厘米时，留 10 厘米及时刈割，覆盖树盘；生长中后期，杂草生长量大，一般每年刈割 5 次以上，保持果园草高不超过 30 厘米；立秋后，停止割草至生长末期，任其自然死亡，使杂草产生一定数量的种子，保持下一年的杂草密度。幼园最容易受到生草对养分和水分竞争的影响，宜在树干周围一定范围内不留生草，将其他地方割取的青草覆盖树下，待树冠扩大到一定面积时再行全面生草。实行生草的果园，还应该每年或隔年结合冬季清园进行一次 15～20 厘米表土中耕翻土埋草，以增加土壤有机质，改良土壤。

2. 种植绿肥（人工种草）

选择耐旱、耐阴、耐践踏、须根性的品种，如豆科的白花三叶草、毛叶苕子等，禾本科多年生黑麦草、鼠茅草、早熟禾等，十字花科的油菜等，在春季（适宜条播）或秋季（适宜撒播）播种。禾本科播种量一般 1.5～3 千克/亩、豆科类 1～1.5 千克/亩，播后采取镇压。每年追氮肥 1～2 次，主要以化肥为主，每亩追施 10～20 千克，适时翻压或刈割。

3. 结合施用配方肥

果园生草、绿肥刈割后进行覆盖、还田，有机肥补充土壤中的有机质，同时还必须与配方肥结合施用，补充养分，促进苹果生长。秋季每亩基施 45％配方肥 100～150 千克。生草果园较清耕果园，生草前两年增施配方肥 10％，第三年施肥量相同，第五年可减施 10％～20％的施肥量。

（三）配套技术

自然生草与秋季种植油菜交替进行，翌年油菜花期进行青割，随后自然生草开始进入旺长期，除掉深根恶性杂草，然后按照自然生草技术要点操作。

四、"有机肥＋肥料机械深施"模式

(一) 适宜范围

适宜于白水县县域内行距在 3 米以上的短枝园和矮砧密植园。

(二) 施肥措施

1. 深施对象

主要是针对有机肥（堆肥、商品有机肥），在"有机肥＋配方肥"模式基础上进行作业。

2. 施肥方式

可采用两种模式：一是单一作业模式。先用机械开沟或挖穴（沟穴深≥40 厘米），后将有机肥施入沟（穴）内，施肥深度 35 厘米±5 厘米，有机肥和土混匀施于沟（穴）下部，上面覆盖 10 厘米土，然后将配方肥与土混匀施于上面，覆土填平沟（穴）。二是联合作业模式，机械开沟（穴）＋施肥一次完成。主要是针对商品有机肥和化肥，对机械设备要求较高。

(三) 配套技术

一是在树冠外沿垂直投影部分区域施肥；二是将有机肥和化肥分层施入；三是根据施肥深度对不同作物品种进行合理调整。

五、"果-沼-畜"模式

(一) 适宜范围

适宜于雷牙镇、杜康镇、尧禾镇、林皋镇等地距离沼气池较近的果园。

(二) 施肥措施

沼肥可分为沼液和沼渣两类，沼渣必须进行土壤根施，沼液可进行冲施和喷施。

1. 沼渣施用

沼渣在冬前进行土壤根施，每亩施用沼渣 3 000 千克或沼液 5 000 千克，每亩配施配方肥 80 千克，施肥方式采用沟施或穴施。

2. 沼液施用

（1）单一应用　花前施催芽肥：施肥时间为 2 月上旬至 3 月下旬（根据不同果树品种的花期而定），用双层纱布过滤的澄清沼液对树冠喷施或滴灌带冲施一次；花期饱施壮果肥：对树冠叶面喷施沼液，每隔 10 天一次，连喷 3 次；果实采后可与沼渣一起作为基肥施用。

（2）沼液与碳酸氢铵配合施用　沼液能帮助化肥在土壤中溶解、吸附和刺激作物吸收养分，提高化肥利用率，有利增产。取 2 500 千克沼液配合 25 千克碳酸氢铵即 100∶1，采用沟施法施入。

(三) 配套技术

采用正常产气 3 个月以上的沼气池出料间中的沼肥，在充分发酵后施用。

1. 沼渣与碳酸氢铵堆沤发酵

沼渣内含有一定量的腐殖酸，与碳酸氢铵发生化学反应，生成腐殖酸铵，增加腐殖质的活性。待沼渣的含水量下降到 60% 左右时，堆成 1 米左右的堆，用木棍在堆上扎无数个小孔，然后按每 100 千克沼渣配碳酸氢铵 4～5 千克翻倒均匀，收堆后用泥土封糊，再用塑料薄膜盖严，充分堆沤 5～7 天。

2. 沼液处理

一是用沼液追肥时进行充分过滤，同时注意施用浓度，在天气持续干旱的情况下，随水施入，浓度比例为 1∶（1～2）；二是叶面喷施选择无风的晴天或阴天进行，在湿度较大的早晨或傍晚进行。

甘肃省庄浪县苹果有机肥替代化肥技术模式

一、"有机肥＋配方肥"模式

（一）适宜范围
适宜于庄浪县的 14 个果园乡镇。

（二）施肥措施
1. 秋季施肥

牛粪、羊粪、猪粪等经过充分腐熟的农家肥用量为 4 000～5 000 千克/亩，或商品有机肥用量为 400～500 千克/亩。同时，施入苹果配方肥，养分含量为 51%（17-17-17 或相近配方），产量水平为 2 000 千克/亩，底施配方肥 50～80 千克。另外，每亩施硅钙镁肥 50 千克、硼肥 1 千克、锌肥 2 千克。秋施基肥最适时间在 9 月中旬至 10 月中旬，即早中熟品种采收后进行；晚熟品种如富士，最好在采收前施肥。采用条沟法或穴施，施肥深度在 30～40 厘米。

2. 追肥

3 月中下旬果实套袋前，配方肥养分含量为 45%（15-15-15 或相近配方），产量水平为 2 000 千克/亩，追施配方肥 30～35 千克/亩。6 月中旬，配方肥养分含量为 45%（15-5-25 或相近配方），追施配方肥 20～25 千克/亩。采用放射沟法或穴施，施肥深度在 15～20 厘米。

（三）配套技术

包括有机肥堆沤、秸秆（果枝）还田、配方施肥技术等，牛粪、羊粪、猪粪等经过充分腐熟施入果园。秸秆（果枝）还田，小麦、玉米秸秆在树盘或行间，整秆或粉碎还田，或将果枝粉碎进行还田，可显著提高土壤有机质含量。果园秋季施肥前取土化验，进行测土配方施肥。

二、"有机肥＋水肥一体化"模式

（一）适宜范围

适宜于庄浪县的朱店镇、南湖镇、水洛镇、万泉镇、良邑镇、阳川镇、南坪镇等有灌溉条件的果园。

（二）施肥措施
1. 秋季施肥

施用牛粪、羊粪、猪粪等经过充分腐熟的农家肥，每亩用量 4 000～5 000 千克/亩，或商品有机肥用量 400～500 千克/亩。同时施入苹果配方肥，配方肥养分含量为 51%（17－17－17 或相近配方），产量水平为 2 000 千克/亩，底施配方肥 50～80 千克。秋施基肥最适时间在 9 月中旬至 10 月中旬，即早中熟品种采收后进行；晚熟品种如富士，最好在采收前施肥。采用条沟法或穴施，施肥深度在 30～40 厘米。

2. 追肥

具有灌溉条件或集雨场所的果园，在施足有机肥的基础上，根据苹果需水、需肥规律，结合滴灌、渗灌、追肥枪、软体水窖等推广水肥一体化技术。产量水平为 2 000 千克/亩，3 月中下旬追施平衡型水溶肥（20－20－20）10～15 千克/亩，6 月上旬追施高磷型水溶肥（10－35－5）10～15 千克/亩，8 月下旬追施高钾型水溶肥（14－6－30）10～15 千克/亩。

（三）配套技术

水肥一体化技术又称灌溉施肥技术，它是利用水肥一体化设备，将肥料配兑成肥液在灌溉的同时将肥料输送到作物根部，适时适量地满足作物对水分和养分需求的一种现代农业新技术，可提高水肥利用效率，实现节水节肥、增产增效的目的。

三、"梯田果园套种绿肥＋水肥一体化"模式

（一）适宜范围

适宜于庄浪县的 14 个果园乡镇。

（二）施肥措施

施肥同"有机肥＋水肥一体化"模式。

（三）配套技术

绿肥种植主要品种有箭筈豌豆、毛苕子、油菜等。绿肥播种前应晒种 1～2 天，选种、去杂后，进行播种。9 月上旬种植冬油菜，一是为了提高果园土壤有机质，二是冬油菜开花引来蜜蜂帮助果园授粉，提高坐果率。开花后翻压还田再种植箭筈豌豆，箭筈豌豆在盛花至谢花期绿肥产量较高、养分积累较多时进行翻压，翻压深度一般以 15～20 厘米为宜。播种方式可采用撒播、条播、机播等，播种深度 10～20 厘米。冬油菜播种量 0.5 千克/亩，箭筈豌豆播种量 3 千克/亩。

四、"果-沼-畜"模式

（一）适宜范围

适宜于庄浪县的南湖镇、朱店镇、水洛镇、万泉镇、良邑镇、南坪镇等附近建有沼气站的川区果园，运输方便。

（二）施肥措施

1. 秋季施肥

每亩施用沼渣 3 000～5 000 千克、沼液 10～20 米³。苹果配方肥选用高氮中磷低钾型，产量水平为 2 000 千克/亩，底施配方肥 50～80 千克。秋施基肥最适时间在 9 月中旬至 10 月中旬，即中熟品种采收后；晚熟品种如富士，建议在采收后马上施肥、越快越好。采用条沟（或环沟）法施肥，施肥深度在 30～40 厘米，先将配方肥撒入沟中，然后将沼

渣施入，沼液可直接施入或结合灌溉施入。

2. 追肥

产量水平为 2 000 千克/亩，3 月中下旬果实套袋前，施用氮、磷、钾平衡配方肥，追施配方肥 20～25 千克/亩，同时结合灌溉追入沼液 10～20 米^3。6 月中旬，施用中氮低磷高钾配方肥，追施配方肥 15～20 千克/亩，同时结合灌溉追入沼液 10～20 米^3。采用条沟法施肥，施肥深度在 15～20 厘米。

（三）配套技术

配套沼渣沼液发酵技术。根据沼气发酵技术要求，将畜禽粪便、秸秆、果园落叶、粉碎枝条等物料投入沼气发酵池中，按 1∶10 的比例加水稀释，再加入复合微生物菌剂，对其进行腐熟和无害化处理，充分发酵后经干湿分离，分沼渣和沼液直接施用。

五、"有机肥＋机械深施"模式

（一）适宜范围

适宜于庄浪县的 14 个果园乡镇的大户、合作社果园，果园面积大、相对集中，适宜机械化作业。

（二）施肥措施

1. 秋季施肥

针对农村劳动力不足，苹果施肥人工深挖劳动强度大、费工费时的问题，加快研发与苹果施肥方式方法相配套的施肥机械，探索有机肥、化肥机械化深施技术，减轻劳动强度、提高施肥效率。利用施肥开沟机进行开沟，施入腐熟的牛粪、羊粪、猪粪等 4 000～5 000 千克/亩，或商品有机肥 400～500 千克/亩。同时施入苹果配方肥，配方肥养分含量为 51%（17 - 17 - 17 或相近配方），产量水平为 2 000 千克/亩，底施配方肥 50～100 千克。秋施基肥最适时间在 9 月中旬至 10 月中旬，即早中熟品种采收后进行；对于晚熟品种如富士，最好在采收前施肥。采用条沟法，施肥深度在 30～40 厘米。

2. 追肥

同"有机肥＋配方肥"模式相同。

（三）配套技术

黑膜覆盖技术：由于庄浪县果园多为山地梯田果园，没有灌溉条件，在果带进行黑膜覆盖，可显著提高土壤有效含水量，起到保水防旱作用，还可有效抑制杂草。

甘肃省礼县苹果有机肥替代化肥技术模式

一、"商品有机肥＋水肥一体化＋行间种植绿肥"模式

（一）适宜范围

适宜于礼县县域内所有苹果种植适宜区。礼县苹果种植区域均在川坝河谷地带和浅半山区域，海拔高度在 1 300～1 750 米范围。

（二）施肥措施

利用水肥一体化滴灌系统，结合叶片、土壤检测结果，萌芽期每周每株施入微肥 0.1 千克；初花期每株施入高氮型肥料 4.55 千克、微肥 0.2 千克；末花期每株施入微肥 0.2 千克；坐果期每株施入高氮型肥料 5.7 千克、微肥及叶面钙肥 1.26 千克；果实膨大期每株施入高磷型肥料 12.7 千克、微肥 1.45 千克；着色期每株施入高钾型肥料 5.0 千克、叶面钙肥 0.2 千克；采收期每株施入农用硝酸铵钙及磷酸一铵 0.75 千克；采收后每株施入高氮型肥料 5.7 千克。施肥结束时间为落叶前一周。秋季沿树冠垂直投影外围行间两侧采用机械开沟（开沟深、宽各为 35 厘米），每亩施商品有机肥 640 千克、高氮型化肥 110 千克。

（三）配套技术

4 月初解冻水每亩浇 10 米^3，萌动后每天每亩浇水量为 1.8 米^3（下雨天不浇水），在花芽分化期保持土壤含水量在 60％左右，每天浇水量为 0.5 米^3。

行间种植绿肥：以种植箭筈豌豆为主，每年 4 月上旬整地后，以撒播方式播种，每亩播种量为 10 千克，撒种后，上覆 1 厘米的细土，当植株长高至 40 厘米时，割倒覆盖在树带内，留割茬高 8～10 厘米，每年割 2 次。

二、"商品有机肥＋农家肥＋行间种植绿肥"模式

（一）适宜范围

适宜于礼县县域内苹果种植适宜区所有乡镇。

（二）施肥措施

秋季果实采收后沿树冠垂直投影外围行间两侧采用机械开沟（开沟深、宽度为 35 厘米），每亩施商品有机肥 550 千克，每株施 10 千克；施入腐熟农家肥 1 375 千克，每株施 25 千克；农家肥按不少于"斤果斤肥"的量施入，按照产果 1 千克，施农家肥 1.5～2 千克。翌年春季，开花前每亩施入复合肥（N - P$_2$O$_5$ - K$_2$O＝22 - 8 - 15）55 千克；坐果期每株施入高氮型肥料 2.5 千克、微肥及叶面钙肥 1.26 千克；果实膨大期每株施入高磷型肥料 3.5 千克、微肥 1.2 千克；着色期每株施入高钾型肥料 5.0 千克、叶面钙肥 0.2 千克。

（三）配套技术

选择平整区域，堆肥场大小根据农家肥数量确定，按照每立方米农家肥撒施 2.5 千克农家肥腐熟剂比例，同时撒施百菌清、阿维菌素、颗粒杀虫剂等杀菌杀虫剂进行杀菌杀虫杀卵，待搅拌均匀后以梯形状堆起，上面覆盖塑料膜保持温度，阻碍空气进入，防止肥分损失和水分大量蒸发，影响腐熟效果。堆肥高度在 1.2～1.5 米，堆肥时间以 5～8 月为宜，堆肥内部温度在 60～70 ℃时，5～7 天翻堆 1 次，翻堆 2～3 次，待充分腐熟后揭掉塑料膜，按照既定的施肥技术施入果园。夏季发酵时间为 30 天左右，冬季发酵时长为 60 天左右。

三、"商品有机肥＋沼肥＋行间种植绿肥"模式

（一）适宜范围

适宜于礼县县域内苹果适宜区所有乡镇。近年来，礼县紧紧抓住国家和省级农村能源项目建设的良好机遇，沼气发展势头强劲，建成容积为 8 米^3 的旋流布料自动循环高效沼气池 22 201 口（苹果产区占 35％左右）、容积 400 米^3 沼气池 1 处、容积 600 米^3 沼气池 1

处。全县年产沼肥约 4.4 万吨，其中沼液 2.75 万吨、沼渣 1.65 万吨，沼肥产量充足。

（二）施肥措施

秋季果实采收后沿树冠垂直投影外围行间两侧采用人工开沟（长×宽×深为 70 厘米×30 厘米×30 厘米）施肥，每亩施商品有机肥（有机质含量≥45%、总养分：$N+P_2O_5+K_2O≥5\%$）340 千克，每株施 6.2 千克；每亩施沼肥（沼液原料牛粪加腐熟剂，堆沤发酵 5～7 天，加腐熟剂比例为 30：1）1 375 千克，每株施 25 千克。幼果期和果实膨大期每次每亩施沼肥 800 千克。

（三）配套技术

在果实采收后或整形修剪完，把腐熟的沼肥加入集中沟施或穴施，然后覆盖 10 厘米厚的土层，以减少养分铵态氮挥发。每亩施用沼肥 2 000 千克左右（小树少施）。

四、"商品有机肥＋配方肥＋秸秆覆盖"模式

（一）适宜范围

适宜于礼县县域内苹果适宜区所有乡镇。

（二）施肥措施

根据不同栽培方式苹果根系生长发育及分布特点和养分需求特性，达到基肥精量深施、追肥精准浅施配套技术；秋季果实采收后（10 月上旬）沿树冠垂直投影边缘向内 1/3 处采用机械开沟（开沟深、宽度为 30～35 厘米）施肥，每亩施商品有机肥（有机质含量≥45%、$N+P_2O_5+K_2O$ 含量≥5%）195 千克，每株施 3.5 千克，每亩施生物有机肥（有效活菌数≥0.2 亿/克、有机质含量≥40.0%）245 千克，每株施 4.5 千克；每亩施三元复合肥（$N+P_2O_5+K_2O$ 含量≥45%）80 千克，每株施 1.5 千克，采用先施有机肥、回填 10 厘米土后再施复合肥的方法；翌年春季每亩追施水溶肥 55 千克，春季果树生长幼果期、果实膨大期采用追肥枪每亩追施水溶肥（Mg 含量≤5 毫克/千克、Ca 含量≤10 毫克/千克、K 含量≤5 毫克/千克）2 次，每次每亩用 27.5 千克，共施 55 千克，每株施 0.5 千克，施入深度 15～20 厘米。

（三）配套技术

根据果树周年需肥原则进行果园全年养分管理，增加有机肥的用量。商品有机肥施用量按每产 1 千克果施商品有机肥 0.1～0.2 千克的原则，配方肥使用微生物菌肥，施用量按照所用产品说明施用，同时根据土壤养分检测有机质、有效磷和速效钾含量，按需进行补施化肥。基肥配方为氮：磷：钾比例为 17：10：18，追肥配方磷：钾为 18：48，并在幼果期、果实膨大期采用追肥枪追施水溶肥。秸秆按照 3～5 厘米长度粉碎后均匀覆盖地表，覆盖厚度 10～15 厘米，每亩覆盖秸秆 1500～2 000 千克，同时每亩撒施秸秆腐熟剂 2 千克。最后，秸秆上均匀覆盖细土压实以防秸秆被风吹散。以树干为中心，半径 60 厘米范围内不覆盖，并结合灌水，加快秸秆腐熟速度。

五、"商品有机肥＋行间种植绿肥"模式

（一）适宜范围

适宜于礼县县域内苹果适宜区所有乡镇。

（二）施肥措施

示范区秋季沿树冠垂直投影边缘向内 1/3 处采用机械开沟（开沟深、宽各为 30～35 厘米），每亩施商品有机肥 550 千克。在果树生长幼果期、果实膨大期依次分别施入商品有机肥 275 千克。施肥方式：在树冠内开挖 4～6 条 30～35 厘米深度的放射状沟内施入有机肥。

（三）配套技术

行间种植绿肥以种植箭筈豌豆为主，每年 4 月上旬整地后，以撒播方式播种，每亩播种量 10 千克，撒种后，上覆 1 厘米的细土，当植株长高 40 厘米时、刈割覆盖在树带内，留割茬高 8～10 厘米，每年刈割 2 次。

第三章

茶叶有机肥替代化肥技术模式

江苏省金坛区茶叶有机肥替代化肥技术模式

一、"有机肥＋配方肥"模式

（一）适宜范围
适宜于金坛区全区绿茶种植。

（二）施肥措施
（1）基肥 9月底至10月初，每亩施用菜籽饼100～150千克或商品有机肥300～500千克，另加复合肥25千克。宜选用硫基型低磷中钾三元复合肥磷钾比（P_2O_5：K_2O 为1：1.5或相近比例），如 $N-P_2O_5-K_2O=18-8-12$，有机肥和复合肥拌匀后，开沟15～20厘米或结合深耕施用。

（2）第一次追肥（催芽肥） 2月底至3月初，每亩施用尿素9千克，开浅沟5～10厘米施用。

（3）第二次追肥 春茶结束重修剪后（6月下旬），每亩施用尿素9千克，开浅沟5～10厘米施用。

（三）配套技术
绿肥种植：绿肥播种（9月底至10月初），选择适宜绿肥品种套种，紫云英每亩用种2千克，或豌豆每亩用种4千克，或蚕豆每亩用种4千克，开浅沟覆土，降渍保墒。

二、"有机无机复混肥料"模式

（一）适宜范围
适宜于金坛区全区绿茶种植。

（二）施肥措施
（1）基肥 9月中下旬至10月底，每亩施用商品有机肥300千克＋25％有机无机复混肥料（12-5-8）38千克。

（2）第一次追肥 2月底至3月初，每亩施用尿素9千克。

（3）第二次追肥 6月，每亩施用25％有机无机复混肥料（12-5-8）35千克。

（三）配套技术
绿肥种植：绿肥播种（9月底至10月初），选择适宜绿肥品种套种，紫云英每亩用种2千克，或豌豆每亩用种4千克，或蚕豆每亩用种4千克，开浅沟覆土，降渍保墒。

三、"有机肥＋配方肥＋水肥一体化"模式

（一）适宜范围
适宜于金坛区全区绿茶种植。

（二）施肥措施
（1）基肥 9月中下旬至10月底，每亩开沟深施商品有机肥300千克＋40％配方肥（15-7-18）30千克。

（2）第一次追肥　2月底至3月初，运用水肥一体化设备，间隔5～7天喷施水溶性肥料。水溶性肥料（折纯）按N、P_2O_5、K_2O每亩用量1.5千克、0.3千克、0.4千克喷施1～2次（稀释200～1 000倍，具体稀释倍数参照各品牌指导意见）。

（3）第二次追肥　6月，运用水肥一体化设备，间隔5～7天喷施水溶性肥料。水溶性肥料（折纯）按N、P_2O_5、K_2O每亩用量1.5千克、0.3千克、0.4千克喷施1～2次（稀释200～1 000倍，具体稀释倍数参照各品牌指导意见）。

（三）配套技术

绿肥种植：绿肥播种（9月底至10月初），选择适宜绿肥品种套种，紫云英每亩用种2千克，或豌豆每亩用种4千克，或蚕豆每亩用种4千克，开浅沟覆土，降渍保墒。

四、"有机肥＋沼液＋水溶肥"模式

（一）适宜范围

适宜于金坛区全区绿茶种植。

（二）施肥措施

（1）基肥　11月至12月初，每亩开沟深施商品有机肥300千克。

（2）第一次追肥　5月中下旬，茶树修剪后喷施沼液1次，隔5～7天再喷1次，共2次。

（3）第二次追肥　6～9月，结合茶园干旱情况喷施沼液。

（4）第三次追肥　11月中下旬，沼液＋磷酸二氢钾（浓度不超过0.3%）＋适量硼肥（根据长势，浓度不超过0.2%），间隔5～7天，共喷施沼液2次。

注意：运用水肥一体化设备，先喷清水15～20分钟，后喷沼液稀释液（视沼液浓度稀释3～5倍）30～40分钟，再喷清水20～30分钟，优选中小雨天气条件下喷施。一是防止沼液烧叶；二是有效清除沼液余味。

（三）配套技术

绿肥种植：绿肥播种（9月底至10月初），选择适宜绿肥品种套种，紫云英每亩用种2千克，或豌豆每亩用种4千克，或蚕豆每亩用种4千克，开浅沟覆土，降渍保墒。

浙江省龙游县茶叶有机肥替代化肥技术模式

一、"商品有机肥＋茶叶专用肥＋绿肥"模式

（一）适宜范围

适宜于龙游县全县范围内茶园，主要是新茶园和树龄较短且肥力较差的茶园。

（二）施肥措施

（1）底肥/基肥　10月底至12月初，地面潮湿或者小雨过后，山地一般在地势高的一侧开10厘米以上的沟，平地可双侧开沟，施用商品有机肥1～2吨/亩，可利用施肥机每亩施用硫酸钾型茶叶专用肥（21-7-12）25千克（如施用其他配方肥或者单一肥混合可据此折算，推荐施用硫酸钾型肥料），一般沟底施用专用肥，上面覆盖商品有机肥，用

机械或者人工回填，或者用小型旋耕机掺混均匀。

（2）第一次追肥　3～4月，与施用基肥时开沟的一侧对应另一边开5～10厘米的沟，每亩施用硫酸钾型茶叶专用肥（21-7-12）10千克，及时覆土。

（3）第二次追肥　6～7月，在第一次追肥开沟的另一侧开5～10厘米的沟，每亩施用硫酸钾型茶叶专用肥（21-7-12）10千克，可依据天气适当提前，以防后期无雨无法施肥。

以下绿肥三选一或三选二：

（1）紫云英　从9月中下旬开始，地面较湿或者小雨过后每亩用种量为2～3千克，可结合基肥开沟时一起播种，稻田改种茶园以及地势较低的茶园，还要注意排水。在3～4月进行翻耕，以免和茶叶争肥。

（2）油菜　茬口安排，一般直播在10月中上旬进行，可结合基肥开沟时一起播种，翌年未开花时及早翻耕，深度10厘米以上，翻耕时每亩可适当撒施5～10千克尿素。

（3）白三叶　秋播（9～10月），一般在9月中旬前后播种。山地海拔较高地区可适当提前。单播，每亩播种量为0.5～1千克。播种方法有撒播或条播，沿着茶叶行间播种，由于白三叶种子细小，可用等量的细土拌匀后增量播种。若与牛尾草、黑麦草等混播，混播量适当减少。在翌年4月现蕾开花，5月中旬盛开，花期草层高15～20厘米，在高温季节，白三叶停止生长，自然死亡，也可在盛花期或者更早翻耕。

（三）配套技术

沟施基肥：每次施肥前，在距离茶叶植株10厘米左右位置开沟，施用有机肥和专用肥时或掺混时，要距离植株10厘米以上，切记不可把商品有机肥或者茶叶专用肥覆盖在茶叶植株根部。

二、"商品有机肥＋茶叶专用肥＋水肥一体化"模式

（一）适宜范围

适宜于龙游县全县范围内的茶园，主要是树龄较长的茶园。

（二）施肥措施

老茶树根系发达，需水需肥量大，茶园郁闭性好，机械施肥难度大。

（1）底肥/基肥　10月底至12月初，地面潮湿或者小雨过后，山地一般在地势高的一侧开10厘米以上的沟，平地可双侧开沟，施用商品有机肥1吨/亩，硫酸钾型茶叶专用肥（21-7-12）可利用施肥机施用50千克/亩（如施用其他配方肥或者单一肥混合可据此折算，推荐施用硫酸钾型肥料），沟底施用专用肥，上面覆盖商品有机肥，用机械或者人工回填，或者用小型旋耕机掺混均匀。

（2）第一次追肥　3～4月施用基肥，山地一侧开5～10厘米的沟，每亩施用硫酸钾型茶叶专用肥（21-7-12）25千克，也可施用15千克的尿素。

（3）第二次追肥　6～7月，在第一次追肥开沟的另一侧开5～10厘米的沟，每亩施用硫酸钾型茶叶专用肥（21-7-12）25千克，可依据天气适当提前，以防后期无雨无法施肥。

（三）配套技术

（1）沟施基肥　每次施肥前，在距离茶叶植株 10 厘米左右位置开沟，施用有机肥和专用肥时或掺混时，要距离植株 10 厘米以上，切记不可把商品有机肥或者茶叶专用肥覆盖在茶叶植株根部。

（2）水肥一体化　智能化水肥控制系统，根据茶叶需肥规律以及采茶时间，及时调整。

三、"商品有机肥＋有机无机复混肥＋绿肥"模式

（一）适宜范围

适宜于龙游县全县范围内的茶园。

（二）施肥措施

（1）底肥/基肥　10 月底至 12 月初，地面潮湿或者小雨过后，山地一般在地势高的一侧开 10 厘米以上的沟，平地可双侧开沟，施用商品有机肥 0.5 吨/亩、有机无机复混肥 60 千克/亩，沟底施用有机无机复混肥，上面覆盖商品有机肥，用机械或者人工回填，或者用小型旋耕机掺混均匀。

（2）追肥　5 月，施用基肥，山地一侧开 5～10 厘米的沟，每亩施用 40 千克有机无机复混肥（13－5－7）。

以下绿肥二选一：

（3）紫云英　从 9 月中下旬开始，地面较湿或者小雨过后每亩用种量 2～3 千克，可结合基肥开沟时一起播种，稻田改种茶园以及地势较低的茶园还要注意排水。在 3～4 月进行翻耕，以免和茶叶争肥。

（4）白三叶　秋播（9～10 月），一般在 9 月中旬前后播种。山地海拔较高地区可适当提前。单播，每亩播种量 0.5～1 千克。播种方法有撒播或条播，沿着茶叶行间播种，由于白三叶种子细小，可用等量的细土拌匀后增量播种。若与牛尾草、黑麦草等混播，混播量适当减少。在翌年 4 月现蕾开花，5 月中旬盛开，花期草层高 15～20 厘米，在高温季节，白三叶停止生长，自然死亡，也可在盛花期或者更早翻耕。

（三）配套技术

沟施基肥：每次施肥前，在距离茶叶植株 10 厘米左右位置开沟，施用有机肥和专用肥时或掺混时，要距离植株 10 厘米以上，切记不可把商品有机肥或者茶叶专用肥覆盖在茶叶植株根部。

四、"商品有机肥＋茶叶专用肥＋机械深耕"模式

（一）适宜范围

适宜于龙游县全县范围内的茶园，主要是树龄较短、未郁闭的茶园。

（二）施肥措施

新茶园一般肥力较差，栽种时培肥不够。

（1）底肥/基肥　10 月底至 12 月初，地面潮湿或者小雨过后，山地一般在地势高的一侧开 15 厘米以上的沟，平地可双侧开沟，施用商品有机肥 1～2 吨/亩，硫酸钾型茶叶专用肥（21－7－12）可利用施肥机施用 25 千克/亩（如施用其他配方肥或者单一肥掺混

可据此折算，推荐施用硫酸钾型肥料），沟底施用专用肥，上面覆盖商品有机肥，用机械或者人工回填，或者用小型旋耕机掺混均匀。

（2）追肥　5月茶园修剪后，开5～10厘米的沟，施用茶叶专用肥（21-7-12）20千克/亩。

（三）配套技术

机械深耕：利用深耕机开深沟，翻动土层，若土层较硬，可以采用多次浅翻达到深翻的目的，注意距离茶树根系距离10厘米以上，基肥施用后，采用旋耕机混合掺混。

五、"茶-沼-畜＋茶叶专用肥"模式

（一）适宜范围

适宜于龙游县全县范围内的茶园，主要是附近有养殖场的茶园。

（二）施肥措施

在养殖场附近的茶园，利用有利条件，消化周边养殖场产生的畜禽粪污，同时控制好施用量。

（1）底肥/基肥　10月底至12月初，地面潮湿或者小雨过后，施用硫酸钾型茶叶专用肥（21-7-12）50千克/亩（如施用其他配方肥或者单一肥混合可据此折算，推荐施用硫酸钾型肥料）。

（2）追肥　在3～7月根据茶叶长势和天气条件，在地面湿润的条件下可以直接喷洒沼液，在干燥时，先灌溉水然后再施用沼液。

（三）配套技术

沼液施用技术：通过水渠将沼液引入沼液池内净化，然后通过喷灌机泵，将沼液送入贮液池内，通过滴灌系统在茶叶基、根部范围灌溉。每次灌溉后，要用清水冲洗管道，以防管道阻塞。

浙江省安吉县茶叶有机肥替代化肥技术模式

一、"有机肥＋配方肥"模式

（一）适宜范围

适宜于安吉红壤地区白叶一号茶叶种植区域，该区域土壤肥力水平中等或偏下。

（二）施肥措施

（1）基肥　9月下旬至10月中旬，施用100～150千克/亩商品有机肥、100～150千克/亩菜籽饼肥、20～30千克/亩茶叶配方肥（20-8-16）或25～35千克/亩茶叶配方肥（18-8-12）。

（2）第一次追肥　春茶修剪后（5月底至6月上旬），施用100～150千克/亩商品有机肥、15～20千克/亩茶叶配方肥（20-8-16或18-8-12或相近配方）。

（3）第二次追肥　7月上旬，施用15千克/亩茶叶配方肥（20-8-16或18-8-12或相近配方）。

（三）配套技术

施用基肥时，用茶园开沟机开沟 15～20 厘米，施入商品有机肥、菜籽饼肥和茶叶配方肥后覆土，或施入肥料后用旋耕机旋耕混匀。

追肥时，疏松土壤，开浅沟 5～10 厘米，施入茶叶配方肥，或表面撒施茶叶配方肥后，用旋耕机旋耕混匀。

春茶采摘后，4 月底至 5 月中旬，对茶树进行修剪，茶枝全量还地覆盖茶垄土壤，防止水土流失，待茶枝腐烂后作为肥料增加土壤有机质含量。

二、"有机肥＋水肥一体化"模式

（一）适宜范围

适宜于安吉红壤地区白叶一号茶叶种植区域且配套了水肥一体化设施的规模种植基地。

（二）施肥措施

（1）基肥　9 月下旬至 10 月中旬，施用 100～150 千克/亩商品有机肥、100～150 千克/亩菜籽饼肥、20～30 千克/亩茶叶配方肥（20-8-16）或 25～35 千克/亩茶叶配方肥（18-8-12）。

（2）水肥一体化追肥　用腐殖酸水溶肥 1 000～1 200 倍液喷淋，整个生长期喷 5～6次，分别为春茶采前 30～40 天、开采前、春茶结束、6 月初、7 月初和 8 月初施用。

（三）配套技术

施用基肥时，用茶园开沟机开沟 15～20 厘米，施入商品有机肥、菜籽饼肥后人工覆土。

水肥一体化追肥的肥料采用腐殖酸水溶肥，利用水肥一体化设备，将水肥通过喷灌喷淋于茶叶表面，茶树通过叶片直接吸收养分。

春茶采摘后，4 月底至 5 月中旬，对茶树进行修剪，茶枝全量还地覆盖茶垄土壤，防止水土流失，待茶枝腐烂后作为肥料增加土壤有机质含量。

三、"有机肥＋生草覆盖"模式

（一）适宜范围

适宜于安吉红壤地区白叶一号茶叶种植区域。

（二）施肥措施

（1）基肥　9 月下旬至 10 月中旬，施用 100～150 千克/亩商品有机肥、100～150 千克/亩菜籽饼肥、20～30 千克/亩茶叶配方肥（20-8-16）或 25～35 千克/亩茶叶配方肥（18-8-12）。

（2）第一次追肥　春茶修剪后（5 月底至 6 月上旬），施用 100～150 千克/亩商品有机肥、15～20 千克/亩茶叶配方肥（20-8-16 或 18-8-12 或相近配方）。

（3）第二次追肥　7 月上旬，施用 15 千克/亩茶叶配方肥（20-8-16 或 18-8-12或相近配方），视土壤肥力、茶叶长势情况，如土壤肥力较好、茶叶长势佳则不追肥。

（三）配套技术

施用基肥时，用茶园开沟机开沟 15～20 厘米，施用商品有机肥、菜籽饼肥和茶叶配方肥，施后覆土，再撒播生草作物种子（如鼠茅草、紫云英等），第二年 5～6 月生的草自然枯萎覆盖表土，可以防治杂草生长，保持水土，丰富茶园生态。

追肥时，疏松土壤，开浅沟 5～10 厘米，施入茶叶配方肥，或表面撒施茶叶配方肥后，用旋耕机旋耕混匀。

春茶采摘后，4 月底至 5 月中旬，对茶树进行修剪，茶枝全部还地覆盖茶垄土壤，防止水土流失，待茶枝腐烂后作为肥料增加有机质含量。

四、"有机肥＋秸秆还地"模式

（一）适宜范围

适宜于安吉红壤地区白叶一号茶叶种植区域，要求周边农作物秸秆资源丰富，交通便利。

（二）施肥措施

（1）基肥　9 月下旬至 10 月中旬，施用 100～150 千克/亩商品有机肥、100～150 千克/亩菜籽饼肥、20～30 千克/亩茶叶配方肥（20-8-16）或 25～35 千克/亩茶叶配方肥（18-8-12）。

（2）第一次追肥　春茶修剪后（5 月底至 6 月上旬），施用 100～150 千克/亩商品有机肥、15～20 千克/亩茶叶配方肥（20-8-16 或 18-8-12 或相近配方）。

（3）第二次追肥　7 月上旬，施用 15 千克/亩茶叶配方肥（20-8-16 或 18-8-12 或相近配方），视土壤肥力、茶叶长势情况，如土壤肥力较好、茶叶长势佳则不追肥。

（三）配套技术

施用基肥时，用茶园开沟机开沟 15～20 厘米，施用商品有机肥、菜籽饼肥和茶叶配方肥，施后覆土。秋季水稻收获后，将水稻秸秆打捆运至茶园，将秸秆平铺于茶垄间，用量约 1 000 千克/亩，既能减少茶园杂草生长，防止水土流失，还能改善土壤生态环境，促进有益微生物生长和活动，秸秆腐烂后可改良土壤，促进土壤团粒结构形成，增加土壤有机质含量。

追肥时，疏松土壤，开浅沟 5～10 厘米，施入茶叶配方肥，或表面撒施茶叶配方肥后，用旋耕机旋耕混匀。

春茶采摘后，4 月底至 5 月中旬，对茶树进行修剪，茶枝全部还地覆盖茶垄土壤，防止水土流失，待茶枝腐烂后作为肥料增加有机质含量。

浙江省武义县茶叶有机肥替代化肥技术模式

一、"茶-沼-畜"沼液微喷模式

（一）适宜范围

①适宜于规模养殖企业周边，有基础设施的规模种植的丘陵茶园，年存栏 1 万头猪配

套茶园 500 亩以上；②适宜于丘陵茶园，能利用高差压力进行微喷沼液为好；③适宜于机采大茶，采收生物量大、肥水需要量大的茶园。

（二）施肥措施

（1）喷施浓度　沼液、水按 1∶1 稀释，最后喷水，防堵塞。

（2）喷施部位　为茶叶基、根部，喷施范围比滴灌大。管道埋在茶园水平带外侧，喷施方向朝向丘陵上坡，喷头离地 10 厘米左右。

（3）喷施次数　全年 10 次左右，每年每亩用沼液 5 吨以上；4～5 月雨水多的季节和 8～9 月干旱季节少喷或不喷；实时监测发现有地表径流即停止，沼液喷施两次间隔至少半个月以上。

（4）喷施时间　早晚喷施。

（5）喷水抗旱　全年保持一定的土壤含水量，防止旱情发生。

（6）化肥施用　10 月，秋茶结束后进行茶园修剪，每亩施复合肥（16 - 16 - 16）30 千克，春、夏茶采后，每次每亩施尿素 5 千克，以上化肥兑水成 1％以下浓度进行喷施。每年每亩用肥量 50 千克，比常规 75 千克减量 33％。

（三）配套技术

（1）建立沼液生产、发酵发电设施和发酵后沼液沉淀、贮存池，存贮 1 个月以上，并有水源、取水方便。

（2）山顶建立贮存池，每 80 亩茶园建 150 米^3。

（3）建立微喷灌系统，包括控制系统、动力系统，可在电脑上实时监控。

二、"有机肥＋配方肥"模式

（一）适宜范围

（1）立地条件　茶园地势较平坦、茶叶水平带种植较整齐，行距 1.5 米以上；方便施肥管理；运输方便，有机肥能安全运到地头。

（2）生产水平　年采收 4 次左右，适合生物产量采收大的机采区域，以及产量高、肥水需求大的投产茶园。

（二）施肥措施

（1）基肥　每年采收四茬，一茬亩产 400 千克鲜茶的茶园，每亩施有机肥 750～1 000 千克、配方肥（21 - 9 - 18，含镁）40 千克，或茶叶专用肥（20 - 8 - 12）40～45 千克，结合翻耕施入。

（2）追肥　春茶采前 45 天左右和春、夏、秋茶采后，每亩施尿素 10 千克左右。

（3）施用时间　基肥施用时间以 10 月为主，在 11 月霜冻天气之前；春茶采前肥视当年气候分析早春霜冻发生概率，概率低的可在采前 50 天施用促早发，易发生的延后施用尽量减少损失；春、夏、秋茶采后肥选雨后施用，减少肥料流失。

（4）一茬亩产 500 千克鲜茶的高产茶园，施肥量应适当增加。

（三）配套技术

（1）茶园管理　冬季修剪后有 0.2 米以上空隙，便于机械或人工操作。

（2）基肥深施　茶园面积小，有劳动力的可采取先施基肥后人工全面深翻，精细管理；实施面积大，劳动力成本高的实行机械开沟、基肥深施后旋耕覆土。

（3）病虫飞防　减少农药用量20%，利用无人机飞防，实现茶园肥药减量，提高茶叶品质。

三、“有机肥＋水肥一体化”模式

（一）适宜范围

（1）立地条件　茶园地势较平坦、茶叶水平带种植较整齐，行距1.5米以上；方便施肥管理；运输方便，有机肥能安全运到地头；连片种植规模100亩以上。

（2）效益水平　茶叶品质好如薮北种，鲜叶产值高，既可采制名优茶又可机采加工高档茶，销路稳定，对稳产高产要求迫切。

（3）水、电和管理条件良好区域。

（二）施肥措施

（1）基肥深施　10月，每亩施有机肥500～750千克，机械深施15～20厘米；更新树冠时可同时施入茶叶专用肥（20－8－12）30千克，同期滴灌以抗旱保墒为主。

（2）追肥滴灌　每亩每次水溶性肥料N、P_2O_5、K_2O用量分别为2～2.5千克、0.5～0.7千克、1～1.2千克，时间分别为春茶采前20～30天、春茶采后、夏茶采后、秋茶采后；一年分5～6次施用，大致在2月下旬、4月上旬、5月下旬、7月上旬、8月中旬、10月上旬酌情施用。

（三）配套技术

（1）每次机采后进行掸剪，剪去采摘面上突出枝叶；连续机采4～5年后进行重修剪（离地40～50厘米处剪去），更新树冠。

（2）建立喷滴灌设施，及时掌握土壤墒情，与当地气象观测点连接，规划管理。

（3）早春遇霜冻天气，利用喷、滴灌设施及时供水，防止在叶片上凝霜产生冻害；夏、秋遇干旱天气，早上进行喷、滴灌，保持土壤一定含水量，保证茶叶正常生长。

四、“有机肥＋种植绿肥还地”模式

（一）适宜范围

适宜于管理良好的新栽植茶园、幼龄茶园；立地较偏僻，施用有机肥有一定难度的地方，利用绿肥还地增加有机肥。

（二）绿肥种植、施肥措施

（1）精细管理　9月，每亩施有机肥200～300千克、茶叶专用肥（20－8－12）25～30千克，翻耕松土。

（2）保证出苗　9月下旬至10月上旬，在连续3天以上阴雨天气前一天播种，以利出苗全苗。

（3）磷肥拌种　每亩用紫云英1～1.25千克或蚕豆6～8千克，用钙镁磷肥5～10千克拌种。

（4）适量追肥　开春后每亩用尿素5～10千克，促进绿肥生长。

（5）绿肥选择　1～2年生、行间空地大的茶园，以套种紫云英为宜；2～3年生茶园，以套种蚕豆为宜。

（三）配套技术

（1）适当留空　绿肥播种、种植时与茶树冠距离5～10厘米，避免绿肥长大后影响茶树生长。

（2）绿肥开花后及时还地。

安徽省桐城市茶叶有机肥替代化肥技术模式

一、"有机肥＋配方肥"模式

（一）适宜范围

适宜于茶龄在3年以上成龄茶园。

（二）施肥措施

1. 肥料种类

肥料种类有：商品有机肥（以菜籽饼为主要原料，有机质含量≥45％，含N量按5％计算）；菜籽饼肥；茶叶配方肥（氮、磷、钾养分含量38％，N 18％，P_2O_5 8％，K_2O 12％，MgO 2％）；尿素（含N量46％）。忌用含氯肥料。

2. 施肥方案

（1）目标产量为每亩产干茶13千克左右的茶园　基肥：9月底至10月中下旬，施用125～150千克/亩腐熟饼肥或100千克/亩商品有机肥、25千克/亩茶叶配方肥，有机肥和配方肥拌匀后开沟15～20厘米或结合机械深耕施用。追肥：春茶结束深（重）修剪前或5月至6月下旬，施用茶叶配方肥10～15千克/亩或尿素5～8千克/亩，开浅沟5～10厘米施用，或采用背负式施肥器点深施。

（2）目标产量为采少量夏茶、每亩产干茶20千克左右的茶园　基肥：9月底至10月中下旬，施用125～150千克/亩腐熟饼肥或100千克/亩商品有机肥、30千克/亩茶叶配方肥，有机肥和配方肥拌匀后开沟15～20厘米或结合机械深耕施用。第一次追肥：催芽肥，春茶开采前40～50天，施用尿素5～8千克/亩，开浅沟5～10厘米施用，或采用背负式施肥器点深施，或撒施后浅耕。第二次追肥：春茶结束深（重）修剪前或5月至6月下旬，施用茶叶配方肥15千克/亩或尿素5～8千克/亩，开浅沟5～10厘米施用，或采用背负式施肥器点深施。

二、"茶＋绿肥"模式

（一）适宜范围

适宜于茶龄在3年以下幼龄茶园或行距较大、茶园覆盖度低的成龄茶园。

（二）施肥措施

1. 肥料种类

肥料种类有：商品有机肥（以菜籽饼为主要原料，有机质含量≥45％，含N量按5％计算）；菜籽饼肥；茶叶配方肥（氮、磷、钾养分含量38％，N：18％，P_2O_5：8％，

K_2O：12％，MgO：2％）；尿素（含 N 量 46％）。忌用含氯肥料。

2. 施肥方案

（1）目标产量为每亩产干茶 13 千克左右的茶园　基肥：9 月底至 10 月中下旬，施用 125～150 千克/亩腐熟饼肥或 100 千克/亩商品有机肥、20 千克/亩茶叶配方肥，有机肥和配方肥拌匀后开沟 15～20 厘米或结合机械深耕施用；追肥：春茶结束深（重）修剪前或 5 月至 6 月下旬，每亩施用茶叶配方肥 8～10 千克或尿素 5～8 千克，开浅沟 5～10 厘米施用，或采用背负式施肥器点深施。

（2）目标产量为采少量夏茶、每亩产干茶 20 千克左右的茶园　基肥：9 月底至 10 月中下旬，施用 125～150 千克/亩腐熟饼肥或 100 千克/亩商品有机肥、25 千克/亩茶叶配方肥，有机肥和配方肥拌匀后开沟 15～20 厘米或结合机械深耕施用。第一次追肥：催芽肥，春茶开采前 40～50 天，施用尿素 5～8 千克/亩，开浅沟 5～10 厘米施用，或采用背负式施肥器点深施。第二次追肥：春茶结束深（重）修剪前或 5 月至 6 月下旬，施用茶叶配方肥 10 千克/亩或尿素 5～8 千克/亩，开浅沟 5～10 厘米施用，或采用背负式施肥器点深施。

（三）配套技术

绿肥种植：

（1）品种选择　1 年生幼龄茶园，选择匍匐型或者矮生的豆科绿肥（箭筈豌豆、紫云英等）；1～2 年生幼龄茶园，可以尽量选择生物量大的苕子等；行距较大、茶树未覆盖的成龄茶园，可选择三叶草、鼠茅草等。

（2）种植时间　冬季绿肥一般在 9 月中下旬到 10 月中上旬播种。

（3）种植方式　除大片空地外，绿肥行间播种一般采用条播或点播方式，点播穴距 10～12 厘米，条播行距 12～15 厘米。一般绿肥和绿肥之间距离要适当密一些，绿肥和茶树之间的距离要稀一些，以防绿肥生长影响茶苗。绿肥与茶树间距根据茶树年龄增长逐渐增大，一般 1 年生茶园行间间作 3 行绿肥，2 年生茶园行间间作 2 行绿肥，3 年生茶园行间间作 1 行绿肥。茶行间空间小，不宜间作绿肥的成龄茶园可以单独开辟绿肥基地，或者充分利用茶园周边的零星地头种植绿肥，第二年 4～5 月收割后覆盖到茶园。坡地或梯地茶园可种于梯壁以保梯护坎。

（4）肥料管理　12 月上中旬施用过磷酸钙 20～25 千克/亩，充分发挥以磷增氮的效果；开春后，绿肥的生长速度加快，对养分的需要量增加，要看地（田）、看苗酌施速效提苗肥促春发，一般施尿素 3～5 千克/亩，达到以小肥换大肥、用无机肥换有机肥的目的。新垦或土壤过瘦的茶园，应注意施用有机肥作底肥。

（5）利用方式　翻压：一般冬季绿肥在生物量最高的盛花期翻压，生物量过大可分次翻压；覆盖：在盛花期刈割，就地覆盖到茶园。

三、"有机肥＋配方肥＋秸秆覆盖"模式

（一）适宜范围

适宜于茶龄在 3 年以下幼龄茶园或茶园裸露面积大、土层浅、沙石比例大、易受阳光直射、蒸腾作用强的茶园。

（二）施肥措施

1. 肥料种类

肥料种类有：商品有机肥（以菜籽饼为主要原料，有机质含量$\geqslant 45\%$，$N+P_2O+K_2O=5\%$）；商品有机肥（以菜籽饼为主要原料，有机质含量$\geqslant 45\%$，含 N 量按 5% 计算）；菜籽饼；茶叶配方肥（氮、磷、钾养分含量 38%，N：18%，P_2O_5：8%，K_2O：12%，MgO：2%）；尿素（含 N 量 46%）。忌用含氯肥料。

2. 施肥方案

（1）目标产量为每亩产干茶 13 千克左右的茶园　基肥：9 月底至 10 月中下旬，施用 125～150 千克/亩腐熟饼肥或 100 千克/亩商品有机肥、20 千克/亩茶叶配方肥，有机肥和配方肥拌匀后开沟 15～20 厘米或结合机械深耕施用；追肥：春茶结束深（重）修剪前或 5 月至 6 月下旬，施用茶叶配方肥 8～10 千克/亩或尿素 5 千克/亩，开浅沟 5～10 厘米施用，或采用背负式施肥器点深施。

（2）目标产量为采少量夏茶，每亩产干茶 20 千克左右的茶园　基肥：9 月底至 10 月中下旬，施用 125～150 千克/亩腐熟饼肥或 100 千克/亩商品有机肥、25 千克/亩茶叶配方肥，有机肥和配方肥拌匀后开沟 15～20 厘米或结合机械深耕施用。第一次追肥：催芽肥，春茶开采前 40～50 天，施用尿素 5～8 千克/亩，开浅沟 5～10 厘米施用，或采用背负式施肥器点深施。第二次追肥：春茶结束深（重）修剪前或 5 月至 6 月下旬，施用茶叶配方肥 10 千克/亩或尿素 5～8 千克/亩，开浅沟 5～10 厘米施用，或采用背负式施肥器点深施。

（三）配套技术

秸秆覆盖：

（1）秸秆选择　水稻、油菜、小麦秸秆直接覆盖，玉米等长秸秆须适当截短，秸秆打捆后每捆以 15 千克为宜。

（2）覆盖时间　根据覆盖材料来源时间，选择在茶叶采摘结束茶树修剪后或秋冬基肥施入后进行。

（3）覆盖厚度　保持在 10～15 厘米为宜。覆草适用于山丘地、沙土地，土层薄的地块效果尤其明显，黏土地覆草由于易使果园土壤积水、引起旺长或烂根，不宜采用。成龄茶树周围 20 厘米左右不覆草，同时注意防火。

（4）注意事项　施肥时可直接开沟深施或点深施，施后还原。覆盖 2～3 年后可结合施基肥翻压一次。

四、"有机肥＋机械深施"模式

（一）适宜范围

适宜于平地或坡度 20°以下的坡地茶园且园中石块不宜多、大。

（二）施肥措施

1. 肥料种类

肥料种类有：商品有机肥（以菜籽饼为主要原料，有机质含量$\geqslant 45\%$，含 N 量按 5% 计算）；菜籽饼；茶叶配方肥（氮、磷、钾养分含量 38%，N：18%，P_2O_5：8%，K_2O：

12%，MgO：2%）；尿素（含 N 量 46%）。忌用含氯肥料。

2. 施肥方案

（1）目标产量为每亩产干茶 13 千克左右的茶园　基肥：9 月底至 10 月中下旬，施用 125～150 千克/亩腐熟饼肥或 100 千克/亩商品有机肥、25 千克/亩茶叶配方肥，有机肥和配方肥拌匀后开沟 15～20 厘米或结合机械深耕施用。追肥：春茶结束深（重）修剪前或 5 月至 6 月下旬，施用茶叶配方肥 10～15 千克/亩或尿素 5～8 千克/亩，开浅沟 5～10 厘米施用，或采用背负式施肥器点深施。

（2）目标产量为采少量夏茶、每亩产干茶 20 千克左右的茶园　基肥：9 月底至 10 月中下旬，施用 125～150 千克/亩腐熟饼肥或 100 千克/亩商品有机肥、30 千克/亩茶叶配方肥，有机肥和配方肥拌匀后开沟 15～20 厘米或结合机械深耕施用。第一次追肥：催芽肥，春茶开采前 40～50 天，施用尿素 5～8 千克/亩，开浅沟 5～10 厘米施用，或采用背负式施肥器点深施，或撒施后浅耕。第二次追肥：春茶结束深（重）修剪前或 5 月至 6 月下旬，施用茶叶配方肥 15 千克/亩或尿素 5～8 千克/亩，开浅沟 5～10 厘米施用，或采用背负式施肥器点深施。

（三）配套技术

机械深施：

（1）机械选择　微型旋耕机，以作业幅度 30～50 厘米可调节为宜，作业深度 20 厘米左右，单机重不超过 75 千克。

（2）作业时间　当年 9～10 月结合施基肥使用。

（3）作业方法　将有机肥、配方肥足量施用在行间，距离茶树主干 20～30 厘米，然后旋耕，幼龄茶园行间距较大的距离茶树主干 20 厘米左右，成龄茶园距离茶树主干 30 厘米以上。深度保持在 20 厘米左右。旋耕后清理较大石块和较长树根等。

五、"茶＋养鸡"模式

（一）适宜范围

适宜于低龄茶园或较为平缓的成龄茶园，拥有较好的水源和防护措施。

（二）施肥措施

1. 肥料种类

肥料种类有：堆沤发酵的鸡粪；茶叶配方肥，总养分含量 38%（N：18%，P_2O_5：8%，K_2O：12%，MgO：2%）；尿素（含 N 量 46%）。忌用含氯肥料。

2. 施肥方案

（1）目标产量为每亩产干茶 13 千克左右的茶园　基肥：9 月底至 10 月中下旬，施用堆沤发酵的鸡粪 150～200 千克/亩、20 千克/亩茶叶配方肥，有机肥和配方肥拌匀后开沟 15～20 厘米或结合机械深耕施用；追肥：春茶结束重深（重）修剪前或 5 月至 6 月下旬，施用茶叶配方肥 8～10 千克/亩或尿素 5～8 千克/亩，开浅沟 5～10 厘米施用，或采用背负式施肥器点深施。

（2）目标产量为采少量夏茶，每亩产干茶 20 千克左右的茶园　基肥：9 月底至 10 月中下旬，施用堆沤发酵的鸡粪 150～200 千克/亩、25 千克/亩茶叶配方肥，有机肥和配方肥拌匀后开沟 15～20 厘米或结合机械深耕施用。第一次追肥：催芽肥，春茶开采前 40～50 天，施用尿素 5～8 千克/亩，开浅沟 5～10 厘米施用，或采用背负式施肥器点深施。第二次追肥：春茶结束深（重）修剪前或 5 月至 6 月下旬，施用茶叶配方肥 10 千克/亩或尿素 5～8 千克/亩，开浅沟 5～10 厘米施用，或采用背负式施肥器点深施。

（三）配套技术

养鸡：

（1）鸡种选择　应选择适应性、抗病力、觅食能力强的鸡种。

（2）鸡舍设置　鸡舍应选择避风向阳、地域开阔、地面干燥、水源充足、交通便利的地方建造。鸡舍位置应便于鸡在茶园活动，考虑茶园地块、杂草种类和数量以及产蛋场所，每 15～20 亩茶园建一个鸡舍，面积 15～20 米^2。

（3）放养密度与规模　放养密度以每亩茶园放养 10～20 只为宜，公母比例 1∶1。过密，虫草不足，人工喂料过多，影响肉质风味；过稀，资源利用不充分，效益不明显。放养规模一般以每群 1 500～2 000 只为宜。放养的适宜季节为春、夏、秋季，冬季由于气温低、虫草减少，应停止放养。

（4）放养方式　45 天的雏鸡或体重达 0.5 千克左右小鸡，需先在鸡舍中养 1～2 天后，选择天气暖和的晴天放养。

（5）鸡粪处理　鸡粪是一种比较优质的有机肥，其含氮（N）、磷（P_2O_5）、钾（K_2O）分别约为 1.63%、1.54%、0.85%。鸡粪在施用前必须经过充分的腐熟，将存在于鸡粪中的寄生虫、虫卵，以及一些传染性的病菌通过腐熟（沤制）的过程得以灭活。

采用厌氧发酵法技术：收集鸡舍内鸡粪，拣净杂物后加入 5%～10% 的麸皮和 5% 的过磷酸钙及腐熟剂。将原料含水量控制在 60% 左右（用手紧握拌好的湿鸡粪，指缝有水滴渗出但不下滴时含水量基本适宜），搅拌均匀后装入塑料袋，将塑料袋中的余气充分排出，扎紧袋口，堆放时要分层压实，并用塑料薄膜密封，严防空气进入即可。环境温度在 10～15 ℃时，一般需发酵 7～10 天，20 ℃以上时需 3～5 天，30 ℃时 2 天即可。

（6）注意事项　收集的鸡粪经堆沤发酵后能够满足茶园有机肥施用；冬季休养期套种绿肥如苕子、箭筈豌豆等，既能增加鸡饲料来源，又可进一步改善土壤性状。

安徽省祁门县茶叶有机肥替代化肥技术模式

一、"有机肥＋水肥一体化"模式

（一）适宜范围

适宜于祁门县规模化红茶产区。

（二）施肥措施

基肥：8 月中下旬至 11 月中上旬，施用 200～300 千克/亩商品有机肥，离根部开沟 15～20 厘米或结合深耕施用。

推荐施肥配方为 16‐6‐8，有机肥替代可减施氮素 20%，推荐减施配方为 13‐6‐8。水肥一体化施肥制度如下所示：

红茶成熟茶园水肥一体化灌溉施肥制度（减肥配方 13 - 6 - 8）

生育期	施肥次数	喷灌定额（米³/亩）	全水溶肥 $N-P_2O_5-K_2O$	水溶肥用量（3 次施肥，千克/亩）	施入纯养分量（千克/亩）			施肥比例（%）
					N	P_2O_5	K_2O	
春芽（3 月上旬至 4 月中旬）	3	10（×3）	单质肥料自配（尿素、磷酸铵、硫酸钾、磷酸氢二钾）	8（第一次）5（第二次）5（第三次）	3.9	1.8	2.4	氮：30 磷：30 钾：30
夏茶（4 月下旬至 5 月中旬）	3	15（×3）	单质肥料自配（尿素、磷酸铵、硫酸钾、磷酸氢二钾）	8（第一次）5（第二次）5（第三次）	2.6	1.2	1.6	氮：20 磷：20 钾：20
秋茶（5 月下旬至 7 月初）	2	15（×3）	单质肥料自配（尿素、磷酸铵、硫酸钾、磷酸氢二钾）	8（第一次）5（第二次）5（第三次）	2.6	0.6	0.8	氮：20 磷：10 钾：10
秋冬基肥（8~11 月均可，尽可能提早）	3	10（×3）	单质肥料自配（尿素、磷酸铵、硫酸钾、磷酸氢二钾）	8（第一次）5（第二次）5（第三次）	3.9	2.4	3	氮：30 磷：40 钾：40
合计	13				13	6	8	氮：100 磷：100 钾：100

（三）配套技术

有机肥可结合农牧循环、农田循环、农林和农产品加工等低成本制造，配套技术主要是畜禽粪便、秸秆、稻壳和林菌废弃物和茶叶加工等废弃物堆肥等无害化处理技术，尽可能降低有机肥成本。

水溶肥自行配置和通过专业厂家定制均可，必须完全水溶性。

二、"有机肥＋配方肥"模式

（一）适宜范围

适宜于祁门县县域内茶龄 3 年以上的采摘茶园。

（二）施肥措施

1. 只采春茶的茶园

（1）基肥　10 月中下旬，每亩用 100~150 千克腐熟饼肥或 150 千克商品有机肥、25 千克养分含量 46%（25 - 12 - 9）或相近配方的茶叶配方肥，有机肥和配方肥拌匀，于茶树滴水位至茶树根 2/3 处后开沟 15~20 厘米或结合机械深耕施用。

（2）追肥　第一次追肥：春茶采摘前 30 天，每亩用尿素 8~10 千克，于茶树滴水位至茶树根 2/3 处开沟 5~10 厘米施用；第二次追肥：春茶结束后重修剪前或 6 月下旬，每亩用尿素 8～10 千克，于茶树滴水位至茶树根 2/3 处开沟 5～10 厘米施用。

2. 全季采摘茶园

（1）基肥　10 月中下旬，每亩用 100～150 千克腐熟饼肥或 150 千克商品有机肥、25 千克养分含量 46％（25－12－9）或相近配方的茶叶配方肥，有机肥和配方肥拌匀，于茶树滴水位至茶树根 2/3 处开沟 15～20 厘米或结合机械深耕施用。

（2）追肥　第一次追肥：春茶采摘前 30 天，每亩用尿素 5～8 千克，于茶树滴水位至茶树根 2/3 处开沟 5～10 厘米施用；第二次追肥：春茶结束后重修剪前或 6 月下旬，每亩用尿素 5～8 千克，于茶树滴水位至茶树根 2/3 处开沟 5～10 厘米施用；第三次追肥：夏茶结束后，每亩用尿素 5～8 千克，于茶树滴水位至茶树根 2/3 处开沟 5～10 厘米施用。

（三）配套技术

畜禽粪便、秸秆、稻壳和林菌废弃物和茶叶加工等废弃物堆肥等无害化处理技术。

三、"绿肥＋自然生草＋有机肥"模式

（一）适宜范围

适宜于祁门县县域内幼龄茶园或行距较大、茶园覆盖度低的成龄茶园。

（二）施肥措施

10 月中下旬将有机肥 50 千克/亩作为基肥一次性施入，在茶树根部至树冠滴水位的 2/3 处，开 25 厘米×20 厘米的沟，将肥料均匀施于底部并及时覆盖土壤。

（三）配套技术

1. 品种选择

可选择箭筈豌豆、红花（白花）三叶草、油菜绿肥等。

2. 适时播种

冬季绿肥一般在 9 月中下旬至 10 月中上旬播种。播种方式为条播，绿肥油菜每亩用 2.5 千克种子，红花（白花）三叶草每亩用 4 千克种子，箭筈豌豆每亩用 3～4 千克种子。

3. 利用方式

翻压：一般冬季绿肥在生物量最高的盛花期翻压；覆盖：在盛花期刈割，就地覆盖到茶园。生物量过大可分次刈割覆盖。

安徽省金寨县茶叶有机肥替代化肥技术模式

一、"有机肥＋配方肥"模式

（一）适宜范围

适宜于金寨县县域内所有产茶乡镇。

（二）施肥措施

1. 基肥施用量

主推茶园"有机肥＋配方肥"技术模式。有机肥：每亩茶园施饼肥（腐熟）或商品有机肥 150 千克，或腐熟农家肥（畜禽粪便）1 500 千克。配方肥：每亩茶园施 40 千克茶叶

专用肥（氮、磷、钾总含量≥25％，其中氮含量≥11％，不含氯）。只采春茶名优茶的茶园可少施，采夏、秋大宗茶的茶园可适量多施。

2. 追肥施用量

茶园在春茶、夏茶、秋茶采摘前每亩每次追尿素 8 千克。

3. 施用时间、方法

（1）基肥　每年 10 月至 11 月上旬施用，海拔 500 米以上的高山茶园可适当提前。有机肥和配方肥全部作基肥施用，采取沟施或穴施方法，在茶树树冠边缘垂直下方开沟，封行茶园在两行茶树中间开沟。有机肥和专用肥拌匀后，平地茶园开沟 15～30 厘米，施肥后及时覆土；梯级茶园应施于茶行内侧，坡地茶园应施在茶行上侧，开沟 15～20 厘米或结合深耕施用。切忌施在主根下（距主根 15～20 厘米），避免烧根。

（2）追肥　在春茶开采前 30～40 天（每年 2 月上中旬）、夏茶前（5 月初）和秋茶前（7 月中下旬）分三次施用，茶园每亩每次施用尿素 8 千克，结合除草开浅沟 5～10 厘米施用，或撒施后用中耕机浅耕松土。注意下雨或露水未干时不能撒肥，以防肥料粘在叶上产生肥害。

（三）配套技术

1. 茶园基地建设及栽植技术

（1）新建基地的地块选择　新建茶园要因地制宜，一般选择交通便利、地势平缓、阳光充足、土层深厚、肥沃的地块为主。开垦种植时应有利于水土保持。茶园地不论丘陵或高山初垦 50 厘米以上，种植前把地块复垦和平整，让准备种植的地块受阳光照射和吸纳雨水后熟化和自然沉降，这样有利于提高移栽成活率。

（2）移栽时间　春、秋两季都适宜茶苗移栽。10 月上旬至 11 月和翌年 2 月中下旬至 3 月下旬为移栽的最佳时期。秋末冬初移栽较好，因为秋末冬初茶树地上部分的生长已逐渐进入休眠期，而地下部根系因地温高于气温而处于生长活跃期，有利于因起苗致伤的根系恢复和再生，有利于茶苗成活。

（3）茶园的灌溉、排涝和抗寒　幼龄茶园有"三忌"：一是"忌旱害"，在夏季持续高温、茶园水分不足时，需要及时灌溉保苗，应在早晚灌溉，同时采取茶行间作、铺草等保墒措施保持茶园水分；二是"忌涝害"，在梅雨季节或持续多天下雨导致茶园积水，需要及时疏渠排涝，防治茶苗烂根；三是"忌寒害"，在冬季霜雪来临之前，采用蓬面盖草、行间铺草等方式减轻寒害。

2. 有机肥腐熟技术

（1）堆沤或沼池发酵　把各种新鲜家畜粪便等有机肥在圈外疏松堆积约 1 米高，不压紧，以便发酵；一般在 2～3 天后肥堆内温度可达 60～70 ℃，以后还可继续堆积新鲜有机肥，这样一层层地堆积，直到高度 2～2.5 米为止。用泥土把肥堆封好，保持温度，阻碍空气进入，防止肥分损失和水分大量蒸发，经过 4～6 个月完全腐熟才可使用；或者采用沼气池进行发酵，沼气用作能源，沼液、沼渣用作有机肥。采购的菜籽饼等饼肥也要挖池堆沤充分腐熟。

（2）干湿分离后加工　金寨县全县大小规模养殖场建立干粪棚，对家畜粪便进行干湿分离，出售给有机肥厂加工成有机肥。

3. 茶园除草技术

茶园禁用化学除草剂,实施人工除草,割草机切割,行间中耕除草,行间使用作物秸秆、茶树修剪物等进行土壤覆盖除草。

4. 茶园病虫害防治技术

运用农业防治、物理防治和生物防治方法综合防控茶园病虫害。采用杀虫灯、粘虫板、性诱剂诱杀小绿叶蝉、茶毛虫、茶尺蠖等害虫,用苦参碱、石硫合剂和硫悬浮剂、BT 制剂等生物农药防控病虫害。

5. 茶园的定形修剪技术

(1)幼龄茶树的定形修剪 茶苗定植后,当苗高达到 30 厘米以上、主枝粗达 3 毫米以上时,即可进行第一次定形修剪,剪后留高 15 厘米左右。生长较差的茶苗,未达上述标准时,应推迟定形修剪时期。定形修剪后,要注意留养新梢,并加强培肥管理。以后每年进行一次定形修剪。每次定形修剪的高度可在上次剪口上提高 15 厘米左右。经过三次定形修剪的茶树,高度在 40~50 厘米,这时骨架已经形成,以后再辅之以打顶轻采和轻修剪,进一步培养树冠和采摘面。第一次定剪应选用整枝剪逐丛进行修剪,剪口距剪口下第一个腋芽 3~5 毫米,并尽量保留外侧芽,以利今后长成健壮的骨干枝。在条件许可的情况下,第二次定形修剪仍应选用整枝剪,这对提高修剪质量有帮助。

(2)成龄茶树的轻修剪与深修剪

① 轻修剪。轻修剪的目的在于促进茶芽萌发生长,提高生产密度,增强茶树长势,它是创造培养良好采摘面必不可少的技术措施。轻修剪的程度,以剪去蓬面上 3~5 厘米的枝叶为度,也可以剪去上一年的秋梢,留下夏梢。中小叶种茶树轻修剪的形式,蓬面以剪成弧形为宜,这样可以增加采摘幅的宽度,对提高单产有利。青、壮年期的茶树,轻修剪可每年或隔年进行一次,每次在原剪口上提高 2~3 厘米。

② 深修剪。茶树经多年采摘和轻修剪后,采摘面上会形成密集而细弱的分枝,这就是常说的"鸡爪枝",茶叶产量和品质逐渐下降。为更新茶树采摘面,可采用深修剪技术,剪除密集细弱的"鸡爪枝"层,使茶树重新抽发新枝,提高茶树发芽能力,延长茶树高产稳产年限。深修剪宜剪去冠面 15 厘米的枝梢,过浅不能达到更新采摘面的目的。经深修剪后的茶树,以后仍需要每年或隔年轻修剪,适当多留新叶,重新养采摘面。

6. 茶园冬季管理技术

(1)深翻除草 深翻一般应在每年 9~10 月进行,深度 20 厘米左右,深耕时要结合铲除杂草,埋入土中。土壤经深翻后起到杀虫灭菌的作用,将地表的害虫卵、蛹、有害的病菌翻到土壤下层,使之窒息而死,土中的虫蛹暴露于土层表面,经日晒雨淋和霜冻,会失去生命力。

(2)深施有机肥 10~11 月是茶树根系生长发育高峰期,茶园深施基肥宜在寒露前,最迟要在立冬(11 月上旬)以前完成。基肥的种类要以有机肥为主,如猪牛粪、堆肥等,配合施用少量磷肥。

(3)病虫害防治,全面清园 茶树行间的杂草及枯枝落叶均是害虫、病菌隐藏的地方,及时进行清园有利于减少茶园内越冬病虫的基数。一是修剪和深耕过程中应及时清除树冠上的病枝病叶以及虫蛹;二是扫除行间和四周的枯枝落叶,然后集中烧毁,消除越冬病菌和虫源。

（4）茶树防冻，施肥培土 在寒潮来临之前，要及时做好施肥培土工作。一是行间铺草。可就地取材，利用柴草、稻草、秸秆等铺盖茶树行间及根部，以利于提高土壤温度，保持土壤湿度。二是蓬面覆盖。在大寒潮来临前，对于幼龄茶园还可用稻草、杂草或薄膜等进行蓬面覆盖，开春后及时揭去覆盖物，以达到防止茶树受冻，促进茶树春季早发芽、发壮芽，实现春茶优质高产的目的。三是造防风林。对长期遭受冻害的高山茶园，应在茶园西北方向的风口处，设置挡风屏障和营造防风林。

福建省蕉城区茶叶有机肥替代化肥技术模式

一、"有机肥＋配方肥"技术模式

（一）适宜范围

该技术模式适用于蕉城区日常投产绿茶、红茶茶园的示范与推广，通过结合测土配方施肥技术，在秋、冬季节施用有机肥（含农家肥），配合施用茶叶专用肥，用有机肥替代部分化肥，促进有机肥资源利用，达到化肥减量增效、产品品质和茶园土壤质量提升的目的。

（二）施肥措施

蕉城区茶园施肥提倡有机肥与无机肥相结合、基肥与追肥相结合，在测土配方的基础上进行平衡施肥，合理施用氮肥，适当控制磷、钾肥的施用。施肥综合考虑茶园土壤性状、茶树营养特性、肥料特性、肥料资源等因素，可选用单质肥料自行配置配方肥，也可直接购买配方肥，根据茶树品种、土壤肥力、栽培方式、气候条件来确定施肥总量、分期氮肥控制及科学施肥方法等，做到化肥精准施用，开沟施或撒施，施肥尽量安排在傍晚进行，以施后下雨为好。

1. 基肥

根据茶园土壤养分、茶园品种及产量，10月中旬至翌年1月，每亩施用有机肥300～600千克，于茶园行间开沟15～20厘米深，施入有机肥后覆土或先将有机肥均匀撒于茶园行间，结合冬季茶园翻耕，将有机肥翻入茶园土壤。

2. 追肥

追肥一般每年3次，每次每亩施用茶叶专用肥（20-8-12或相近配方）10～15千克，分别在春茶、夏茶和秋茶前进行，蕉城区大多数茶园只春茶前追肥，早春催芽肥宜早施，应在春茶采摘前35～45天施用，以提高春茶产量占比。夏茶、秋茶前的追肥，通常也应在其采摘前1个月施用（A级绿色食品茶园追肥时间必须在茶叶采摘前30天进行），开浅沟5～10厘米施用。

（三）配套技术

依托肥料企业生产茶叶专用肥，取得适用于蕉城区茶园的茶叶专用肥（20-8-12或相近配方）产品肥料登记证3个，使技术得以物化，提升了技术接受和推广力度。

二、"有机肥＋水肥一体化"技术模式

（一）适宜范围

结合小农水项目建设，重点扶持龟山、白马山等水源比较缺乏的茶园实施"有机肥＋水肥一体化"技术模式，实现科学用水，提高肥料利用效率。但部分高海拔山区的示范茶园由于冬季温度低、昼夜温差大，霜冻会导致滴灌管破裂，则不适合采用该技术模式。

（二）施肥措施

1. 基肥

10月中旬至翌年1月，每亩施用有机肥300～600千克，于茶园行间开沟15～20厘米深，施入有机肥后覆土或先将有机肥均匀撒于茶园行间，结合冬季茶园翻耕，将有机肥翻入茶园土壤。

2. 追肥

结合茶叶生产和采摘特点，用水肥一体化设施追肥5次，每次每亩施用水溶性肥料按N、P_2O_5、K_2O用量分别为3.0千克、1.0千克、1.0千克，施肥时间分别为春茶采前、春茶采收后、7月初、8月初、9月初（具体施用量因树龄、产量、气候等因素而定）。

（三）配套技术

在示范茶园配套建设蓄水池、网管、滴灌等水肥一体化设施。

三、"有机肥＋机械深耕"模式

（一）适宜范围

适宜于成龄茶园和台刈后的老茶园，深耕能促进新根生长，改良土壤，增强树势。老茶园土壤板结，树势衰老，更应该推广"有机肥＋机械深耕"。蕉城区成龄茶园都是密植，茶行间距小，深耕机械无法进行操作，深耕前要先修剪茶园或者对老茶园进行台刈后才能进行深耕，生产成本高，目前只有部分公司自有基地采用机械深耕模式。

（二）施肥措施

按"有机肥＋配方肥"模式的肥料种类、用量，在10月秋茶结束后开沟条施，每亩施用有机肥300～600千克，结合浅耕、除草进行，沿茶树树冠滴水线开条沟施肥，沟深15～20厘米，每年在茶树两边轮换施用。结合蕉城区实际情况，机械深耕采用先施肥再机耕土壤混施方式，机械深耕深度10～15厘米。

（三）配套技术

配套适合当地茶园的施肥机械56台（套），有效减轻劳动强度，省时省工，提高施肥效率。

四、"茶-沼-畜"模式

（一）适宜范围

适用于蕉城区域日常投产绿茶、红茶茶园的示范与推广。依托种植大户和专业合作社，与周边规模养殖场相配套，利用已建大型沼气设施，将沼渣堆沤腐熟成有机肥、将沼液经过无害化处理后施用于茶园。

（二）施肥措施

10 月中下旬，秋茶结束后每亩施用畜禽粪及茶渣有机肥 800～1 000 千克，开深 15～20 厘米的条沟施肥或直接撒在茶树行间，结合深耕施用；经过无害化处理后的沼液，追肥在茶园上使用可喷可浇，追肥 5 次，每次 400～500 千克（按沼∶水＝1∶2 稀释），每亩施尿素 4～5 千克，浇灌于茶树根部，施肥时间分别为春茶采前、春茶采收后、7 月初、8 月初、9 月初（具体施用量因树龄、产量、气候等因素而定），施用时应尽量避开中午高温。采用穴施或开沟 15～20 厘米或结合深耕施用。

（三）配套技术

1. 有机肥堆沤

（1）堆肥目的　畜禽粪、农家肥及饼肥等未发酵或发酵不完全的有机肥品种，在使用前都需要经过堆沤（堆肥腐熟）等无害化处理。主要目的：一是灭绝病原菌和虫卵，提高有机肥无害化程度；二是避免未腐熟直接施用而污染茶树和土壤；三是提高施用有机肥的利用率和肥效。

（2）堆肥方法　将未发酵或发酵不完全的有机肥堆起来（通常不高于 1.5 米），浇上水（保持湿润即可，用手紧握材料时能有水滴挤出），然后盖上塑料薄膜，利用发酵产生的热量升高堆温（高温）杀死病原菌，并裂解有机质大分子为小分子。通常堆 10～15 天即可（发酵呈褐色或灰褐色，明显腐烂，无臭味或芳香味即可）。

2. 茶渣有机肥

充分利用产学研成果，推进有机肥生产企业利用茶渣、粪污、沼液生产有机肥，以茶渣为主要原料生产有机肥成果已申报国家专利，茶渣有机肥经检测达到商品有机肥标准。

福建省安溪县茶叶有机肥替代化肥技术模式

一、"有机肥＋配方肥"模式

（一）适宜范围

在安溪县域内日常投产茶园生产管理中，为了提升茶园土壤肥力，促进土壤微生物活动，增强茶园土壤保肥供肥能力，提高作物产量和品质，结合测土配方施肥技术，在冬、春季节施用有机肥（含农家肥），配合施用茶树专用肥，用有机肥替代部分化肥，实现化肥减量增效。

（二）施肥措施

1. 基肥

在安溪县域乌龙茶产区，一般选择在当年 11 月中旬至翌年 2 月，每亩茶园施用有机肥 300～600 千克，于茶园行间开沟 15～20 厘米深，施入有机肥后覆土即可。或先将有机肥均匀撒于茶园行间，结合冬季茶园翻耕，将有机肥翻入茶园土壤。

2. 追肥

每年追肥 3 次：①3 月中旬，每亩施用茶树专用肥（21－6－13 或相近配方）10～15

千克；②7月中旬，每亩施用茶树专用肥10～15千克；③8月下旬，每亩施用茶树专用肥15～20千克。开浅沟5～10厘米施用。

（三）配套技术

有机肥堆沤：随着试点项目深入实施，安溪县相当部分茶企、合作社等新型主体采取自主堆沤有机肥，堆肥主要原料为动物粪便（猪粪、羊粪）、农作物秸秆、绿肥、枯枝落叶、青草等。堆沤的方法主要采用高温堆肥法，经高温堆沤处理后，可杀灭病菌和虫卵，使草籽失去再生能力。该法具有腐熟快、原料充足、易于操作等特点。具体方法：首先将堆沤场地平整好，先铺上一层未铡短的细草或作物秸秆，然后依次往上再将备好的各种原料（铡碎6～9厘米短节）按15～20厘米一层一层往上堆，每层间可用0.4千克尿素兑水洒在上面，堆的高度应控制在1.5米左右，长度根据堆沤场而定，最后用塑料薄膜封堆，一般夏季堆沤15天（冬季堆沤20天）后，发现堆体有下陷的现象时，说明堆内温度达60℃左右，此时保持3～5天后，应及时翻堆降温，翻堆后重堆3～5天进行熟化处理，根据熟化情况翻堆3～5次就可以达到腐熟，腐熟后的堆肥颜色为黑褐色。

二、"茶-沼-畜"模式

（一）适宜范围

在茶叶集中连片种植区，依托种植大户和专业合作社，与周边规模养殖场相配套，利用已建大型沼气设施，将沼渣堆沤腐熟成有机肥、将沼液经过无害化处理后施用于茶园，在茶园增加有机肥施用的同时，减少化肥的投入，达到节本增效目的。

（二）施肥措施

1. 基肥

利用沼渣堆沤腐熟成有机肥作基肥，一般每亩施用500～800千克，于秋、冬季茶园管理（当年11月至翌年2月）时，先将经过堆沤腐熟后的沼渣直接撒施在茶树行间，然后结合茶园翻耕，将堆沤腐熟的沼渣翻入茶园。没有实施茶园翻耕的，先在茶园行间开沟15～20厘米深，后施入沼渣有机肥覆土。

2. 追肥

用无害化处理后的沼液作追肥。当用作喷灌时，沼液浓度以1份沼液兑1份清水即可，喷灌施用量掌握在200～300千克/亩（具体施用量根据茶树树龄、产量、气候等因素而定）。在安溪乌龙茶产区，于茶树萌芽时，即春茶（4月上旬）、秋茶（9月上旬）上午露水干后进行，夏茶（5月下旬）、暑茶（7月中旬）傍晚为好，中午高温及暴雨前不要喷施，每7～10天一次。当经过无害化处理后的沼液作茶树根灌时，全年随时可用作根灌，注意要尽量避开中午高温时段，施用量掌握在200～500千克/亩（具体施用量根据茶树树龄、产量、气候等因素而定）。

（三）配套技术

1. 沼渣堆沤技术

沼渣富含有机质、腐殖质、微量营养元素、多种氨基酸、酶类和有益微生物，经过腐熟剂腐熟生产成肥料后，能起到很好的改良土壤、培肥地力效果。沼渣微生物发酵关键技术如下：①沼渣从发酵池中取出进行脱水处理，控制含水率在 30%～40%；②脱水处理后的沼渣与辅料混合自然风干并进行粉碎处理；③粉碎处理后的沼渣与发酵剂混合并搅拌均匀制得混合料；④将混合料堆于发酵室中进行好氧发酵，好氧发酵时一次堆料不少于 2 米^3，堆料高度 0.5～0.8 米，长度不限，当环境温度在 18 ℃以下时，用薄膜或草帘覆盖，待内部温度升到 30 ℃时，将覆盖物揭开，当堆温升至 40 ℃时开始翻倒，然后每隔 2～3 天翻一次，堆放发酵 15～20 天即可。

2. 沼液发酵技术

沼气法处理畜禽粪便是利用厌氧细菌的分解作用将有机物经过厌氧消化作用转化为沼气和二氧化碳。其中经厌氧发酵后的沼液经发酵无害化处理后达到国家和地方的排放标准直接施用于茶树或其他农作物。

三、"有机肥＋水肥一体化"模式

（一）适宜范围

适宜于有完整水肥一体化配套设施的茶园。

（二）施肥措施

1. 基肥

在安溪县域乌龙茶产区，基肥施用基本沿用传统施用有机肥模式，于秋、冬季茶园管理时（当年 11 月至翌年 2 月）施用，一般投产茶园每亩施用有机肥 300～600 千克，于茶园行间开沟 15～20 厘米深，施入有机肥后覆土即可。或先将有机肥均匀撒于茶园行间，结合冬季茶园翻耕，将有机肥翻入茶园土壤。

2. 追肥

按照乌龙茶不同采摘季节，在茶树生长的各个时期，根据茶树对不同营养元素的需求量和养分吸收比例，确定追肥次数和数量，进行微滴灌施肥。具体的灌溉次数及施肥用量如下所示。

茶叶微滴灌施肥建议

生育时期	灌溉次数	灌水定额 [米^3/(亩·次)]	每次灌溉加入的纯养分量（千克/亩）			备注
			N	P$_2$O$_5$	K$_2$O	
春茶	2	7	0.6～0.8	-	0.4～0.6	滴灌
夏茶	2	9	0.8～1.0	-	0.4～0.6	滴灌
暑茶	2	9	0.8～1.0	-	0.4～0.6	滴灌
秋茶	2	9	1.0～1.2	-	0.4～0.6	滴灌
合计	7		6.4～8.0	-	2.4～4.8	

春茶在 4 月上旬追肥，即在萌芽前后追施 2 次，每次隔 10 天左右；夏茶在 5 月下旬追肥，即在萌芽前后追施 2 次，每次隔 10 天左右；暑茶在 7 月中旬追肥，即在萌芽前后追施 2 次，每次隔 10 天左右；秋茶在 8 月上旬追肥，即在萌芽前后追施 2 次，每次隔 10 天左右。

（三）配套技术

茶园水肥一体化灌溉配套技术：

（1）在茶园肥料施入前，让灌溉系统先运行 15～30 分钟，保证茶园中灌溉区所有滴头正常滴水。

（2）将各种全溶性肥料按所要求的量加入施肥罐加水配成肥料原液。

（3）启动智能施肥机，同时设定灌溉和施肥程序。

（4）开始自动灌溉，直至灌溉自动结束。

（5）灌溉系统要继续运行 30 分钟至 1 小时，以洗刷管道，保证肥料全部施于茶园土壤，并下渗到要求深度。

江西省南昌县茶叶有机肥替代化肥技术模式

一、"有机肥＋配方肥"模式

（一）适宜范围

适宜于江西省红茶、绿茶产区。

（二）施肥措施

根据茶叶生长需肥规律，肥料施用采用一基两追，即基肥＋春季追肥＋夏季追肥。

1. 基肥

每亩施用 1 000 千克菜籽饼、30 千克复合肥（18－8－12），有机肥和复合肥拌匀后开沟 15～20 厘米或结合深耕施用。

2. 追肥

春茶开采前 50 天，每亩施用尿素 10 千克。春茶结束修剪前或 6 月下旬，每亩施用尿素 10 千克。

（三）配套技术

有机肥与复合肥以基肥形式机械耕作深施、覆土。

二、"有机肥＋水肥一体化"模式

（一）适宜范围

适宜于江西省红茶、绿茶产区。

（二）施肥措施

1. 基肥

每亩施用 1 000 千克左右有机肥，开沟 15～20 厘米或结合深耕施用。

2. 追肥

分 5～6 次，每次每公顷水溶性肥料按氮（N）、磷（P_2O_5）、钾（K_2O）用量 1.5 千克、0.3 千克、0.4 千克左右或相近配方，施用时间分别为春茶采前 30～40 天、开采前、春茶结束、6 月初、7 月初和 8 月初。

（三）配套技术

配套水肥一体化设施。

三、"有机肥＋机械深施"模式

（一）适宜范围

适宜于江西省红茶、绿茶产区，缓坡地或平底。

（二）施肥措施

全程施肥采用机械耕作，基肥采用机械深施（15～20 厘米），追肥采用机械开沟（5～8 厘米）条施覆土或表面撒施＋施后浅旋耕（5～8 厘米）混匀。施肥用量同"有机肥＋配方肥"模式。

（三）配套技术

耕作宽度以茶行中间 40 厘米左右为宜，耕后覆土。

湖南省安化县茶叶有机肥替代化肥技术模式

"有机肥＋配方肥＋机械深施"

（一）适宜范围

该项技术的应用范围为湘西北地区的丘陵山地茶园，即益阳、娄底、怀化、常德等地丘陵山地茶园，适宜茶树的各个品系和品种。

（二）施肥措施

全年进行 1 次基肥施用和 3 次追肥。

1. 基肥

在 10 月中下旬至 11 月上旬，每亩施用商品有机肥（或腐熟的饼肥和畜禽粪肥）400 千克＋茶树专用配方肥（20 - 8 - 12 或相近配方）50 千克搅拌均匀后打孔 25～30 厘米施用。

2. 第一次追肥

在春茶开采前 30 天，施用尿素 10 千克/亩，挖穴 5～8 厘米点施。

3. 第二次追肥

在 5 月上中旬，施用尿素 7.5 千克/亩，挖穴 5～8 厘米点施。

4. 第三次追肥

在 6 月下旬至 7 月上旬，施用尿素 7.5 千克/亩，挖穴 5～8 厘米点施。

（三）配套技术

免耕密植茶园由于采用宽窄行条列式起垄栽培，宽行距 1.5 米、窄行距 0.28 米，打孔施肥时第一年打窄行左侧，第二年要打窄行的右侧，按 0.7 米间距打孔，孔深 25～30 厘米，每年每亩约打孔 620 个，每个孔施有机肥＋配方肥 0.65 千克左右，每亩施 400 千克，施后盖土。

注意事项：一是在打孔时要将孔打在茶行外侧茶树叶片的滴水处，不能在窄行中间打孔，以免伤及茶树主干或主根，并且施肥不便；二是打孔深施时一般由三人配合轮流操作，施肥时一定要将土、肥混匀再施用，然后盖土；三是点施追肥时也要盖土或施后浅耕。

重庆市永川区茶叶有机肥替代化肥技术模式

"有机肥+配方肥+机械开沟深施覆土"模式

（一）适宜范围

适宜于重庆市永川区范围内海拔450米以上及其境内阴山（西山）、巴岳山、箕山和云雾山（花果山）四条山脉850米左右的中低山区、pH 4.5～6.5的厚石英砂岩母质风化发育而成的冷沙黄泥土区域。

（二）施肥措施

1. 基肥

秋冬季10～11月底，开沟（15～20厘米）深施腐熟"干畜粪肥400～500千克/亩＋油菜籽枯250～300千克/亩"，施后1周内覆土。

2. 追肥

（1）春季追肥　春茶开采前15～20天，浅沟（5～8厘米）施用尿素10～15千克/亩，促春芽早生快发。

（2）夏季追肥　春茶采摘结束5月中旬至6月下旬重度修剪前，开沟（深10厘米左右）施用42%（20-10-12）或比例相近的茶叶专用复合肥30～50千克/亩，促秋梢萌发、壮枝越冬及春芽分化。

（三）配套技术

1. 投产期时间

茶园已全面投产，进入丰产期≥3年。

2. 新建示范茶园

施用干畜粪肥（脱水分离后的猪、牛、羊、兔）500千克/亩＋油菜籽枯300千克/亩。

3. 续建示范茶园

施用干畜粪肥（脱水分离后的猪、牛、羊、兔）400千克/亩＋油菜籽枯250千克/亩。

4. 替代化肥量

可代替50%化肥用量。

四川省翠屏区茶叶有机肥替代化肥技术模式

一、"有机肥+配方肥"模式

（一）适宜范围

适宜于翠屏区北域以砖红色砂岩层风化发育而成的紫沙土为主的茶园。

（二）施肥措施

（1）根据土壤理化性质、茶树长势、预计产量、制茶类型和气候等条件，确定合理的肥料种类、数量和施肥时间，实施茶园平衡施肥，防止茶园缺肥和过量施肥。

（2）基肥以有机肥为主，于当年秋季开沟深施，沟深 20 厘米以上。一般每亩施饼肥或商品有机肥 500 千克左右，一次性施用茶叶专用配方肥（22-8-15）25 千克/亩。

（3）追肥可结合茶树生长发育规律进行多次，以氮肥为主，在茶叶开采前 15～30 天开沟施肥，沟深 10 厘米左右，追施氮肥每亩每次施用量（纯氮计）不超过 10 千克，年最高总量不超过 45 千克，施肥后及时盖土。根据茶树生长状况，可结合施药或单独进行。

（4）通过施用饼肥或商品有机肥，可减少追施化学氮肥量（纯氮计）15 千克/亩。

（三）配套技术

（1）农家肥等有机肥料施用前应经无害化处理，有机肥料中重金属污染物质含量应符合 NY 525—2012《有机肥料》规定。

（2）应多施沼液、沼渣等经处理后的有机肥料。化学肥料与有机肥料应配合使用，避免单纯使用化学肥料和矿物源肥料，提倡施用茶树专用肥。

二、"有机肥＋沼液"模式

（一）适宜范围

适宜于翠屏区北域以砖红色砂岩层风化发育而成的紫沙土为主的茶园。

（二）施肥措施

（1）根据土壤理化性质、茶树长势、预计产量、制茶类型和气候等条件，确定合理的肥料种类、数量和施肥时间，实施茶园平衡施肥，防止茶园缺肥和过量施肥。

（2）基肥以有机肥为主，于当年秋季开沟深施，沟深 20 厘米以上，一般每亩施饼肥或商品有机肥 500 千克左右，一次性施用茶叶配方肥（22-8-15）30 千克。管道配施 1 米^3 沼液（1∶1 稀释）。

（3）追肥可结合茶树生长发育规律进行 3 次，每亩追肥施用总量 3 米^3 沼液（1∶1 稀释）、10 千克尿素（纯量），在茶叶开采前 15～30 天开沟施肥，沟深 10 厘米左右，根据茶树生长状况，可结合施药或单独进行。

（4）通过"有机肥＋沼液"模式，可减少追施化学氮肥量（纯氮计）25 千克/亩。

（三）配套技术

（1）农家肥等有机肥料施用前应经无害化处理，有机肥料中重金属污染物质含量应符合 NY 525—2012《有机肥料》规定。

（2）沼液应充分腐熟，尽量施用在常温条件下沼气发酵一个月以上的沼液。

三、"有机肥＋绿肥"模式

（一）适宜范围

适宜于翠屏区北域以砖红色砂岩层风化发育而成的紫沙土为主的茶园。

（二）施肥措施

（1）根据土壤理化性质、茶树长势、预计产量、制茶类型和气候等条件，确定合理的肥料种类、数量和施肥时间，实施茶园平衡施肥，防止茶园缺肥和过量施肥。

（2）基肥以有机肥为主，于当年秋季开沟深施，沟深 20 厘米以上。一般每亩施饼肥或商品有机肥 500 千克左右，一次性施用茶叶专用配方肥（22-8-15）30 千克/亩。

（3）利用茶园行间空地套种绿肥，是以园养园、增加土壤有机质的一种经济有效的方法。在秋季播种三叶草（绿肥种子用量 2 千克/亩），于 9～10 月采用行间带状种植（一般距离树基 0.5 米以上），于翌年春天 3 月刈割翻压后作为肥料，每亩产量 1 000～1 500 千克。在绿肥翻压的同时配合施用适量茶叶配方肥 5 千克（22-8-15），施肥方法采用条沟、穴施，施肥深度 10～20 厘米。5～7 月自然生草，当草或绿肥生长到 30 厘米左右或季节性干旱来临前适时刈割后覆盖在行间，每亩产量 500～1 000 千克，起到保水、降温、改土培肥等作用。

（4）通过绿肥翻压和覆盖，可减少追施化肥量（纯量）10～12 千克/亩。

（三）配套技术

农家肥等有机肥料施用前应经无害化处理，有机肥料中重金属污染物质含量应符合 NY 525—2012《有机肥料》规定。

四川省名山区茶叶有机肥替代化肥技术模式

一、"商品有机肥＋配方肥"模式

（一）适宜范围

适宜于四川省丘陵茶区。

（二）施肥措施

根据茶园施肥规律"一基三追"的特点，在冬季施基肥时施用商品有机肥，翌年追肥时根据测土情况施用配方肥，以达到有机和无机相结合、改良土壤、提高茶叶产量和品质的效果。要求基肥：10 月中下旬，每亩茶园增施商品有机肥 400 千克以上。追肥：施用配方肥（22-9-12 或 28-6-8）。第一次追肥：翌年 2 月上中旬，追施配方肥 40 千克/亩；第二次追肥：4 月下旬至 5 月上旬，追施配方肥 30 千克/亩；第三次追肥：6 月下旬至 7 月上旬，追施配方肥 30 千克/亩。合计茶园全年施用配方肥 100 千克/亩。

（三）配套技术

深耕施肥：基肥沿滴水线处施用商品有机肥后，采用微耕机深翻土壤；追肥施用配方肥后及时覆土。

二、"茶-沼-畜"模式

（一）适宜范围

适宜于四川省丘陵茶区且养殖比较集中、交通便利区域。

（二）施肥措施

采取社会化服务方式，推广沼渣沼液还田增施有机肥替代化肥。

（1）沼渣沼液还田时间　10 月至翌年 3 月。

（2）施用量　茶园施用沼渣沼液 50 000～60 000 千克/公顷。

（3）现场实施时，可根据天气状况和茶园所处地势调整沼渣沼液施用量，天气干旱时可适当增加沼渣沼液施用量，地势低洼茶园可适当减少用量。

（4）验收合格后，政府对专业合作社开展沼渣沼液还田中间环节予以补助。

（三）配套技术

（1）养殖户建沼气池。

（2）茶园配套建设 3.0 米以上宽机耕道。

（3）茶园区配备抽施粪车等专业设备等。

三、"有机肥＋机械深施"模式

（一）适宜范围

适宜于四川省丘陵茶区且交通便利、茶园种植规范、行距在 1.8 米以上的区域。

（二）施肥措施

（1）结合茶园冬管，进行机械深施有机肥。

（2）采取"机械深耕＋施用有机肥"一条龙服务，即冬管时采用机械修剪茶园，旋耕机翻耕土壤后施入有机肥等，全流程都采用机械化操作。

（3）针对目前大部分茶园栽培行距较窄，旋耕机无法进入深翻土壤等问题，宣传、引导茶农将新栽植茶园行距调整为 180 厘米左右，以便投产后采用机械深施有机肥。

（三）配套技术

深耕施肥：基肥沿滴水线处施用后，采用微耕机深翻土壤 15 厘米以上；追肥施用配方肥后及时覆土。

四、"茶＋沼＋自流灌溉"模式

（一）适宜范围

适宜于四川省丘陵茶区且养殖比较集中、交通便利区域。

（二）施肥措施

（1）选择交通方便，茶园集中连片区域建公共贮粪池，方便抽施粪车等运输沼渣沼液车辆到达。

（2）公共贮粪池选择要与灌溉茶园落差 10 米以上。

（3）公共贮粪池建设采用半埋式，露地高度不超过 1 米。

（4）自流灌溉管网主管铺设后，间隔 100 米左右安装一个小管接头，方便茶农施用沼渣沼液时连接。

（5）茶农施用沼渣沼液时间为 10 月至翌年 3 月，每次施用量为 50 000～60 000 千克/公顷，可根据天气状况和茶园所处地势调整施用量，天气干旱时可适当增加施用量，地势低洼茶园可适当减少施用量。

（三）配套技术

（1）养殖户建沼气池。

（2）茶园配套建设 3.0 米以上宽机耕道。

（3）茶园区配备抽施粪车等专业设备等。

贵州省石阡县茶叶有机肥替代化肥技术模式

一、"沼液＋水肥一体化"模式

（一）适宜范围

适宜于贵州省石阡县茶叶基地。

（二）施肥措施

（1）沼渣基肥　秋季冬管时（10月中旬至11月上旬），可以沼气池中捞出沼渣直接施用，或晾晒半干施用，施用量为400千克/亩，沿茶蓬滴水线位置开沟15～20厘米施用后覆土。

（2）沼液追肥　茶园沼液追肥一般在春、夏、秋季每轮新梢初芽萌发到新鲜叶片开展期施用。按沼液与水1∶1比例稀释，每次每亩用沼液650千克，利用水肥一体化设施进行浇灌。

（3）沼液叶面肥　采用有机液体肥，按沼液与水1∶1比例稀释，每亩喷施经过滤后沼液700千克，以晴天傍晚喷施效果较好，但在采茶前15天不宜喷施。

（三）配套技术

（1）沼液无害化技术　沼液除臭技术（沼液使用前添加除臭的微生物菌剂）和降低重金属技术（添加重金属无害化微生物菌剂）

（2）沼渣沼液发酵技术　高效沼气微生物菌剂在沼气池使用过程中，每立方米沼气池可添加200克左右。

（3）沼液水肥一体化技术　水肥一体化技术，沼液肥喷施、沟施技术。

二、"有机肥＋生物菌剂"模式

（一）适宜范围

适宜于贵州省石阡县茶叶基地。

（二）施肥措施

根据土壤肥力情况和茶园的目标产量确定有机肥用量，常规施用腐熟菜籽饼100～120千克/亩，在每年的10月中旬至11月上旬，沿茶蓬滴水线位置开沟15～20厘米施用后覆土，满足根系活动的需要且营养树体，同时起到改良土壤功效，为翌年春茶生产提供物质基础，促进越冬芽生长。

（三）配套技术

（1）有机肥堆沤发酵技术　物料无害化处理技术和充分完全发酵技术。

（2）生物菌剂施用技术

① 每亩20千克生物菌剂与有机肥混匀后开沟施用。

② 液体生物菌剂可地表喷雾，喷雾后覆土，生防菌剂可在病害易发生时间之前使用。

③ 液体生物菌剂、固体生物菌剂均可用水冲施，施后覆土。

④ 微生物杀虫剂、微生物杀菌剂均可在病虫害发生初期进行喷施。

三、"有机肥＋配方肥"模式

（一）适宜范围

适宜于贵州省石阡县茶叶基地。

（二）施肥措施

根据土壤肥力情况和茶园的目标产量确定有机肥用量，常规施用腐熟菜籽饼 100～120 千克/亩，同时施入 50 千克/亩配方肥（20-8-10 或相近配方），在每年的 10 月中旬至 11 月上旬，沿茶蓬滴水线位置开沟 15～20 厘米施用后覆土。其作用为满足根系活动的需要且营养树体；改良土壤；为翌年春茶生产提供物质基础，助长越冬芽。

（三）配套技术

（1）有机肥堆沤发酵技术　物料无害化处理技术和充分完全发酵技术。

（2）茶叶配方肥技术　茶叶配方肥是将不同单质或二元复合的化学肥料与部分有机肥，按照配方掺混生产的掺混肥。优点：操作简便，较小面积的工厂就可完成掺混的工艺；根据土壤检测数据制定区域的产品配方。缺点：由于加入了有机肥易吸潮，需要现用现混，不能存放；由于使用的多为二元复合肥，所以填料较多，降低了有机质的含量。

四、"有机肥＋绿肥"模式

（一）适宜范围

适宜于贵州省石阡县茶叶基地。

（二）施肥措施

根据土壤肥力情况和茶园的目标产量施用腐熟菜籽饼 100～120 千克/亩，在每年的 10 月中旬至 11 月上旬，沿茶蓬滴水线位置开沟 15～20 厘米施用后覆土。其作用为满足根系活动的需要且营养树体；改良土壤；为翌年春茶生产提供物质基础，助长越冬芽。

（三）配套技术

（1）有机肥堆沤发酵技术　物料无害化处理技术和充分完全发酵技术。

（2）绿肥的施用技术　茶园冬管施肥覆土后及时在茶树行间空隙地撒播三叶草，每亩播种量 1.5 千克，播前旋耕、浇水，播后压实土壤。每年割 2～4 次，豆科植物留 15 厘米左右，禾本科植物留 10 厘米左右。施肥养草，以氮换碳。割草后，每亩施氮肥 5 千克左右，为微生物提供分解有机质所需氮元素。

云南省凤庆县茶叶有机肥替代化肥技术模式

"茶-沼-畜＋配方肥＋绿肥"模式

（一）适宜范围

该技术模式适用于有大、中、小型养殖场，大、中型养殖场配有沼气池，以及小型养殖场畜禽粪污、沼液资源化利用程度低的茶叶生产大县。

（二）施肥措施

1. 基肥

（1）肥料品种　沼液、茶叶专用配方肥（20-8-12 或类似配方）、硫酸镁肥（MgO 含量≥25%）。

（2）肥料用量　沼液 10 米³/亩、茶叶专用配方肥 30 千克/亩、硫酸镁肥 2 千克/亩。

（3）施肥时间　最适施肥时间 10 月中旬至 11 月中旬。

（4）施肥方法　采用条沟（或环沟）法施肥，施肥深度在 20～30 厘米，人工或机械开施肥沟，再将配方肥和硫酸镁肥施入施肥沟中覆土，播种绿肥，然后将沼液直接施入或结合灌溉施入。

2. 追肥

茶树追肥建议 2～3 次。

第一次追肥：

（1）肥料品种　尿素（46.4%）、沼液。

（2）肥料用量　尿素 6～8 千克/亩、沼液 5 米³/亩。

（3）施肥时间　2 月中旬至 3 月上旬。

（4）施肥方法　开浅沟 5～10 厘米，把肥料施入后覆土，然后将沼液直接施入或结合灌溉施入。

第二次追肥：

（1）肥料品种　茶叶专用配方肥（20-8-12 或类似配方）、尿素（46.4%）、沼液。

（2）肥料用量　茶叶专用配方肥 10 千克/亩、尿素 6～8 千克/亩、沼液 5 米³/亩。

（3）施肥时间　5 月中旬至 6 月上旬。

（4）施肥方法　开浅沟 5～10 厘米，施用后覆土，然后将沼液直接施入或结合灌溉施入，绿肥自然枯萎还田。

第三次追肥：

（1）肥料品种　尿素（46.4%）。

（2）肥料用量　6～8 千克/亩。

（3）施肥时间　8 月中下旬。

（4）施肥方法　开浅沟 5～10 厘米，施用后覆土。

（三）配套技术

1. 小型养殖场沼液收集、资源化、无害化高效利用技术

针对凤庆县茶叶种植区大部分农户不养殖，少数农户小规模集中养殖牛、羊、猪，畜禽粪尿干湿不分离，资源化利用程度不高，农业面源污染严重的实际情况，以京竹林村村委会为重点，开展畜禽粪便干湿分离工程化改造和畜禽粪便无臭化、资源化快速无害化处理技术推广应用工作。

工程改造设计，整个处理系统由遮雨棚、干粪处理池、液体沉淀池、渗漏液收集池 4 部分组成。其中干湿处理池体积比为 1∶1，粪尿产生处理周期为 1 个月。粪尿产生量：牛为 5 千克/（头·天），猪为 3 千克/（头·天），羊为 0.8 千克/（头·天）。

畜禽粪便从养殖区出来后，进入固态处理池，其中液体部分从处理池底部的透水板流

入沉淀池，在沉淀池中经过沉淀和 10 天左右的初步发酵后达到半腐熟状态。通过溢流口自然流入渗漏液处理池，在经过 15 天左右发酵后，可以打开底部预留管道闸阀流出，沼液经移动软管施入茶园。干湿分离后，固体部分经过堆沤发酵后制作成有机肥施入茶园。

2. 田间沼液贮液罐及管网建设

为节省能源，方案设计时可充分利用茶园高差优势，把田间沼液浇灌系统设计成无动力自流式灌溉管网系统，即将贮液罐布设在茶园最高处，从贮液罐引出的 PVC 管按梯级布设到茶园，贮液罐出口处安装 1 个总控闸阀开关，每级茶园布设一个带闸阀开关的浇灌桩，每户茶农根据茶园情况配置沼液浇灌用的软管，需要灌溉沼液时把软管接到浇灌桩上，闸阀打开即可浇灌。

3. 茶园绿肥生产利用技术

（1）绿肥品种 光叶紫花苕、毛叶早苕、蓝花苕、野豌豆、三叶草、箭筈豌豆。

（2）播种时间 绿肥播种在 10～11 月基肥施用后，一般选择土壤水分含量较好时播种。

（3）绿肥播种量 光叶紫花苕、毛叶早苕、蓝花苕、野豌豆、箭筈豌豆播种量为 2～3 千克/亩，三叶草播种量为 1 千克/亩。

（4）绿肥播种方法 茶树施肥覆土后，在土壤湿度合适时，于茶树滴水线外侧打浅穴穴播（穴距 15～20 厘米，每穴播种 2～3 粒）、开浅沟条播或撒播。

（5）绿肥田间管理 绿肥播种后，可结合沼液浇灌以促进种子萌发，如有杂草可适当进行非药剂除草，以保证绿肥的成活率与覆盖度；同时，做好土壤养分管理、病虫害防控和效果监测。

（6）绿肥肥料管理 茶园土壤酸性较强，可用钙镁磷肥 1～2 千克/亩与种子混匀播种，用来提高绿肥出苗率、增强其侵占性。

（7）绿肥病虫害防控 绿肥的病虫害比较少，盛花期会出现蚜虫和白粉病，可通过适时刈割的方法来避免病虫害发生，也可在播种时用百菌清或三唑酮拌种预防。

（8）适时刈割管理 作为一年生作物，绿肥需在盛花期生物量最大时或绿肥高 40～60 厘米时开始刈割或到翌年 5 月自然枯萎时覆盖还田；为加快绿肥腐熟、养分矿化，可在还田后的绿肥上均匀喷施 1∶1 000 倍 EM 微生物菌剂使绿肥秸秆湿润。

云南省思茅区茶叶有机肥替代化肥技术模式

"有机肥＋配方肥＋绿肥"模式

（一）适宜范围

该模式可在无人工灌溉条件下，开展绿肥品种配置、播种方式、播种时间、田间管理和综合利用技术研究，构建适合思茅茶园气候、土壤特点的简便、易行、高效的"茶园生草绿色生产技术"。该技术适用于茶行间相对较宽、有机肥资源相对缺乏且适合绿肥生长的所有绿色茶园推广应用。

（二）施肥措施

1. 基肥

10月底至11月中旬，施用100千克/亩商品有机肥、40千克/亩茶树专用肥（22-8-10或相近配方），有机肥和专用肥拌匀后开沟15～20厘米或结合深耕施用，施肥后选择雨后土壤湿润时撒播绿肥种子。

2. 追肥

春茶采摘完开始降雨（5月中旬至6月初），施用配方肥10千克/亩、尿素20千克/亩，开浅沟5～10厘米施用，或穴施覆土。此时绿肥自然枯萎覆盖茶行，待雨水下透后自然腐熟还田作有机肥。

（三）配套技术

8月至翌年4月，茶园通过人工浅沟条播光叶苕子、毛叶苕子、山黧豆、箭筈豌豆等豆科绿肥，于翌年春天3～4月刈割翻压后作为肥料，或者让绿肥自然枯萎覆盖于茶园。5～9月让茶园自然生草，自然生草果园行间不进行中耕除草。

1. 夏季自然生草技术

（1）自然生草管理技术　5～9月让茶园自然生草，树行间不需进行中耕除草，让马唐、稗、光头稗、狗尾草、酢浆草、天南星、野豌豆等当地优良野生杂草自然生长，及时拔除豚草、苋菜、藜、苘麻、葎草、鬼针草等恶性杂草。

（2）刈割利用　当草生长到40厘米左右或恶性杂草草籽成熟前适时刈割（或碾压）后覆盖在行间和树盘。同时按茶树需肥规律，做好冬肥、春肥和夏肥的施用。

2. 绿肥高效生产还田技术

（1）品种选择　宜选择相对耐阴（茶园）、抗旱、覆盖快、肥效高且病虫害少的绿肥品种，也可将豆科、菊科和禾本科绿肥混播。豆科绿肥品种可选择箭筈豌豆、光叶苕子、毛叶苕子、猪屎豆、紫花苜蓿等，菊科可选择小葵子，禾本科可选择黑麦草和鼠尾草。

（2）整地　茶园可结合茶园松土进行人工除草、翻耕和平整，翻耕土层深度10～20厘米，平整后地块土粒粒径应小于10厘米，且无明显的坑凹。如果雨天、土壤湿润的情况下播种，也可免耕。

结合整地，每亩施过磷酸钙10～20千克、硫酸钾5千克。

（3）播种

① 种子质量要求。绿肥种子应符合GB 6141—2018《豆科草种子质量分级》中的3级及以上的规定。

② 播种时间。9～10月（进入旱季前），宜选择连续阴雨天气、0～30厘米土层的土壤含水量≥28%时播种。

③ 播种量。不同绿肥品种播种量不同，一般箭筈豌豆、光叶苕子、毛叶苕子播种量为1千克/亩（茶园），猪屎豆、紫花苜蓿、小葵子1千克/亩（茶园），黑麦草和鼠尾草0.5千克/亩（茶园），混播时播种量按比例减少。

④ 播种方法。

穴播：在茶行距离台地垂直面20厘米处打穴，穴间距15～20厘米，每穴播种2～5粒。

条播：在茶行距离台地垂直面20厘米处开浅沟。

撒播：适宜在阴雨天土壤含水量≥28％时免耕播种。

穴播或条播后，用齿长 11 厘米左右、齿间距 5 厘米左右的短齿铁耙轻轻地将土往同一个方向耙一遍，使裸露的种子被土充分盖住，盖土厚度以 1 厘米左右为宜。

（4）刈割利用　翌年 4 月中旬，绿肥进入盛花期即生物量最大时，可采用便携式小型机械进行刈割或碾压。刈割时留茬高度不宜高于 5 厘米，压青时将刈割下来的绿肥填入肥穴或施肥沟，踩实并回填少量表土覆盖。刈割下来的绿肥也可以盖在茶树树盘周围，也可以覆盖在行间，覆盖厚度为 15～20 厘米。

3. 茶园病虫害管理

（1）打开杀虫灯　3 月中下旬，打开天敌友好型 LED 杀虫灯。

（2）悬挂蓝板，诱杀蓟马成虫　4 月中旬至 7 月下旬，悬挂蓝板（25 张/亩，悬挂高度以色板下边缘高出茶蓬 15～20 厘米为宜）诱杀蓟马成虫。

（3）释放捕食螨　3～6 月，田间释放捕食螨防治红蜘蛛，虫口基数大时，选用绿颖矿物油、化学农药 24％虫螨腈 1 500 倍液。

（4）防控蓟马兼治小绿叶蝉　5～7 月，定期监测并根据防治指标（100 头/百梢），选择合适时机防治蓟马，当虫口数量接近防治指标时可选用 0.3％印楝素 1 000 倍液或 7.5％鱼藤酮 450 倍液；若虫害暴发发生危害，则选用化学农药（24％虫螨腈 1 500 倍液、5％多杀霉素 1 000 倍液）进行防治，兼治小绿叶蝉。

（5）悬挂黄板或天敌友好型色板，诱杀小绿叶蝉成虫　6～10 月，定期监测小绿叶蝉发生动态，在发生高峰期前悬挂黄板或天敌友好型色板（25 张/亩，悬挂高度以色板下边缘高于茶蓬 15～20 厘米为宜），诱杀小绿叶蝉成虫；若虫口基数接近防治指标（10 头/百叶），可选用 30％茶皂素水剂 500 倍液，或 0.3％印楝素 500 倍液，或 7.5％鱼藤酮 450 倍液进行防治；若虫口基数大，则选用化学农药进行防治，可用 24％虫螨腈 1 500 倍液、22％噻虫高氯氟 1 500 倍液、30％唑虫酰胺 1 500 倍液进行应急防治。

（6）悬挂性诱捕器，防控茶细蛾、茶卷叶蛾等鳞翅目害虫　6～10 月定期监测茶细蛾、茶卷叶蛾等鳞翅目害虫的发生，并根据防治指标（每平方米茶蓬虫口达 10 头以上），重点抓住茶细蛾（茶细蛾在潜叶期至卷边期防治）、卷叶蛾 1～2 龄幼虫盛发期，选择苏云金芽孢杆菌（BT 制剂）、0.3％苦参碱 450 倍液、7.5％鱼藤酮 450 倍液、24％虫螨腈 1 500 倍液进行防治；在成虫发生期前悬挂茶细蛾和卷叶蛾性诱捕器，为保证诱杀效率，1～2 个月内更换一次性诱芯。

（7）做好监测，防治茶尺蠖　5～10 月定期监测茶尺蠖发生，根据防治指标（每米茶行虫口达 10 头以上），在 1～2 龄幼虫期，选择 0.3％苦参碱 450 倍液、7.5％鱼藤酮 450 倍液、苏云金芽孢杆菌（BT 制剂）、24％虫螨腈 1 500 倍液进行防治。该虫喜欢在上午或傍晚取食，因此在上午 10 时或下午 4～5 时喷药效果最好。

（8）防治茶饼病　9～11 月，定期监测茶饼病，以预防为主，可选择 5％氨基寡糖素 1 000 倍液、10％多抗霉素 B 1 000 倍液预防；发生中期可选用十三吗啉 1 000 倍液、75％肟菌戊唑醇 1 500 倍液进行防治。

（9）石硫合剂封园　12 月中下旬，关闭 LED 杀虫灯，选用 45％石硫合剂晶体封园，可防治螨类、粉虱、蚧类等。

第四章

蔬菜有机肥
替代化肥技术模式

北京市顺义区西瓜、番茄有机肥替代化肥技术模式

"有机肥＋配方肥＋水肥一体化"模式

(一) 适宜范围

适宜于顺义区域内蔬菜生产乡镇。同时，适用于京郊其他平原区县以及华北地区平原区县应用。

(二) 施肥措施

1. 基肥

每亩施商品有机肥 2 000 千克或腐熟优质农家肥 4 000 千克，深翻 20～30 厘米，作畦前再施入 45％养分含量三元复合肥 50 千克；施肥方法采用普施与沟施相结合的方法。

2. 追肥

第一穗果核桃大小时浇膨果水，结合浇水每亩可施果菜专用复合肥 20～30 千克，或低氮高钾水溶肥 15～20 千克，以后每穗果核桃大小时都浇水追肥一次，施肥量参照第一次，浇水后通风排湿。结果期间，可以在晴天傍晚喷施叶面肥，叶面肥可选择磷酸二氢钾或尿素，浓度在 0.2％～0.3％。全生育期重视钾肥使用，防止硬果番茄筋腐病发生。

(三) 配套技术

1. 品种选择

夏秋季节大棚番茄栽培选择具有耐热、抗病、丰产、商品性好的品种，粉果番茄适宜品种有仙客 8 号、金棚 10 号、天丰 1 号等品种；硬果红肉番茄可选用瑞克斯旺种子公司的百利品种，以色列泽文公司的哈特、秀丽等品种。每亩用种量 20～30 克。

2. 种子处理

在播种前，将种子放入 55 ℃温水中浸泡 15 分钟，并不停搅拌，捞出放入 10％磷酸三钠溶液中浸 10～15 分钟，浸后用清水冲洗干净即可催芽；催芽温度 25～30 ℃，2～3 天后 60％种子萌芽时播种。或将种子用纱布包好，放在 10％磷酸三钠溶液中浸 20 分钟，浸后用清水淘洗干净，消灭种子表面病菌，晾干后即播种。

3. 土壤处理

在播种和定植前对土壤进行消毒，一般常用甲基硫菌灵、多菌灵 1.5～2 千克/亩，掺土均匀撒入畦中。

4. 播种育苗

(1) 播种期　北京地区从 5 月中旬至 7 月上旬均可播种，最佳播期为 6 月 20 日至 7 月 6 日。其中 5 月中旬至 6 月上旬播种的，一般采取育苗移栽为主，苗龄 25～30 天为宜；6 月中旬至 7 月上旬播种的，一般采用直播。夏秋茬番茄上市供应时间为 8 中下旬至 11 月上旬。

(2) 育苗及播种　以营养钵育苗、穴盘育苗为主，也可以采用育苗营养块育苗；平畦撒播育苗需及时分苗。直播为条播，在小高垄中部开浅沟，播种后覆土封严。无论哪种方式播种、育苗均需要遮阳，一般可采用旧膜或遮阳网棚顶覆盖，以达到降强光、降温、防

雨作用。

（3）床土准备与育苗基质配制　育苗床土选用近 3 年未种过茄科蔬菜的肥沃园田土与充分腐熟过筛圈肥按 2∶1 比例混合均匀，每立方米加入 N∶P_2O_5∶K_2O 为 15∶15∶15 的三元复合肥 2 千克。将床土按厚度 10～15 厘米铺入苗床，或装入 8 厘米×10 厘米营养钵待播。

穴盘育苗选用 128 孔穴盘，育苗基质用草炭加蛭石按照 3∶1 混合，每立方米加番茄专用肥 1 400 克，充分混匀填充。若选用育苗营养块育苗，用前需将营养块浇透水后再播种。

（4）播种　在浸足底水的穴盘、塑料钵中点播种子。采用塑料钵育苗，种子充裕时每钵播 2～3 粒种子，上面覆细潮土 0.8～1 厘米；穴盘育苗每穴播种 1 粒种子，上覆蛭石。播后覆盖地膜保墒，幼苗 50％出土时，揭去地膜。

（5）苗期管理　浇水降温。播后即浇小水，晴好天气一般一天浇一小水，一般三水齐苗。苗出齐到 2 片真叶阶段，喷施矮壮素 800～1 000 倍液或 5～10 毫克/千克多效唑防止幼苗徒长。撒播育苗的幼苗 2 叶 1 心时及时分苗到 8 厘米×10 厘米营养钵内。中午日照过强要遮阳，缓苗后，尽量扩大放风炼苗，防治蚜虫、白粉虱、斑潜蝇等，减少病毒的传播。一般早、晚打药，药中适当加入消抗液以增加药效，苗期一般防治 2～3 次。喷施抗毒剂，提高抗病毒能力，分别在 2 叶、4 叶时喷抗毒剂一号，傍晚时用药；也可选用病毒 A，有较好的预防效果。使用遮阳和通风措施，遮阳选用遮阳网或其他材料，在风口处加用 0.85 毫米孔径（22 目）防虫网，温度尽量控制在白天 25～30 ℃、夜间 18～20 ℃。

5. 定植

（1）整地施肥　每亩施商品有机肥 2 000 千克或腐熟优质农家肥 4 000 千克，深翻 20～30 厘米，作畦前再施入 45％含量三元复合肥 50 千克。施肥方法可采用普施与沟施相结合的方法。

（2）作畦　按 1.2～1.3 米作畦，畦宽 0.6～0.7 米，沟宽 0.5～0.6 米，提倡覆盖银灰地膜防蚜。种植硬果型番茄品种按 1.5～1.6 米作畦，畦宽 0.6～0.7 米，沟宽 0.8～0.9 米。垄高一般要求 15～20 厘米。

（3）防虫与遮阳　在通风口和门口设置防虫网，在棚顶覆盖可活动的防虫网；有条件的棚上加盖遮阳网，注意光强下降后及时撤除。

（4）适期定植　当植株达到 3～4 叶 1 心，苗龄达到 25 天左右，即可定植。直播则此期安排定棵，株距以 40 厘米为宜。选晴天下午定棵或定植，双行定植，每亩 2 500～2 800 株，平均行距 60～65 厘米、株距 36～44 厘米。定植时浇埯水，然后紧跟着浇大水，高温强日照时覆盖遮阳网降温。定植至缓苗期温度控制在白天 25～30 ℃、夜间 20～25 ℃。

6. 定植后及结果期管理

（1）缓苗后—开花前管理　前期重点防控病毒病，主要措施有喷施增抗剂、小水勤浇、及时用药等，防治蚜虫、烟粉虱、斑潜蝇等。前期尽量不中耕，减少伤根以减轻病毒病的发生。及时查苗补苗，宜早不宜晚。植株调整：缓苗后，及时插架绑蔓或吊蔓。采用单干整枝，尤其与果穗同位的侧枝生长势强，对花序影响大，要及早摘除。温度管理：白天不高于 32 ℃，夜晚尽量降温，以 18～23 ℃为宜；主要利用遮阳网和加大通风量降温。

（2）开花期管理　蘸花：当第一穗的花开 2～3 朵时，花将要开或半开时，用沈农 2 号生长调节剂蘸花，每支（2 毫升）兑水 1～1.25 千克，一般在上午无露水后及下午 3 时后蘸花（禁用 2，4 - D）。要严格掌握浓度，不要重蘸漏蘸。有条件的可以使用熊蜂为番茄进行授粉可以有效提高番茄营养物质含量。防治棉铃虫，在 8 月底至 9 月初重点防治，在幼虫蛀果前防 1～2 次，禁用氧化乐果等高毒农药。

（3）坐果期管理

① 合理留果。每株留 5～6 穗果（9 月 10 日后开花果穗不再留果），每穗果 3～4 个。在留足果穗后，在最上端花序前端留 2～3 片叶摘心。适时打掉下部老化底叶，减少病害发生。注意及时疏果，一般第一穗留 3 个果，第二穗果以上每穗留 3～4 个果。

② 水肥管理。第一穗果核桃大小时浇膨果水，结合浇水每亩可施果菜专用复合肥 20～30 千克或低氮高钾水溶肥 15～20 千克，以后每穗果核桃大小时都浇水追肥一次，施肥量参照第一次，浇水后通风排湿。结果期间，可以在晴天傍晚喷施叶面肥，叶面肥可选择磷酸二氢钾或尿素，浓度在 0.2%～0.3%。后期要控制浇水次数，浇水后要立即排湿，控制病害发生。全生育期重视钾肥使用，防止硬果番茄筋腐病发生。

③ 温、湿度管理。结果期适宜温度要求白天 25～30 ℃，夜间 15 ℃。适宜湿度要求控制在 50%～70%。进入 9 月以后气温逐渐下降，管理以调温为主，要注意提温、保温、排湿、放风。有条件的将旧膜换成新膜，当夜温降到 13 ℃时要及时闭棚。10 月以后天气转冷，管理重点以升温、保温为主，白天保持 28～30 ℃，不超过 30 ℃不放风（注意换气），夜间尽量保温。外界温度 8 ℃以下时，要用草帘围住大棚四周底脚，外界降至 0 ℃时要及时采收果实防止冻害。

④ 防治病虫害。虫害重点防治棉铃虫、烟粉虱，病害主要是叶霉病、晚疫病等，一般隔 7～8 天预防一次。及时打除病叶、下部老化叶片。要根据经验和预报进行防治，减少盲目打药。

7. 适时采收

番茄成熟有绿熟、变色、成熟、完熟 4 个时期。贮存保鲜在绿熟期采收；运输出售在变色期（果实的 1/3 变红）采摘；本地出售或自食应在成熟期即果实 2/3 以上变红时采摘。

（1）果实进入成熟期，禁止使用乙烯利等化学药剂催红，以减少药剂残留。

（2）果实采收前要严格掌握农药安全间隔期，在农药残效期内不允许上市。

天津市西青区设施蔬菜有机肥替代化肥技术模式

一、"自制堆沤有机肥＋配方肥"模式

（一）适宜范围
适宜于西青区及周边区县设施蔬菜生产区。

（二）施肥措施

1. 基肥

每亩推荐施用自制堆沤有机肥 2.5～3 吨，蔬菜专用配方肥（12 - 16 - 18）40 千克。

2. 追肥

每次追施蔬菜专用配方肥（32-0-8）12～15千克，果菜类蔬菜追施4～5次，叶菜类蔬菜追施1～2次，每10～15天追肥一次。

（三）配套技术

1. 原料收集

以龙头企业或专业合作社为骨干，与周边畜牧养殖场、食用菌生产企业、农村专业合作社等新型农业生产组织签合同，集中收集周边产出的鸡粪、猪粪、牛粪、废菌棒、菌渣以及作物秸秆、蔬菜尾菜等，统一存放，集中处理。

2. 堆沤腐熟

将蔬菜尾菜、作物秸秆等切碎，加入适量发酵菌剂，与鸡粪、猪粪、牛粪、废菌棒等按比例混合放入秸秆制肥机；升温至70～80℃，搅拌杀菌2～3小时；降温至60℃左右，发酵10小时；移出，堆成条垛进行腐熟，表面覆盖毛毡或薄膜，顶部留气孔（冬季堆垛高2～2.5米，夏季堆垛高1.5～2米，腐熟7～15天，其间翻堆2～3次）；待条垛中心温度降至40℃左右、菌丝长满、物料含水量达到30%以下、有青草香和微酸味时，腐熟完成，装包备用。

二、"商品有机肥＋配方肥＋绿肥"模式

（一）适宜范围

适宜于西青区及周边区县设施蔬菜生产区，主要适用于茄子、番茄、辣椒等茄果类设施蔬菜。

（二）施肥措施

1. 基肥

每亩推荐施用商品有机肥2.5～3吨，蔬菜专用配方肥（12-16-18）40千克。

2. 追肥

每次追施蔬菜专用配方肥（32-0-8）12～15千克，果菜类蔬菜追施4～5次，每10～15天追肥一次。

（三）配套技术

1. 绿肥种植

在设施茄果类蔬菜（番茄、辣椒、茄子）定植缓苗后10～15天，在宽行间均匀撒播毛叶苕子、箭筈豌豆、黑麦等绿肥作物种子。毛叶苕子、箭筈豌豆单播，或毛叶苕子—黑麦（2：3比例）混播。每亩播量：毛叶苕子5千克，箭筈豌豆4千克，毛叶苕子—黑麦混播（2：3比例）5千克。播前行间浇水以利出苗，保持湿润3～5天；绿肥不再另行灌水；不需要覆膜。

2. 绿肥管理

待绿肥长至5～7厘米高度时，田间如有杂草可中耕除草一次；绿肥生长不影响茄果类蔬菜的正常田间管理（如施肥、灌溉、植株调整、病虫防治、采收等），可以踩踏；绿肥田容易引来七星瓢虫等益虫，能够防护茄果类蔬菜病虫侵害。防治潜叶蝇，可用40%绿菜宝乳油1 000倍液，或者48%乐斯本乳油1 000倍液，药液量30千克/亩。

3. 绿肥覆盖

绿肥播种 2 个月后，行间绿肥长至 30 厘米或更高时，如果影响正常田间管理工作，可将绿肥地上部留茬 10～15 厘米，进行刈割；平铺在行间，覆盖地表，有助于杂草抑制，保留水分并有利于昆虫栖息。

4. 绿肥翻压

茄果类蔬菜结果中期，可以将整行绿肥或留茬覆盖后的绿肥，直接翻压还田，即在原地用粉碎带旋耕小型机械直接将绿肥翻压入土，深度约 20 厘米。选用的绿肥品种绿叶娇嫩，是碳氮比相对较低的肉质多汁作物，容易腐解，能很快释放出氮素，供给茄果类蔬菜使用。

河北省涿州市设施蔬菜有机肥替代化肥技术模式

"堆沤有机肥＋复合微生物肥＋水肥一体化"模式

（一）适宜范围

涿州市全域内番茄、黄瓜、菜花、紫甘蓝、西瓜等作物均可实施该技术模式。具体实施地点在义和庄镇、刁窝镇、豆庄镇、高官庄镇、东仙坡镇、松林店镇、百尺竿镇等区域。

（二）施肥措施

涿州设施蔬菜区传统施肥量为每亩底施复合肥 40 千克（折合化肥纯量 18 千克），堆沤有机肥 2～3 米^3，后期追施化肥 60 千克（折合化肥纯量 30 千克）。根据施肥情况调查，结合土壤化验情况及作物需肥规律确定"有机肥＋复合微生物肥＋水肥一体化"为涿州区域主要推广模式。每亩底施优质有机肥 2.5～4 吨，复合微生物肥 80 千克（折合化肥纯量 15 千克、有机质纯量 22.5 千克、功能性微生物纯量 16 000 亿）；每亩追施氨基酸水溶肥 40 千克（折合氨基酸 4 千克、中量元素 1.2 千克、有机氮 2 千克，调节植物生长、促进养分的吸收）和大量元素水溶肥不超过 40 千克（折合化肥纯量 24 千克，微量元素 80 克）。通过使用复合微生物肥料可以活化土壤，解磷解钾促进土壤养分的释放，提高肥料的当季利用率，减少化肥用量；氨基酸水溶肥的施用可提高作物对养分的吸收，改善产品品质，调节植物生长。

1. 规模化蔬菜园区

每亩底施商品有机肥 2.5 吨＋复合微生物肥料 80 千克，生长期内通过水肥一体化每亩追施氨基酸水溶性肥料 40 千克和大量元素水溶性肥料 40 千克。

2. 瓜菜专业村

瓜菜专业村农户自行堆沤有机肥，每亩堆沤 4 米^3 以上，底施复合微生物肥料 80 千克，生长期内通过水肥一体化每亩追施氨基酸水溶性肥料 40 千克和大量元素水溶性肥料 40 千克。

（三）配套技术

追施肥料采用滴灌、微喷灌等水肥一体化技术。项目实施后项目区全生育期每亩增施有机肥 30％以上，每亩减少化肥纯量至少 9 千克，减少 19％。每亩增施有机质 447.5 千克，增加 63.9％；示范园区生产基地土壤有机质含量平均提高 5％以上，酸化、盐渍化等问题得到初步改善，土壤结构得到有效改良，保水保肥能力明显提高。

河北省永清县番茄有机肥替代化肥技术模式

"有机肥＋配方肥"模式

（一）适宜范围

适宜于永清县刘街乡、龙虎庄乡、永清镇、后奕镇、管家务乡等地番茄生产区域。

（二）施肥措施

1. 基肥

（1）有机肥　移栽前，按照每亩羊粪、牛粪等草食性动物粪便 8～10 米^3＋作物秸秆 2～3 米^3＋发酵菌剂 3～5 千克混匀后，进行发酵，根据实际情况进行翻倒 3～4 次，直至充分腐熟；或每亩施用商品有机肥（含生物有机肥）2 000～4 000 千克。

（2）微生物菌肥　选取以优质原料为基质，抗病、增产复合菌株为菌种的微生物菌剂，每亩施用 40～80 千克。

（3）复合肥料　每亩基施 36％（13－7－16 或相近配方）的配方肥 30～40 千克。

（4）中微量元素肥料　根据测土情况适当补充中微量元素肥料，尤其是注意钙元素的补充。

（5）施肥方法　有机肥全部撒施，微生物菌剂和复合肥 60％撒施、40％按行开沟，集中施用，中微量元素肥料进行穴施。注意微生物菌剂与复合肥隔离，微生物菌剂避免阳光直晒。肥料撒施后进行深翻 0.3～0.4 米，如地块已经形成犁底层，必须打破，保持土壤疏松透气，利于根系生长。

2. 追肥

（1）苗期　定植时根据温度适量浇水，如果在早春气温尚低时尽量少浇水，以免降低地温，不利于成活。每亩随水施入微生物菌剂、海藻酸、腐殖酸等生根型肥料 5～10 千克，可大大提高成活率和缓苗速度。

（2）花期　在开花前喷施一遍 0.3％磷酸二氢钾溶液，利于花芽分化，补充钙肥有助于花粉管伸长和增强花朵质量。补充硼肥一般用 0.1％～0.2％的硼砂或硼酸溶液，每亩每次喷施肥料溶液量为 40～80 千克，连续喷施 2～3 次。

（3）膨果期　当果实核桃大小时，开始追施氮、磷、钾肥料，第一次追肥为每亩施用氮、磷、钾配方为 20－20－20 或 18－18－18 平衡型水溶肥 5～10 千克，第二次追肥为氮、磷、钾总含量为 20％～30％的腐殖酸类水溶肥 20 千克，第三次追肥为氮、磷、钾配方为 15－5－20 或 15－5－30 高钾型水溶肥 10～20 千克，第四次为氮、磷、钾含量为 12－5－43 或 15－5－40 高钾型水溶肥 5～10 千克。膨果期间根据植株长势及时叶面喷施磷酸二氢钾、钙镁硼肥。

（三）配套技术

1. 选择适宜的品种

根据不同栽培茬口和季节选取不同的番茄品种。如在冬、春季生产时可选用早熟、抗病、品质好、丰产、耐低温，适合于当地消费习惯的优良品种。春季保护地栽培还要求品种具备生长势强，叶片不过度繁茂；花序上平均着果数多，开花整齐；低温条件下和使用生长素蘸花后畸形果少等特性。夏、秋季生产则要选取抗病毒病较强的品种。根据每个品种的长势有针对性地进行施肥种类和数量的调整，确保肥料利用的最大化。

2. 堆肥

（1）堆肥原料　在永清县，由于长时间大量施用鸡粪导致绝大部分设施菜地土壤 pH 偏高、土壤线虫严重等。因此，在选用堆肥原料时应以牛、马、羊等草食性动物粪便为主，复配作物秸秆、杂草落叶等，可以适量加入醋糟、酒糟等降低 pH。将各种堆积材料，切成 6.7～16.7 厘米长。对于质硬、含蜡质较多的材料，如玉米秆和高粱秆吸水能力差，最好将材料粉碎后用污水或 2% 石灰水浸泡，破坏秸秆表面蜡质层，利用吸水促进腐解。

（2）堆肥的关键技术

① 水分。保持适当的含水量是促进微生物活动和堆肥发酵的首要条件。水分含量一般以堆肥材料最大持水量的 60%～75% 为宜。

② 通气。保持堆中有适当的空气，有利于好气微生物的繁殖和活动，促进有机物分解。高温堆肥时更应注意堆积松紧适度，以利通气。

③ 保持中性或微碱性环境。可适量加入石灰或石灰性土壤，中和调节酸度，促进微生物繁殖和活动。

④ 碳氮比。微生物对有机质正常分解作用的碳氮比为 25∶1。

（3）堆肥质量的鉴别

① 颜色、气味。腐熟堆肥的秸秆变成褐色或黑褐色，有黑色汁液，具有氨臭味，用铵试剂速测，其铵态氮含量显著增加。

② 秸秆硬度。用手握堆肥，湿时柔软而有弹性；干时很脆，易破碎，有机质失去弹性。

③ 堆肥浸出液。取腐熟堆肥，加清水搅拌后［肥水比例 1∶（5～10）］，放置 3～5 分钟，其浸出液呈淡黄色。

④ 堆肥体积。比刚堆时缩小 1/2～2/3。

⑤ 碳氮化。一般为（20～30）∶1（以 25∶1 最佳）。

⑥ 腐殖化系数。30% 左右。达到上述指标的堆肥是肥效较好的优质堆肥，可施于各种土壤和作物。坚持长期施用，不仅能获得高产，还对改良土壤、提高地力有显著的效果。

3. 水肥一体化和起垄栽培

在番茄上利用滴灌技术进行浇水施肥，对肥料的水溶性有很高的要求，必须采用品质高的原料进行生产，进一步提高肥料的利用率，从而减少化肥的使用量。起垄栽培，肥料集中在栽培垄上，番茄根系也分布于垄中，能更近地与肥料和空气接触，养分的吸收更直接，浪费更少。

4. 内置秸秆反应堆技术

（1）开沟　在定植行上按行距开沟，沟深 60 厘米、宽 60 厘米。

（2）填料　在沟内填入 40 厘米厚的作物秸秆，新鲜的玉米秸秆、麦秸等均可，然后踏实。

（3）撒菌种　按每亩 2～2.5 千克酵素菌肥，均匀撒在填料上。

（4）回土，准备定植　将土回填，覆土成垄，在垄上定植番茄苗。

（5）第二年在操作行进行开沟填料定植，两年完成全部土地的改良。

河北省青县甜瓜有机肥替代化肥技术模式

"有机肥＋配方肥＋腐殖酸水溶肥"模式

（一）适宜范围

适宜于青县清州镇、盘古镇、曹寺乡、木门店镇、新兴镇等地甜瓜生产区域。

（二）施肥措施

1. 基肥

（1）有机肥　移栽前，每亩施商品有机肥（含生物有机肥）2～3 吨，或每亩羊粪、鸡粪各 3～4 米^3 腐熟发酵后施用。

（2）微生物菌肥　配合有机肥施用或移栽时以蘸根方式施用优质微生物菌剂，每亩 2 千克。

（3）复合肥料　基施养分含量 45％的复合肥（15－15－15）40～50 千克。

（4）施肥方法　有机肥撒施，微生物菌剂与有机肥混合施用；复合肥撒施，集中施用；微生物菌剂移栽时蘸根施用或随水追施。肥料撒施后深翻 0.3～0.4 米，如地块已经形成犁底层，必须打破，保持土壤疏松透气，利于根系生长。

2. 追肥

（1）苗期　定植时根据温度适量浇水，在早春气温尚低时尽量少浇水，以免降低地温，不利于成活。第一水、第二水施腐殖酸水溶肥或生根型肥料 10～15 千克，可大大提高成活率和缓苗速度。

（2）花期　甜瓜开花前浇一次水追一次肥，以促进开花，坐果后一般 10～12 天后浇一次水追一次肥。少施勤施，并适当施用中微量元素肥料。

（3）膨果期　追肥的施用时间、次数及用量视甜瓜长势和结瓜量多少而定，结瓜前控制水肥，坐果后一般每次随水追施高氮高钾硫酸钾型速溶复合肥（20－5－20）15～20 千克，追肥配方根据土壤养分状况和植株长势进行大配方小调整，前期偏重施氮肥，后期偏重施钾肥。

（三）配套技术

1. 品种选择

根据市场需求，在品种的选择上，要挑选早熟、高产、口感好清甜、抗病能力高、好运输的品种，如博洋 8 号、博洋 9 号、博洋 91、博洋 92、博洋 93、博洋 94 等。

2. 播种育苗

甜瓜育苗通常在保暖的温室里，瓜苗育成后再移栽进大棚。育苗有两种方法，即常规育苗和嫁接育苗。新大棚最好用常规育苗，种过甜瓜的大棚最好采用嫁接育苗，能预防枯萎病。甜瓜嫁接育苗时一般在 12 月底至翌年 1 月初开始，白籽南瓜做砧木，比甜瓜籽晚种 20～25 天，10 天后开始嫁接。常规育苗时间可以适当延后。

3. 定植前准备

（1）起垄栽培　前茬作物为非瓜类作物，冬前要深翻晒地，定植前结合整地施足底肥，起畦种植。基肥撒施后，深翻地 30～40 厘米，土肥混匀、深翻细耙，做成宽 100 厘米、高 10～15 厘米的高畦。

（2）扣棚膜挂天幕　定植前 20 天扣大棚膜，以提高地温，覆膜选用高保温、长寿、流滴、消雾农膜。大棚内 10 厘米地温连续 3 天稳定在 12 ℃以上即可定植。定植前 5～7 天挂两层天幕，间隔 20～30 厘米，最好选用厚度 0.012 毫米的聚乙烯无滴地膜。

4. 定植

定植日期一般在 2 月 10～20 日。采用"四膜覆盖"，即一层大棚薄膜，两层天幕膜，一层小拱棚膜。选择晴天定植，行距 100 厘米，株距 30～40 厘米，保苗 1 800～2 000 株/亩，栽苗后浇定植水，不施肥。

5. 浇水

甜瓜生长前期应保持土壤湿润。在收获前 10 天停止浇水，以免出现裂瓜。甜瓜既需要水，但也忌积水，在雨天，要注意排水。中后期要因墒情、长势、天气等因素调整浇水间隔期。前期浇水以晴天上午浇水为好，中后期下午或晚上浇水好。

6. 整枝吊蔓

甜瓜茎为蔓生，当瓜苗长至 7～8 片真叶时，去掉小拱棚，及时吊丝引蔓。将茎基部分无效子蔓摘除。在第 7～8 片真叶开始留侧蔓，每个侧蔓结 1 个瓜后摘心。随着外界温度升高，一般在 3 月下旬先撤除下层天幕，4 月中旬撤第二层天幕。生长中后期要摘除基部病、老叶片。

7. 保瓜理瓜

甜瓜主蔓不留瓜，自 7～8 节留 4～5 个子蔓，每个子蔓结 1 个甜瓜后摘心。等甜瓜坐果 20 天以后可继续保留上面 4～5 个子蔓，每个子蔓结 1 个甜瓜后摘心。瓜秧满架后主蔓摘心，留其下 3～4 个子蔓不摘心，等子蔓瓜收获后可保留孙蔓瓜。为提高坐果率，可采用人工辅助授粉，一般用比效隆 800 倍液蘸花，及时清除病瓜，以免传染病害。

8. 病虫害防治

甜瓜病虫害以预防为主，综合防治，采取农业栽培措施、生物防治、物理防治的方法，改善和优化大棚生态环境，及早发现病虫害，抓住病虫发生初期对症用药，优先采用粉尘法、烟熏法，交替使用不同类别的优质农药。

河北省平泉市蔬菜有机肥替代化肥技术模式

"有机肥＋水肥一体化＋秸秆反应堆"模式

（一）适宜范围

适宜于平泉市全市 19 个乡镇设施蔬菜种植，也适宜于承德市全市范围及内蒙古自治区宁城县、辽宁省凌源市设施蔬菜种植。

（二）施肥措施

1. 配方一

（1）基肥　堆沤粪肥、生物有机肥、30～35 千克尿素或复合肥、秸秆。

每年 9 月中旬，在温室大棚土壤消毒后，将充分腐熟的堆沤粪肥 4～5 吨/亩、生物有机肥 1 吨/亩平铺在大棚内土壤表面，用小型旋耕机进行翻耕，使肥料与土壤充分混合，移栽前做苗床，苗床上挖宽 60～90 厘米、深 40～50 厘米土沟，沟内埋设秸秆，秸秆量 2～3 吨/亩，灌水冲施后覆土，再施用尿素或复合肥 30～35 千克/亩。10 月中旬开始移栽黄瓜、番茄等蔬菜苗。

（2）追肥　苗木定植后，覆盖地膜，采用膜下滴灌技术，利用水肥一体机或者滴灌系统对种植蔬菜施用相应的水溶肥料，以及调节酸、碱等平衡的肥料。

2. 配方二

（1）基肥　堆沤粪肥、30～35 千克尿素或复合肥、秸秆。

每年 9 月中旬，温室大棚在土壤消毒后，将充分腐熟的堆沤粪肥 4～5 吨/亩平铺在大棚内土壤表面，用小型旋耕机进行翻耕，使肥料与土壤充分混合，移栽前做苗床，苗床上挖宽 60～90 厘米、深 40～50 厘米土沟，沟内埋设秸秆，使用秸秆量 2～3 吨/亩，灌水冲施后覆土，再施用尿素或复合肥 30～35 千克/亩。10 月中旬开始移栽黄瓜、番茄等蔬菜苗。

（2）追肥　生物有机肥、水溶肥料等。

① 追肥方案一。苗木定植后，覆盖地膜前可在定植苗 15～25 厘米处开沟 20～30 厘米深追施生物有机肥，每亩施肥 1 吨。

② 追肥方案二。蔬菜第一次采收后，开沟 20～30 厘米深追施生物有机肥，每亩施肥 1 吨，同时采用膜下滴灌技术，利用水肥一体机追施相应的水溶肥料，以及调节酸、碱等平衡的肥料。

③ 追肥方案三。黄瓜、番茄、茄子、青椒等蔬菜，在生产周期的中后期，可开沟 20～30 厘米深追施生物有机肥，每亩施肥 1 吨，同时采用膜下滴灌技术，利用水肥一体机追施相应的水溶肥料，以及调节酸、碱等平衡的肥料。

（三）配套技术

1. 秸秆反应堆技术

作物定植前 10 天在苗床位置，挖宽 60～90 厘米、深 50～60 厘米土沟，把秸秆填入沟内，铺匀、踏实，填放秸秆高度为 30～50 厘米，使用秸秆量 2～3 吨/亩，灌水冲施后覆土，覆土 20～30 厘米。经济条件较好的也可以购买专用菌种撒到秸秆上。

2. 水肥一体化技术

水肥一体化技术是将施肥与灌溉结合在一起的农业新技术。在设施蔬菜栽培中，将追施的肥料放于溶肥罐中，通过地下水管道来水充分混合搅拌肥料，再通过压力系统、地表滴灌主管、滴灌支管，将肥料溶液以较小流量均匀、准确地直接输送到作物根部附近的土壤表面或土层中，按照作物生长需求，定量、定时直接供给作物，精确地控制灌水量和施肥量，显著提高水肥利用率。与传统技术相比，蔬菜节水 30%～40%，节肥 40%～50%，蔬菜产量增加 25%～35%。

河北省藁城区设施蔬菜有机肥替代化肥技术模式

一、"有机肥＋配方肥"模式

（一）适宜范围

本模式适宜于设施蔬菜种植年限长、种植作物单一，土壤类型与藁城区相似的，太行山东麓山洪冲积平原。该区域土壤母质为河流冲积物，土壤类型为褐土和潮土两大类，土壤肥力多数处于中等偏上水平。

（二）施肥措施

1. 番茄

（1）基肥　结合整地，每亩底施商品有机肥 2 000 千克，氮、磷、钾三元复合肥 40 千克，然后深翻土地；定植后及时浇水。

（2）追肥　第一穗果坐住并开始膨大至"乒乓球"大小时随浇水进行第一次追肥，以后每穗果实膨大时随水进行追肥。果实膨大期至采收期每隔 10 天浇水一次，每次灌水 6～12 米^3/亩，每次追施水溶性复合肥或水溶肥 8～10 千克/亩。拉秧前 10～15 天停止浇水施肥。追肥选择含氮、磷、钾和中微量元素的肥料。氮：磷：钾的比例（N：P_2O_5：K_2O）结果前期约 1.0：0.5：0.8，中期约 1.0：0.4：1.2，后期约 1：0.3：1.3。整个生育期可叶面追肥 3～5 次，果实由绿变白时开始，可叶面喷施 0.1%～0.2%氯化钙或硝酸钙溶液 1～2 次、0.2%～0.4%的硫酸镁溶液 1～2 次、0.2%的磷酸二氢钾溶液 2～3 次。追肥用量根据土壤养分含量和番茄目标产量进行氮、磷、钾施肥总量的控制，土壤养分含量高、目标产量低的温室适当降低施肥量。浇水施肥时期根据土壤墒情、天气状况和作物长势进行适当调整。

番茄结合整地，每亩施氮、磷、钾三元复合肥 40 千克，然后深翻土地（有条件的建议每亩施生物有机肥 250～300 千克）；其他追肥措施与冬、春茬相似，11 月中旬低温弱光时期减少浇水施肥。

针对次生盐渍化、土壤板结等连作障碍，整个生育期底施或者冲施微生物菌剂或者土壤调理剂 100 千克/亩。有条件的日光温室进行深松或者夏季焖棚减少土壤病虫害的发生。

2. 黄瓜

（1）基肥　结合整地每亩底施商品有机肥 2 000 千克，氮、磷、钾三元复合肥 40 千克，然后深翻土地；定植后及时浇水。

（2）追肥　根瓜坐住并开始伸长时，每亩随水追含氮、磷、钾和中微量元素的水溶性复合肥或水溶肥 5～10 千克，每 10～12 天追肥 1 次；氮、磷、钾养分比例结瓜前期为 1：0.7：0.8，中期为 1：0.5：1.0，后期为 1：0.5：1.2。注意浇水追肥在晴天进行，天气转暖以后进入盛瓜期，追肥浇水间隔时间逐渐缩短为每 7～10 天 1 次，追肥量也逐渐增加为 8～12 千克，追肥随浇水隔次进行。追肥用量根据土壤养分含量和黄瓜目标产量进行氮、磷、钾施肥总量的控制，土壤肥力很高、目标产量低的温室适当降低施肥量。

黄瓜结合整地，每亩施氮、磷、钾三元复合肥 40 千克，或直接点播，其余水肥措施与春茬相似。

（三）配套技术

藁城区有机肥资源丰富，有机肥生产企业多，农户没有堆沤场地和时间，所以采用政府购买服务的形式，公开遴选本区的有机肥企业，收集本地区畜禽粪污，生产商品有机肥。此外，通过对全区 150 个监测点位进行土壤采集，化验检测有机质、氮、磷、钾、pH、中微量元素、重金属元素等指标，根据土壤养分丰缺状况以及蔬菜养分需要量进行肥料配比，形成测土配方施肥体系。种植户通过施用商品有机肥，并结合配方施肥，从而改善土壤状况，达到提质增效的目的。

二、清洁生产模式

（一）适宜范围

适宜于有堆沤设备与技术的园区。

（二）施肥措施

番茄、黄瓜均每亩底施堆沤肥 2 000 千克作基肥，其化肥基施和追施方法与上述"有机肥＋配方肥"模式一致。

（三）配套技术

收集园区生产的蔬菜茎秆、残体等废弃物，经粉碎处理后与畜禽粪便、菌剂等混合在堆沤池发酵，生产出有机肥用于园区及周边蔬菜生产，实现废弃秸秆肥料化处理、循环利用、节约化肥的清洁田园、清洁生产、清洁产品的目标。

山西省清徐县设施蔬菜有机肥替代化肥技术模式

一、"有机肥＋配方肥"模式

（一）设施番茄

1. 适宜范围

适宜于山西省中南部温室大棚。

2. 施肥措施

移栽前耕翻整地时，每亩基施 9～11 米³ 腐熟畜禽肥，或施用商品有机肥 800～1 500 千克，同时根据有机肥施用情况基施 80～100 千克/亩配方肥（18 - 12 - 20），施用 5 千克/亩多元微肥（含锌、硼、锰等）。

追肥时期为苗期、初花期、坐果期、果实膨大期，根据收获情况，每收获 1～2 次追施 1 次肥。在番茄生长苗期、初花期、坐果期结合浇水，根据生长情况和天气情况，每次追施 7～10 千克/亩的氮、磷、钾适宜的平衡配方肥，果实膨大期和采收期每次追施 7～10 千克/亩的氮、磷适中含钾较高的配方肥，多次合计每亩追施不超过 100 千克，直至收获完毕。

3. 配套技术

将收集购买回的畜禽粪便通过固液分离后进入堆粪池进行堆沤发酵，去除杂物后拌入秸秆等辅料，加入发酵菌剂进行搅拌，使之发酵，由圆盘喂料机均匀连续地喂入对撞造粒机中造粒，再经抛光整形机抛圆成球状颗粒，达到颗粒匀称、色泽鲜亮，后经过冷却后即得成品，而后供农户选用。

（二）设施茄子

1. 适宜范围

适宜于山西省中南部温室大棚。

2. 施肥措施

移栽前耕翻整地时，每亩基施 9～11 米³ 腐熟畜禽肥，或施用商品有机肥 800～1 500 千克/亩，同时根据有机肥施用情况每亩基施 40～50 千克配方肥（17-17-17），施用 5 千克/亩多元微肥（含锌、硼、锰等）。

追肥时期为门茄瞪眼期、对茄瞪眼期、四母斗膨大期，根据收获情况，每收获 1～2 次追施一次肥。在茄子生长期间，根据生长情况和天气情况，果实膨大期和采收期每亩每次追施 10～15 千克的氮、磷适中含钾较高的配方肥，直至收获完毕。

3. 配套技术

将收集购买回的畜禽粪便通过固液分离后进入堆粪池进行堆沤发酵，去除杂物后拌秸秆等辅料，加入发酵菌剂进行搅拌，使之发酵，由圆盘喂料机均匀连续地喂入对撞造粒机中造粒，再经抛光整形机抛圆成球状颗粒，达到颗粒匀称、色泽鲜亮，后经过冷却后即得成品，而后供农户选用。

（三）设施黄瓜

1. 适宜范围

适宜于山西省中南部温室大棚。

2. 施肥措施

移栽前耕翻整地时，每亩基施 9～11 米³ 腐熟畜禽肥，或施用商品有机肥 800～1 500 千克/亩，同时根据有机肥施用情况每亩基施 80～100 千克配方肥（18-12-20），施用 5 千克/亩多元微肥（含锌、硼、锰等）。

追肥时期为苗期、初瓜期、盛瓜期，根据收获情况，每收获 1～2 次追施一次肥。根据生长情况和天气情况，初瓜期每亩每次追施 5～7 千克的中氮低磷钾高的配方肥，盛瓜期每亩每次追施 10～15 千克的氮、磷适中含钾较高的配方肥，多次合计每亩追施不超过 100 千克，直至收获完毕。

3. 配套技术

将收集购买回的畜禽粪便通过固液分离后进入堆粪池进行堆沤发酵，去除杂物后拌秸秆等辅料，加入发酵菌剂进行搅拌，使之发酵，由圆盘喂料机均匀连续地喂入对撞造粒机中造粒，再经抛光整形机抛圆成球状颗粒，达到颗粒匀称、色泽鲜亮，后经过冷却后即得成品，而后供农户选用。

（四）设施叶菜类

1. 适宜范围

适宜于山西省中南部温室大棚。叶菜类主要包括生菜、油菜、小白菜等，一年种植收获 6～7 次。

2. 施肥措施

移栽前耕翻整地时，每亩施用 3.5 米³ 腐熟畜禽肥（一般在每年第一茬和第四茬时基施腐熟畜禽肥）、30 千克配方肥（15-15-15）作基肥。

追肥时期为生长中期，根据种植季节、生长情况和天气情况，冬春季生长期 60～80 天，叶菜类生长期间追施两次肥，夏秋季生长期 45 天左右，叶菜类生长期间追施一次肥，每次结合浇水每亩追施 10～15 千克左右的高氮配方肥。

3. 配套技术

将收集购买回的畜禽粪便通过固液分离后进入堆粪池进行堆沤发酵，去除杂物后拌秸秆等辅料，加入发酵菌剂进行搅拌，使之发酵，由圆盘喂料机均匀连续地喂入对撞造粒机中造粒，再经抛光整形机抛圆成球状颗粒，达到颗粒匀称、色泽鲜亮，后经过冷却后即得成品，而后供农户选用。

二、设施番茄"有机肥＋水肥一体化"模式

（一）适宜范围

适宜于山西省中南部温室大棚。

（二）施肥措施

移栽前耕翻整地时，每亩基施 9～11 米^3 腐熟畜禽肥，或施用商品有机肥 800～1 500 千克/亩，同时根据有机肥施用情况每亩基施 80～100 千克配方肥（18-12-20），施用 5 千克/亩多元微肥（含锌、硼、锰等）。

定植后进行一次灌水，隔 10～15 天再灌一次，每次每亩用水量 15～20 米^3。追肥时期为番茄生长苗期、初花期、坐果期，根据生长情况和天气情况，每次每亩追施 5 千克氮、磷、钾（20-20-20）水溶肥，每隔 7～10 天灌水施肥一次，每次每亩灌水 10～15 米^3。果实膨大期和采收期每亩追施 5 千克的氮、磷适中含钾较高（15-15-30）的水溶肥，每隔 7～10 天灌水施肥一次，每次每亩灌水 10～15 米^3，直至收获完毕。

（三）配套技术

将收集购买回的畜禽粪便通过固液分离后进入堆粪池进行堆沤发酵，去除杂物后拌秸秆等辅料，加入发酵菌剂进行搅拌，使之发酵，由圆盘喂料机均匀连续地喂入对撞造粒机中造粒，再经抛光整形机抛圆成球状颗粒，达到颗粒匀称、色泽鲜亮，经过冷却后即得成品，而后供农户选用。

辽宁省辽中区设施蔬菜有机肥替代化肥技术模式

一、番茄"有机肥＋水肥一体化"模式

（一）适宜范围

适宜于有井、水库、蓄水池等固定水源且水质好、符合微灌要求，并已建设或有条件建设微灌设施的区域推广应用，尤其是具备推广水肥一体化技术的设施蔬菜产区。

（二）施肥措施

1. 基肥

撒施腐熟的堆肥 4 000～5 000 千克/亩或商品有机肥 1 000～2 000 千克/亩，旋耕整地

作畦，开沟条施 18 - 12 - 15 或相近配方蔬菜专用肥 35～45 千克/亩，以及钙、镁中量元素肥料 20 千克/亩。

2. 追肥

定植至开花期间，选用 22 - 12 - 16 或相近配方的高氮型滴灌专用肥，每亩每次施 4～6 千克，定植后 7～10 天第一次滴灌追肥，之后每 15 天左右追肥 1 次，温度较高季节每 7 天左右追肥 1 次。开花后果实生长期，选用 20 - 6 - 25 或相近配方低磷型滴灌专用肥，每亩每次施 8～10 千克，温度较低季节每 15 天左右追肥 1 次，温度较高季节每 10 天追肥 1 次。果实膨大转色期，选用 15 - 15 - 30 或相近配方高钾型滴灌专用肥料，每亩每次 8～10 千克，温度较低季节每 15 天左右追肥 1 次，温度较高季节每 10 天追肥 1 次。

生长后期，如遇低温阴冷光照不足天气，建议施用含腐殖酸水溶肥料、含氨基酸水溶肥或有机肥料，每亩每次滴灌 4～5 千克。

（三）配套技术

堆肥技术：将农作物秸秆、杂草、废料、人畜粪便等，经高温堆沤处理。堆积前先将场地平整好，再将备好的各种原料混拌均匀，使堆制材料的含水量达到 50％～65％。堆的高度应控制在 1.5 米左右。待堆积完毕，用塑料布把肥堆封好，以提高堆内温度，防止水分蒸发和氨的挥发损失。堆沤 5～7 天即可进入发热期，5～10 天内进入高温杀菌阶段，夏季堆沤 15 天，发现堆体有下陷的现象时，说明堆内温度达 60 ℃左右，此时应保持 3～5 天后，及时翻堆降温，翻堆后重堆时，应注意加水拌匀，进行熟化处理。按照上述程序两个月后即达到腐熟，可作底肥施用。

二、黄瓜"有机肥＋秸秆还田"技术模式

（一）适宜范围

适宜于三年以上设施蔬菜大棚。

（二）施肥措施

1. 基肥

每亩撒施堆肥 4 000～5 000 千克，用机械旋耕整地作畦，然后开沟每亩施用 13 - 17 - 15 或相近配方蔬菜专用肥 30～40 千克，与土混匀，然后移栽。

2. 追肥

秋冬茬、冬春茬黄瓜全生育期分 7～9 次随水追肥，一般在初花期和结瓜期根据采果情况每 7～10 天追肥 1 次，第一次建议施用 18 - 18 - 18 或相近配方大量元素水溶肥料 5～6 千克/亩，以后每次建议施用 20 - 6 - 24 或相近配方大量元素水溶肥料 8～10 千克/亩。越冬长茬黄瓜全生育期分 12～14 次随水追肥，一般在初花期和结瓜期根据采果情况每 7～10 天追肥 1 次，施肥建议同上。在黄瓜前期适量施用含氨基酸水溶肥料或含腐殖酸水溶肥料，每亩每次 4～5 千克，促进根系的发育。

（三）配套技术

采用堆肥和秸秆还田技术。

1. 秸秆还田

采用内置式秸秆反应堆技术模式，每亩施用秸秆 3 000～4 000 千克，推荐应用秸秆腐

熟剂 8～10 千克/亩；采用秸秆简化还田技术模式，每亩施用粉碎的玉米干秸秆 1 000～1 500 千克，应用秸秆腐熟剂 4～6 千克/亩（有效活菌数≥0.5 亿/克）。有机肥撒施，与碎秸秆混匀平铺，深旋 25～30 厘米，耙平。起垄、定植、田间管理则与常规方式相同。在病虫害较少的大棚，将上茬作物收获后的蔬菜秸秆自行还田或者将 500 千克/亩玉米秸秆与 500 千克/亩蔬菜秸秆配施效果更好。

2. 堆肥技术

将农作物秸秆、杂草、废料、人畜粪便等，经高温堆沤处理。堆积前先将场地平好，再将备好的各种原料混拌均匀，使堆制材料的含水量达到 50%～65%。堆的高度应控制在 1.5 米左右。待堆积完毕，用塑料布把肥堆封好，以提高堆内温度，防止水分蒸发和氨的挥发损失。堆沤 5～7 天即可进入发热期，5～10 天内进入高温杀菌阶段，夏季堆沤 15 天，发现堆体有下陷的现象时，说明堆内温度达 60 ℃左右，此时应保持 3～5 天后，及时翻堆降温，翻堆后重堆时，应注意加水拌匀，进行熟化处理。按照上述程序两个月后即达到腐熟，可作底肥施用。

辽宁省黑山县设施蔬菜有机肥替代化肥技术模式

一、"有机肥＋配方肥＋水肥一体化＋微生物菌肥"模式

（一）适宜范围

适宜于黑山县设施蔬菜番茄生产区。

（二）施肥措施

结合蔬菜测土配方施肥工作，完善设施蔬菜施肥配方。采用"有机肥（或商品有机肥）＋配方肥＋水肥一体化＋微生物菌肥"模式，发挥有机肥和化肥的互补优势，做到有机无机结合、提质增效。基肥采用机械深施有机肥和配方肥，追肥采用水肥一体滴灌技术，减轻劳动强度，提高水肥效率。

1. 基肥

根据设施番茄需肥规律、设施土壤肥力状况，越冬长茬番茄目标产量为每亩 10 000～12 000 千克，中等以上肥力土壤，N、P_2O_5、K_2O 适宜用量范围分别为 28～36 千克/亩、12～16 千克/亩、32～40 千克/亩；整地前每亩撒施腐熟的堆沤肥 8～10 米^3 或增施商品有机肥 1 000～1 500 千克，旋耕整地将有机肥翻入土壤，深度达 25 厘米以上。起垄定植时，每亩条施 18－6－12 蔬菜专用生物炭基复混肥或相近配方蔬菜专用肥 35～45 千克。移栽前每亩施入微生物菌剂 15 千克。

2. 追肥

根据推荐施肥数量和番茄需肥规律及生长状况将基肥施用后的剩余养分量进行合理分配，每次每亩前期滴灌配方为 9－4－7（含腐殖酸 3%）或相近配方含腐殖酸水溶肥料 6～8 千克，后期每亩每次追施 16～18 千克。全生育期分 7～11 次追肥，施肥时期为苗期、初花期、坐果期、果实膨大期。根据收获情况，每收获 1～2 次追施 1 次肥。

（三）配套技术

采用有机肥堆沤、应用微生物菌肥、机械深耕等配套栽培技术措施。

1. 有机肥堆沤

采取平地条垛式发酵工艺，在人工控制和含有一定水分、适宜的 C/N 比值和良好的通风条件下通过微生物的发酵作用，将畜禽粪污转化为有机肥，把不稳定状态的有机物转变为稳定的腐殖质物质。产品不含病原菌、寄生虫卵和杂草种子，无臭无蝇，重金属、蛔虫卵死亡率和粪大肠杆菌数等必须达到无害化要求。

2. 应用生物菌肥

在作物移栽前每亩施入微生物菌剂 15 千克，菌剂直接施用到植物根系的土壤上。

3. 机械深耕技术

在设施蔬菜秋、冬茬结束后，清空棚室，进行土壤深翻作业，翻耕深度不低于 35 厘米，整地后作畦栽苗。该技术能有效调整土壤有益菌群，提高肥料利用率，改善土壤理化性状，提高地力。

二、"有机肥＋机械深施＋配方肥＋秸秆还田"模式

（一）适宜范围

适宜于黑山县设施蔬菜黄瓜生产区。

（二）施肥措施

结合蔬菜测土配方施肥工作，完善蔬菜施肥配方。施用"有机肥（或商品有机肥）＋机械深施＋配方肥＋秸秆还田"模式，发挥有机肥和化肥的互补优势，做到有机无机结合、提质增效。采用机械深施有机肥和作物秸秆还田，减轻劳动强度，充分利用秸秆资源，提高施肥效率。

1. 基肥

作物移栽前，每亩施用腐熟有机肥 8～12 米³ 或商品有机肥 1 000～1 500 千克，每亩条施（18 - 18 - 9 或相近配方）蔬菜专用肥或生物炭基复混肥 35～45 千克。

2. 追肥

三叶期、初瓜期每次每亩滴灌大量元素水溶肥料（20 - 6 - 24 或相近配方）5～8 千克；盛瓜期每次每亩滴灌大量元素水溶肥料（20 - 6 - 24 或相近配方）8～10 千克。初花期以控为主，盛瓜期根据收获情况每收获 1～2 次追肥 1 次。秋冬茬、冬春茬黄瓜全生育期分 7～9 次随水追肥，一般是根瓜收获后开始追肥，一次水一次肥。越冬长茬黄瓜全生育期分 10～14 次随水追肥。

（三）配套技术

采用有机肥堆沤、机械深耕、秸秆还田等配套栽培技术措施。

有机肥堆沤采取平地条垛式发酵工艺，在人工控制和含有一定水分、适宜的 C/N 比值和良好的通风条件下通过微生物的发酵作用，将畜禽粪污转化为有机肥，把不稳定状态的有机物转变为稳定的腐殖质物质。产品不含病原菌、寄生虫卵和杂草种子，无臭无蝇，重金属、蛔虫卵死亡率和粪大肠杆菌数等必须达到无害化要求。

秸秆还田及机械深耕技术：夏季空闲大棚内，将粉碎到 3～5 厘米的作物秸秆 1 500～

2 000 千克/亩与农户常用的有机肥一起撒施到田间，混施均匀，机械深旋 25～30 厘米，耙平。灌水后覆膜，高温闷棚 20～30 天，晾晒后移栽。

辽宁省北镇市设施蔬菜有机肥替代化肥技术模式

一、番茄"有机肥＋水肥一体化"模式

（一）适宜范围

针对项目区不同作物布局，在北镇市高山子镇二道村、季家村，大屯乡车堡子村、李佛村、腰三家子村，青堆子镇六台子村、生态农场、青堆子村、东砖村、西砖村，中安镇双胜村、民主村、民屯村、后五粮村、宋台村，新立农场一、二分场，因地制宜，选择最适宜的水肥一体化技术模式重点集成推广。

（二）施肥措施

1. 基肥

每亩施用堆肥 4～5 米^3，硫基三元复合肥（13 - 17 - 15）或相近配方的蔬菜专用肥 40～45千克/亩。底肥施肥方法主要采用开沟施肥作畦、撒施作畦两种方法。整地时将堆肥均匀撒施，通过旋耕和土壤有效混合。

2. 追肥

秋冬茬、冬春茬番茄一般每株保留 4～5 穗果，每穗果膨大到乒乓球大小时进行追肥。一个生长季，在作物生育前期追施有机水溶肥料；生育中后期追施大量元素水溶肥料，其中中期施用平衡型水溶性肥料（20 - 20 - 20），生育中后期施用高钾型水溶性肥料（10 - 10 - 30），每亩每次追施 5～10 千克，整个生育期施用肥料 50～60 千克/亩。越冬长茬番茄一般每株保留 7～9 穗果，每穗果膨大到乒乓球大小时进行追肥。一个生长季，在作物生育前期追施有机水溶肥料；生育中后期追施大量元素水溶肥料，其中中期施用平衡型水溶性肥料（20 - 20 - 20），生育中后期施用高钾型水溶性肥料（10 - 10 - 30），每亩每次追施 5～10 千克，整个生育期施用肥料 70～80 千克/亩。采用滴灌技术进行追肥。

（三）配套技术

1. 有机肥堆沤技术

通过调节畜禽粪便中的 C/N 和人工控制水分、温度、酸碱度等条件，利用微生物的发酵作用处理畜禽粪便，生产有机肥料。畜禽粪便通过堆沤处理腐熟后，由于含有大量的有机质和丰富的氮、磷、钾及微量元素等营养物质，是农业生产中的优质肥料，可增加土壤肥力，提高农作物产量和品质。堆积前先将场地平整好，并开好"井"字或"十"字沟。然后先铺一层细草或作物秸秆，以便下渗汁液，再将备好的各种原料（铡碎 6.7～10 厘米短节），按 15～20 厘米一层上堆，每层间洒施足够水分，使堆制材料的含水量达到 60％～80％。堆的高度控制在 1.5 米左右。草料堆好后及时用稀泥巴或河泥深抹封堆，以提高堆内温度，防止水分蒸发和氨的挥发损失。堆沤 5～7 天即可进入发热期，5～10 天内进入高温杀菌阶段，夏季堆沤 15 天，发现堆体有下陷的现象时，说明堆内温度达 60 ℃左右，此时应保持 3～5 天后，及时翻堆降温，翻堆后重堆时，应注意加水拌匀，进行熟

化处理。按照上述程序两个月后即达到腐熟，可在秋播中作底肥施用。

（1）堆肥时间 堆肥时间随 C/N、湿度、天气条件、堆肥运行管理类型及废料和添加剂的不同而不同。运行管理良好的条垛发酵堆肥在夏季堆肥时间一般为 14～30 天。

（2）温度 要注意对堆肥温度的监测，堆肥温度要超过 55 ℃，这样才能既有利于微生物发酵又能杀灭病原体。

（3）湿度 注意阶段性监测堆肥混合物的湿度，过高和过低都会使堆肥速度降低或停止。

2. 采用滴灌技术

利用灌溉系统设备，把水溶肥通过灌溉水溶解、稀释、加压、过滤。通过各级管道输送到菜畦，再通过滴头以水滴的形式不断地湿润番茄根系主要分布区的土壤，使其经常保持在适宜生长的最佳含水状态。

二、有机肥＋秸秆还田技术模式

（一）适宜范围

适宜于北镇市 5 年以上温室且土壤存在一定的问题的区域，主要在高山子镇季家村，大屯乡李佛村，青堆子镇东砖村、西砖村，中安镇双胜村，新立农场一、二分场。

（二）施肥措施

起垄作畦时，每亩条施蔬菜生物炭基专用配方肥（18-6-12）40～50 千克/亩。

（三）配套技术

1. 内置式秸秆反应堆技术

施用秸秆 3 000～4 000 千克/亩，撒施 5～6 千克/亩秸秆腐熟剂。具体技术操作：在定植行下挖宽 40～50 厘米、深 20～25 厘米的铺料沟，在沟内铺放后 20～30 厘米厚秸秆（玉米秸秆、麦秆、稻草等），铺完踏实，两头漏出 10 厘米，以便进氧。在秸秆上面撒菌种 6 千克/亩，轻拍，使菌种与秸秆均匀接触，再覆上 20～25 厘米厚土，整平形成种植垄。隔 3～4 天进行浇水打孔，行距 25～30 厘米，孔距 20 厘米，孔深以穿透秸秆层为准，以利促进秸秆发酵。定植后，根据棚室内温度，高温 3～4 天、低温 5～6 天浇一次透水，生长期内每月打孔 1～2 次。

2. 秸秆简化还田技术

将作物秸秆（玉米、稻草）截成 3～5 厘米的小段粉碎，或用稻壳，平铺粉碎的干秸秆 1 500～2 000 千克/亩，均匀地铺撒在棚室内的土壤上，然后将腐熟的农家肥 4 000～5 000千克/亩、秸秆腐熟剂 5～6 千克/亩、石灰氮 60～80 千克/亩或生石灰 50 千克/亩均匀撒到秸秆上，深旋 25～30 厘米，浇透水，覆膜闷棚。

辽宁省北票市设施蔬菜有机肥替代化肥技术模式

一、番茄"有机肥＋配方肥＋水肥一体化＋秸秆还田"技术模式

（一）适宜范围

此技术适合在三年以上设施蔬菜大棚推广，可以根据实际情况，鼓励农户开展秸秆还

田技术，提高地温，增加土壤有机质含量，改善土壤团粒结构，促进微生物活力和作物根系的发育，抑制土壤次生盐渍化。同时秸秆还田增肥增产作用显著，可减少化肥总用量的15％，增产5％～10％。

（二）施肥措施

在测土配方施肥的基础上，结合本地实际情况，完善设施番茄的施肥技术。施肥原则：增施有机肥，减少化肥，适当补充中微量元素。底肥一般用堆沤肥，条施蔬菜专用肥；追肥一般都采用滴灌技术，追一些水溶肥，这样既节水又节肥还省工。

番茄产量7 500千克/亩，推荐施肥如下：

1. 基肥

以堆沤肥为主，施用量为4 000千克/亩，撒施，然后旋耕；作物移栽时条施蔬菜专用肥（20-10-15或相近配方）30～40千克/亩。

2. 追肥

可以根据现场实际的土壤温度、墒情，以及番茄的需肥规律做出科学判断，确定施肥数量及种类，完成水肥一体化灌溉。一般苗期滴灌含腐殖酸水溶肥料或含氨基酸水溶肥料，每亩每次5～6千克，每隔15天滴灌一次，共滴灌2～3次；坐果后滴灌平衡大量元素水溶肥料，每亩每次8～10千克，滴灌2～3次，同时可滴灌一次钙肥10千克/亩；中后期滴灌大量元素水溶肥料（22-4-24或相近配方），每次8～10千克/亩，滴灌3～4次。

（三）配套技术

采用有机肥堆沤和简化秸秆还田等配套栽培技术措施。

堆沤肥主要采用了前段固体发酵罐恒温发酵处理工艺与后段地上浅槽翻抛式处理工艺相结合的两段式生物好氧堆肥发酵处理工艺，以鸡粪为主要原料，辅以稻壳、秸秆粉等生物质原料，碳氮比调节到20∶1，调整水分含量至50％～60％，添加1％比例的有机物料生物腐熟剂和0.5％比例的秸秆腐熟剂，利用固定式好氧堆肥翻抛机或行走式翻抛机均匀混拌，待堆体温度升温至60℃以后，定期进行翻抛，维持60℃堆温15～20天后，堆温自然下降，物料松散，呈黑褐色，有机物料基本腐熟彻底，经实验室检测合格后再施用。

简单秸秆还田主要在6～7月进行，每亩施腐熟农家肥4 000千克/亩、粉碎的干秸秆1 500～2 000千克/亩，混匀平铺，深旋25～30厘米，耙平。然后，全棚铺设滴灌管，地面全棚覆膜。之后，全棚四周密闭，浇水浇透，把全棚密闭15～20天，使地温达到50～55℃。最后，降温晾晒2～3天，土壤见干见湿，可正常进行定植操作。

二、黄瓜"有机肥＋水肥一体化＋菌剂"技术模式

（一）适宜范围

适宜于北票市所有的设施蔬菜黄瓜大棚区。

（二）施肥措施

在测土配方施肥的基础上，结合本地实际情况，完善设施黄瓜的施肥技术。施肥原则：增施有机肥，减少化肥，适当补充菌剂。底肥一般用堆沤肥，条施蔬菜专用肥；追肥一般都采用滴灌技术，追一些水溶肥，这样既节水又节肥还省工。

黄瓜产量 6 000 千克/亩，推荐施肥如下：

1. 基肥

以堆沤肥为主，施用量为 4 000 千克/亩，撒施，然后旋耕；为了改善土壤的团粒结构，增强土壤的通透性、亲水性和保水保肥的能力，提高土壤的肥力，在作物移栽时条施蔬菜专用肥（20‐10‐15 或相近配方）60 千克/亩，同时增施菌剂 10 千克/亩。

2. 追肥

根据现场实际的土壤温度、墒情，以及黄瓜的需肥规律做出科学判断，确定施肥数量及种类，完成水肥一体化滴灌。一般苗期施用含腐殖酸水溶肥料或含氨基酸水溶肥料，每亩每次 5～6 千克，每隔 7～10 田滴灌一次，一般滴灌 2～3 次。结瓜后滴灌大量元素水溶肥料（20‐6‐24 或相近配方），每次 8～10 千克/亩，每隔 7～10 天滴灌一次。

（三）配套技术

采用有机肥堆沤、水肥一体化和增施菌剂等配套栽培技术措施。

主要采用了前段固体发酵罐恒温发酵处理工艺与后段地上浅槽翻抛式处理工艺相结合的两段式生物好氧堆肥发酵处理工艺，以鸡粪为主要原料，辅以稻壳、秸秆粉等生物质原料，碳氮比调节到 20∶1，调整水分含量至 50%～60%，添加 1% 比例的有机物料生物腐熟剂和 0.5% 比例的秸秆腐熟剂，利用固定式好氧堆肥翻抛机或行走式翻抛机均匀混拌，待堆体温度升温至 60 ℃以后，定期进行翻抛，维持 60 ℃堆温 15～20 天后，堆温自然下降，物料松散，呈黑褐色，有机物料基本腐熟彻底，经实验室检测合格后再施用。

水肥一体化实现了定时定量精准控制水肥，并对作物整个生长过程全程监控，从而科学地掌握黄瓜整个生长过程的水肥需求信息，科学做出判断，灵活控制滴灌的时间，提高工作效率，达到了节水节肥省工的目的，初步得出水肥一体化技术可实现每亩节水 150 米³ 以上、节水 30%～40%、节肥 20%～30%。

增施菌剂可以增加土壤中有益微生物的数量，增强土壤中微生物的活性，改善土壤的团粒结构，增强土壤的通透性、亲水性和保水保肥的能力，从而提高土壤的肥力。

上海市金山区青菜有机肥替代化肥技术模式

一、"商品有机肥＋配方肥"模式

（一）适宜范围

适宜于金山区配备水肥一体化设施的蔬菜生产基地。

（二）施肥措施

1. 基肥

每亩施用商品有机肥 1～1.5 吨，一年施一次；同时，根据地力可加施养分含量 45%（21‐6‐18 或相近配方）的配方肥 10～15 千克。

2. 追肥

追肥以绿乐（迪尔乐 30‐10‐10＋TE）、赐保康（优植艺）等高氮型复合肥（30‐10‐10）为主，每 10～15 天追肥一次。

（三）配套技术

用牛粪加蔬菜秸秆堆制商品有机肥，料堆的高度控制在 1.2～1.8 米，宽度约 3 米，长度不限。夏季，堆沤后第二天料堆内温度明显上升，表明已开始发酵，4～5 天后温度可上升至 70 ℃左右，然后逐渐降温，当料堆内部温度降至 50 ℃时，进行第一次翻堆操作。翻堆操作时，应把料堆下部的料翻到上部，四边的料翻到中间；翻堆时，要适量补充水分，以翻堆后料堆底部有少量水流出为宜。第一次翻堆后 1～2 天，料堆温度开始上升，可达 80 ℃左右，6～7 天之后，料温开始下降，这时可进行第二次翻堆，并将料堆宽度缩小 20%～30%。第二次翻堆后，料温可维持在 70～75 ℃，5～6 天后，料温下降，进行第三次翻堆并将料堆宽度再缩小 20%。第三次翻堆后 4～5 天，进行最后一次翻堆，正常情况下一个半月左右便可完成发酵过程，获得充分发酵腐熟的有机肥。

二、"菜-沼-畜"模式

（一）适宜范围

适宜于金山区具有沼气池的蔬菜生产基地。

（二）施肥措施

1. 基肥

每亩施用商品有机肥 1～1.5 吨，一年施一次；同时，根据地力可加施养分含量 45%（21 - 6 - 18 或相近配方）的配方肥 10～15 千克。

2. 追肥

每隔 15 天，结合灌溉将沼液和配方肥分 5～8 次追施。其中，沼液每次每亩追施 1～2 吨。

（三）配套技术

将畜禽粪便、蔬菜残渣和秸秆等物料放入沼气发酵池中，按 1∶10 的比例加水稀释，加入复合微生物菌剂，对畜禽粪便、蔬菜残渣和秸秆进行无害化处理产生沼气，充分发酵后的沼液、沼渣可直接作为有机肥施用。专业化沼气池运营维护团队根据基地沼气池运行的不同情况，定期抽取沼渣、沼液，合作社将沼渣、沼液还田，提高沼气池的利用效率，切实发挥好示范带动作用。

三、"种养结合"模式

（一）适宜范围

适宜于金山区规模化设施蔬菜生产基地。

（二）施肥措施

1. 基肥

每亩施用自制养殖蚯蚓肥料 600 千克，或蘑菇渣有机肥 2 000 千克，同时根据有机肥用量基施养分含量 45%（21 - 6 - 18 或相近配方）的配方肥 10～15 千克。

2. 追肥

结合长势，每 15 天施肥一次，施肥量比常规施肥降低 20%。

(三) 配套技术

设施大棚前茬蔬菜清园后可进行养殖床铺设，一般应选择已产生次生盐渍化的大棚进行。养殖床铺设一般沿着大棚的长度方向进行，养殖床长度以单个大棚实际长度为准，饵料铺设宽度在 3 米左右、厚度 15～20 厘米，饵料铺设应均匀。单个大棚一般铺设两条，左右各一条，中间留一条 2 米左右的过道。养殖床也可作一条，居中，宽度 5～6 米。养殖床的设置应以方便操作为原则。若直接采用新鲜牛粪或干牛粪铺设养殖床，应在铺设后，密闭大棚 15 天，7 天左右进行一次翻堆，确保牛粪充分发酵。饵料投放量不少于 15 吨/亩。

蚯蚓种一般选择太平 2 号，蚯蚓种苗的投入量不少于 100 千克/亩。蚯蚓投放前将养殖床先浇透水，然后将蚓种置于养殖床边缘，让蚯蚓自行爬至养殖床。

注意养殖床上层透气、滤水性良好、适时浇水保持适宜湿度约 65%（手捏能成团，松开轻揉能散开）。

夏季（5～9 月）：这段时间温度较高，蒸发较快，每天浇两次水，早晚各一次，每次浇透即可，可采用喷淋装置进行淋水。7～8 月上海地区易出现连续高温，建议蚯蚓养殖尽量避开这段时间。

其他季节：这段时间温度低、蒸发慢，每隔 3～4 天浇一次水，早上或傍晚均可。

整个养殖周期自蚯蚓投放后不少于 3 个月，冷凉季节应适当延长养殖时间。养殖满 3 个月可进行蚯蚓收获和蚓粪还田。一般每亩可收获蚯蚓 200 千克左右，蚯蚓粪 3 吨左右。养殖结束后一般可采用以下方法进行土壤改良：一是直接将蚯蚓和蚯蚓粪翻入土里改良土壤，后茬种植蔬菜。二是收获蚯蚓后再将蚯蚓粪还田进行改良土壤，后茬种植蔬菜。三是将蚯蚓与蚯蚓粪或收获蚯蚓后的全部蚯蚓粪一起移至其他大棚（1∶1）进行土壤改良，该大棚继续养殖蚯蚓。

江苏省邳州市大蒜有机肥替代化肥技术模式

一、"生物有机肥＋配方肥"模式

(一) 适宜范围
适宜于邳州市八义集镇、赵墩镇等。

(二) 施肥措施

1. 基肥

在大蒜播种前，每亩基施生物有机肥和堆沤肥 500～1 000 千克，按照 1∶1 比例混合施用，同时根据有机肥用量，每亩基施养分含量 38%（12-12-14 或相近配方）的配方肥 50～75 千克。

2. 追肥

越冬后返青期，每亩追施养分含量 30%（20-5-5 或相近配方）的配方肥 5～10 千克，抽薹前或抽薹后期，每亩追施养分含量 20%（10-0-10 或相近配方）的配方肥 5～10 千克。

（三）配套技术

有机肥堆沤技术，主要技术要点如下：

（1）发酵原料为谷糠、人畜粪便、作物秸秆、茎叶等。

（2）发酵原料与发酵剂的配比为 200∶1，即 200 千克发酵原料需 1 千克发酵剂。

（3）稀释发酵剂的水最好是井水或河水，自来水需放置 24 小时后再用，适当溶解一些红糖效果更佳。1 千克发酵剂需 50 千克水稀释。

（4）堆肥材料的最大持水量以 60%～70% 为宜，即拌至以手握成团、指缝见水但不滴水珠，松手即散为宜。水多了易酸化，少了发酵不透。

（5）将拌好的堆肥原料堆成圆锥形或长方形，高度为 1 米，底下最好垫塑料薄膜。冬天发酵时用薄膜盖好保温，堆好后开始测量记录温度，以后每天测量一次。温度测量分别在料堆的上、中、下三点进行，深度为 20～25 厘米，取平均值。一般堆沤 36 小时后温度明显开始上升，在温度达 55～60 ℃时维持料温 3～6 天，然后进行翻堆（将堆里堆外对翻即可），温度控制在 55～65 ℃发酵效果最佳。若发酵温度太高，达 70 ℃时，要及时再翻堆，把温度控制在 55～65 ℃。发酵时间约为 20 天，发酵好的肥料疏松、没有臭味。

二、"生物有机肥＋配方肥＋机械撒肥"模式

（一）适宜范围

适宜于邳州市宿羊山镇、碾庄镇、车福山镇等。

（二）施肥措施

1. 基肥

在大蒜播种前，每亩基施含生物有机肥及腐熟有机肥的混合肥料 300～1 000 千克，同时根据有机肥用量，每亩基施养分含量 38%（12-12-14 或相近配方）的配方肥 40～70 千克。有机肥和基施配方肥使用自走式撒肥车或牵引式撒肥车施用。

2. 追肥

越冬后返青期，每亩追施养分含量 30%（20-5-5 或相近配方）的配方肥 5～10 千克；抽薹前或抽薹后期，每亩追施养分含量 30%（10-5-15 或相近配方）的配方肥 5～10 千克。

三、"有机肥＋配方肥＋机械撒肥＋水肥一体化"模式

（一）适宜范围

适宜于邳州市宿羊山镇、车福山镇。

（二）施肥措施

1. 基肥

在大蒜播种前，每亩基施猪粪、鸡粪等经过腐熟的农家肥 2～4 米³，或施用商品有机肥（含生物有机肥）400～1 000 千克；同时根据有机肥用量，每亩基施养分含量 38%（12-12-14 或相近配方）的配方肥 40～60 千克。有机肥和基施配方肥使用自走式撒肥车或牵引式撒肥车施用。

2. 追肥

越冬后返青期，每亩追施养分含量 40％（25 - 10 - 5 或相近配方）的配方肥 5～10 千克；抽薹前或抽薹后期，每亩追施养分含量 30％（10 - 5 - 15 或相近配方）的配方肥 5～10 千克。在追肥时采用水肥一体化管道施肥，达到灌水和施肥一体化，提高肥料利用率，降低劳动强度。具体操作如下：在地膜下或膜上铺设滴灌设备并增加施肥装置，滴灌孔尽可能靠近每株蒜苗根系，肥料随水追施。苗期生长旺盛可不追肥，视土壤墒情每次每亩浇水量为 20～60 米^3。春季返青期浇水量为 40～60 米^3，并结合追肥每亩施用硫酸铵 15～20 千克或养分含量 40％水溶肥（30 - 5 - 5）10～15 千克。抽薹时结合浇水每亩再施用硫酸铵 20～25 千克或尿素 10～15 千克，浇水量为 40～60 米^3。大蒜进入鳞茎发育盛期，可每亩追施硫酸铵 15～20 千克（或尿素 8～10 千克）+氯化钾 5～10 千克（或硫酸钾 8～12 千克）配合施用，或 45％水溶肥（10 - 5 - 30）15～20 千克，浇水量为 50～80 米^3。

四、"生物有机肥＋配方肥＋（前茬作物秸秆）尾菜粉碎还田"模式

（一）适宜范围

适宜于宿羊山、碾庄、赵墩、车福山等大蒜主产区镇。

（二）施肥措施

大蒜田上季作物收获后，将大豆、玉米、水稻等作物秸秆进行机械化全量还田，在大蒜播种前，每亩基施生物有机肥 300～500 千克，以及养分含量 38％（12 - 12 - 14 或相近配方）的配方肥 50～75 千克。越冬后返青期，每亩追施养分含量 40％（30 - 5 - 5 或相近配方）的配方肥 10 千克；抽薹前或抽薹后期，每亩追施养分含量 30％（10 - 5 - 15 或相近配方）的配方肥 5～10 千克。

（三）配套技术

秸秆机械化全量还田技术，主要技术要点如下：

1. 机型选择

一般采用 55.2 千瓦（75 马力）以上拖拉机，匹配相应幅宽的 1JH 型秸秆粉碎机。

2. 秸秆处理

秸秆经机械切碎后翻压至土壤 15 厘米以下，及时耙压保墒以利腐解，旱地墒情不好，要先灌水、后翻压。

3. 补充氮肥

种植大蒜，为了出苗安全，调节秸秆中碳/氮，在追肥中增加氮素，一般每亩增施尿素 5 千克或在追肥中选择氮含量较高的配方肥作为追肥。

4. 翻压时间

旱地在晚秋进行翻压，争取边收获边耕埋，以避免秸秆中水分的散失。

5. 秸秆还田量

大蒜田土壤为比较肥沃的土壤，一般来说秸秆可全部还田；若为新蒜田，在瘠薄地且氮肥不足的情况下，秸秆还田又距播期较近，用量则不宜过多。

江苏省六合区蔬菜有机肥替代化肥技术模式

一、"有机肥＋配方肥"模式

（一）适宜范围

适宜于六合区全区范围。

（二）施肥措施

1. 基肥

根据蔬菜主要种植品种、产量水平、近三年土壤地力状况，每茬基施商品有机肥200～600千克/亩，或施用堆制腐熟有机肥 0.5～1 米³/亩，配合施用蔬菜配方肥（叶菜类配方肥 15 - 12 - 18、茄果及瓜类配方肥 15 - 10 - 20、根菜类配方肥 13 - 12 - 20）30～60 千克/亩。培育新型社会化服务组织，开展商品有机肥统一机械撒施服务（大棚用小型、露地用大型履带自走式施肥机械）。

2. 追肥

根据蔬菜后期长势及蔬菜种类情况，叶菜类蔬菜每亩施用尿素 5～15 千克，分 1～3 次追施；茄果类蔬菜每亩施用尿素 10～25 千克加硫酸钾 10～30 千克，分 4～6 次追施；根茎类蔬菜每亩施用养分含量 45% 的配方肥（13 - 12 - 20）20～40 千克，分 2～3 次追施。

（三）配套技术

堆制腐熟有机肥：一是种植基地自行堆制腐熟有机肥应用。在设施蔬菜集中产区，依托种植大户、专业合作社、农业企业、家庭农场等利用自行购买或自产畜禽粪便、作物秸秆、尾菜等原料进行堆沤发酵处理制成有机肥，充分利用有机废弃物资源堆制腐熟有机肥并应用于蔬菜基地。二是社会化服务组织集中堆制腐熟有机肥与配送打包服务。由社会化服务组织统一收集、集中处理、堆制腐熟、统一配送等一体化堆制有机肥打包服务，解决本地区养殖场畜禽粪污处理难题。

二、"有机肥＋水肥一体化"模式

（一）适宜范围

适宜于六合区全区范围。

（二）施肥措施

1. 基肥

由社会化服务组织专业队伍进行有机肥统一机械化（大棚用小型、露地用大型履带自走式施肥机械）施肥服务，基施商品有机肥 1 吨/亩左右，或施用堆制腐熟有机肥 1 米³/亩，同时根据地力和蔬菜需肥特性配合施用复混肥。

2. 追肥

根据不同蔬菜需肥特性及蔬菜长势情况，叶菜类蔬菜每亩施用水溶肥 20～30 千克，分 4～5 次喷灌追施；茄果类蔬菜每亩施用水溶肥 30～60 千克，分 8～10 次滴灌追施；根茎类蔬菜每亩施用水溶肥 20～40 千克，分 5～8 次喷滴灌追施。利用水肥一体化设备分多次追施水溶肥料，达到灌水和施肥一体化，提高肥料利用率，降低劳动强度。

（三）配套技术

沼液喷滴灌（水肥一体化）技术：建设沼液沉淀池、水肥一体化首部系统、过滤系统、管道及喷滴灌系统、施肥系统等，应用水肥一体化系统进行沼液喷、滴灌，每亩施用沼液 5 米³ 左右，结合水溶肥料应用。

三、"有机肥＋机械深施"模式

（一）适宜范围

适宜于六合区全区范围。

（二）施肥措施

1. 基肥

鼓励农业社会化服务组织购买耕作施肥一体化机具，为农户开展有机肥统一机械深耕结合施肥服务。在机械耕作的同时把有机肥等基肥进行深层次施用，基肥结合施用配方肥，耕作和施肥深度 15～20 厘米，有机肥用量 200～500 千克/亩。有机肥通过应用机械深施，解决了人工浅表撒施造成的肥效流失与环境污染问题，提高了农民使用有机肥的意识水平。

2. 追肥

根据蔬菜后期长势及蔬菜种类情况，叶菜类蔬菜每亩施用尿素 10～20 千克，分 1～3 次追施；茄果类蔬菜每亩施用尿素 15～30 千克加硫酸钾 10～30 千克，分 4～6 次追施；根茎类蔬菜每亩施用养分含量 45％的配方肥（13 - 12 - 20）20～50 千克，分 2～3 次追施。

（三）配套技术

机械深施技术：在农田耕作、起垄等作业时，在农机上加装施肥机械装置。机械型号为塑料大棚用 35 型履带式旋耕施肥一体机，动力 25.7 千瓦（35 马力）；大田用 2.0F 履带自走式撒肥机，动力 44.1 千瓦（60 马力）。耕作（或起垄等）的同时把有机肥等基肥施入土壤深层 15～20 厘米处，使基肥能够与土壤充分融合，减少肥料流失，提高肥料利用率，同时减少施肥用工，节约农业生产成本。

江苏省东台市西瓜有机肥替代化肥技术模式

一、"有机肥＋配方肥"模式

（一）适宜范围

适宜于东台市所有区域。

（二）施肥措施

1. 基肥

冬前每亩施商品有机肥 600～1 000 千克，或堆沤、发酵充分腐熟的鸡粪、羊粪 1 500

～2 000 千克（或饼肥 200 千克），均匀撒施，深翻入土，风冻熟化。栽前 1 个月开墒作畦，根据有机肥用量，施用养分含量 46%（18 - 12 - 16 或相近配方）的配方肥（不含氯）40～60 千克/亩。

2. 追肥

适时追施西瓜膨大肥，西瓜坐果后（鸡蛋大小），视田间长势每亩追施尿素 10～20 千克、硫酸钾 6～10 千克。

（三）配套技术

有机肥腐熟处理：为保证西瓜生长安全，施用的有机肥一定要充分腐熟。

有机肥腐熟处理主要有以下 3 种方式：

1. 合作社农户自家堆制腐熟有机肥

（1）腐熟有机肥原料　农户就近购买或应用自家商品鸡、入笼前青年蛋鸡干鸡粪、羊粪等畜禽粪便。

（2）堆沤地点　农户房前屋后或西瓜大棚田头。

（3）堆沤技术要求　为防雨、增温，保证充分厌氧发酵，需用覆盖塑料薄膜，提倡加用有机物料腐熟剂，每立方米畜禽粪便加用 1～2 千克有机物料腐熟剂，加快腐熟速度，缩短堆沤时间。

（4）堆沤时间要求　春夏季及夏秋季 2 个月以上，秋冬季及冬春季 3 个月以上，确保完全腐熟。加用有机物料腐熟剂的可适当缩短堆沤时间。

2. 社会化服务组织集中堆制腐熟有机肥，并提供施用到田服务

东台市畜禽粪便处理中心、商品有机肥生产企业及其他有机肥集中堆沤处理并施用到田的社会化服务组织统一收集、集中处理、堆沤腐熟、统一配送，并提供机械施用到田的一条龙服务，综合利用本地畜禽粪污的同时，满足了本地西瓜种植大户、专业合作社、农业企业、家庭农场等新型经营主体的需求。

3. 前茬秸秆、尾菜直接还田

西瓜前茬水稻秸秆或花菜、大白菜等尾菜，每亩均匀撒施 2～4 千克有机物料腐熟剂，耕翻还田，加快腐熟进程，以供西瓜生长所需。

二、"果-沼-畜"模式

（一）适宜范围

适宜于东台市内溱东、时堰、东台镇、弶港、三仓等大型沼气工程应用及辐射区域。

（二）施肥措施

1. 基肥

冬前每亩施用沼渣 2 000～3 000 千克，均匀撒施，深翻入土，风冻熟化。栽前 1 个月开墒作畦，根据沼渣用量，施用养分含量 46%（18 - 12 - 16 或相近配方）的配方肥（不含氯）30～50 千克。

2. 追肥

西瓜定植后，结合浇活棵水，用沼液兑水（1∶2）浇施。适时追施西瓜膨大肥，西瓜坐果后（鸡蛋大小），追施沼液 4～5 米^3，将沼液灌入西瓜棚内畦面间墒沟内。

（三）配套技术

沼渣沼液发酵主要有 2 种工序：

1. 畜禽粪便发酵后进行干湿分离

（1）将畜禽粪便干湿混合物输送至发酵罐进行充分发酵。

（2）对发酵完全排出的沼渣沼液进行干湿分离。

（3）沼渣可作为有机肥直接施用到田，或作为商品有机肥生产原料。

（4）沼液输送至沼液沉淀池沉淀后，通过沼液输送管道输送至田头沼液周转池待用，或通过运输车运送至辐射区田头沼液贮存站待用，或利用沼液喷洒车直接吸喷施用到田。

2. 畜禽粪污干湿分离后进行发酵

（1）将畜禽粪便干湿混合物收集后，通过二次压榨先进行固液分离。

（2）固体（粪渣）用作商品有机肥生产原料。

（3）液体输入至发酵罐进行厌氧发酵。

（4）对发酵完全排出的沼液，通过沼液输送管道输送至田头沼液周转池待用，或通过运输车运送至辐射区田头沼液贮存站待用，或利用沼液喷洒车直接吸喷施用到田。

三、"有机肥＋水肥一体化"模式

（一）适宜范围

适宜于东台市内建有水肥一体化设备设施的所有区域。

（二）施肥措施

1. 基肥

冬前每亩施商品有机肥 600～1 000 千克，或堆沤、发酵充分腐熟的鸡粪、羊粪 1 500～2 000 千克（或饼肥 200 千克），均匀撒施，深翻入土，风冻熟化。栽前 1 个月开塇作畦，根据有机肥用量，施用养分含量 46%（18 - 12 - 16 或相近配方）的配方肥（不含氯）30～50 千克。

2. 追肥

适时追肥，应用水肥一体化技术分别于西瓜提苗期施用水溶性肥料（27 - 6 - 17）3～5 千克/亩、西瓜伸蔓期施用水溶性肥料（15 - 22 - 13）5～8 千克/亩、西瓜膨果期（西瓜鸡蛋大小）施用水溶性肥料（25 - 10 - 15）5～10 千克/亩（不同时期应用的水溶性肥料配方相近即可）。

（三）配套技术

有机肥腐熟处理：为保证西瓜生长安全，施用的有机肥一定要充分腐熟。

有机肥腐熟处理主要有以下 3 种方式：

1. 合作社农户自家堆制腐熟有机肥

（1）腐熟有机肥原料 农户就近购买或应用自家商品鸡、入笼前青年蛋鸡干鸡粪、羊粪等畜禽粪便。

（2）堆沤地点 农户家前屋后或西瓜大棚田头。

（3）堆沤技术要求 为防雨、增温，保证充分厌氧发酵，需要覆盖塑料薄膜，提倡加用有机物料腐熟剂，每立方米畜禽粪便加用 1～2 千克有机物料腐熟剂，加快腐熟速度，缩短堆沤时间。

（4）堆沤时间要求　春夏季及夏秋季 2 个月以上，秋冬季及冬春季 3 个月以上，确保完全腐熟。加用有机物料腐熟剂的可适当缩短堆沤时间。

2. 社会化服务组织集中堆制腐熟有机肥，并提供施用到田服务

东台市畜禽粪便处理中心、商品有机肥生产企业及其他有机肥集中堆沤处理并施用到田的社会化服务组织统一收集、集中处理、堆沤腐熟、统一配送，并提供机械施用到田的一条龙服务，综合利用本地畜禽粪污的同时，满足了本地西瓜种植大户、专业合作社、农业企业、家庭农场等新型经营主体的需求。

3. 前茬秸秆、尾菜直接还田

利用西瓜前茬水稻秸秆或花菜、大白菜等尾菜，每亩均匀撒施 2～4 千克有机物料腐熟剂，耕翻还田，加快腐熟进程，以供西瓜生长所需。

安徽省怀远县设施番茄有机肥替代化肥技术模式

一、"有机肥＋水肥一体化"模式

（一）适宜范围

适宜于怀远县榴城、龙亢、双桥集、魏庄等乡镇设施早春番茄等茄果类蔬菜生产区种植规模较大的农户或企业。

（二）施肥措施

1. 基肥

2 月下旬至 3 月初结合整地，每亩施成品有机肥（商品有机肥或经烘干、筛选等处理的积造有机肥）400～600 千克，或经过充分腐熟的优质农家肥 2～3 米^3，同时根据地力及产量每亩施硫酸钾型复合肥（15 - 15 - 15）25～35 千克。施肥后整地，及时深翻 25～30 厘米，并旋耕、整平，作垄畦，垄高 20～30 厘米，垄宽 60 厘米，垄沟宽 70 厘米。每畦铺设两道滴灌管，管距为 40～45 厘米，然后覆盖 100 厘米的黑白地膜。

2. 定植

早春番茄定植时间一般为 3 月 5 日至 3 月底；按行距 45～50 厘米、株距 40～45 厘米，每亩 2 000 株左右定植；定植穴距滴管 5～10 厘米，定植后立即用滴灌进行灌水，浇透后密闭大棚，5～7 天后大棚由小到大逐渐放风，控制徒长，进行蹲苗（密闭大棚期间如遇高温，应放风降温，防止高温烧苗）。

3. 田间水肥管理

（1）苗期　定植缓苗 7～10 天后，视天气情况，使用膜下滴灌进行灌溉，小水勤浇，不可大水，防止徒长。

（2）开花、结果期　整个花期 45～50 天，番茄开第一穗花进行第一次追肥，使用水溶性肥料（20 - 20 - 20）3～5 千克/亩，按照 1∶100 比例通过智能施肥器输送至田间滴灌管道；第二穗花不追肥，这期间视墒情而定进行灌溉。从第三穗花开始，每 10～15 天追一次水溶肥（20 - 16 - 30），每次使用量为 4～8 千克/亩，直至开到第五穗花，共计追肥3～4次，每次滴灌时间在3～4小时。第五穗花后追肥主要是加速果实的迅速膨大，提高果实细胞膨大率，对提高番茄产量、品质，促进花芽分化有重要作用，肥料种类以氮肥、钾肥为主，可每亩使用水溶性肥料（15-5-40）5～10千克，通过智能施肥器进行追施。

（三）配套技术

1. 有机肥积造技术

（1）原、辅料及要求　主要物料包括畜禽粪便、食用菌渣、酒糟、啤酒糟、糠麸、棉菜粕、霉变饲料等大宗物料。辅料包括各种农作物秸秆、树叶杂草、花生壳、锯木屑等。原、辅料按（3～5）：1配比（视水分多少增减配比），菌种一般用量为0.2%～0.5%，水分控制在60%～65%，以手抓物料成团刚好出水为宜。水分过高过低均不利于发酵，水分过少，发酵慢；水分过多，导致通气差、升温慢并产生臭味。

（2）堆腐　将菌种、主料和辅料全部混合均匀，堆成宽1.5～2米、高0.6米左右、长度不限的堆（一次堆料不少于4米^3，当环境温度在15℃以下时，最好覆膜堆腐）。堆温升至50℃时开始翻倒，每天一次，如堆温超过65℃，再加一次翻倒。温度控制在70℃以下，温度太高对养分有影响。

（3）腐熟　夏季一般20天、冬季50天左右堆腐，当堆温降低、物料疏松、无物料原臭味、稍有氨味、堆内产生白色菌丝时，即表明已腐熟。

（4）烘干、筛选　腐熟的有机肥可进一步经烘干后，进入粉碎机粉碎，然后进入筛分机筛选、包装，直接施用或入库。

2. 水肥一体化技术

水肥一体化技术指通过压力管道系统与安装在末级管道上的灌水器，将肥料溶液以较小流量均匀准确地直接输送到作物根部附近的土壤表面或土层中的灌水施肥方法。

在基地居中位置，建造一处20米^{3}泵房，打一口45米深、60厘米宽的深水井，配智能水肥一体机、深水泵、离心过滤器、恒压供水变频控制柜、3吨压力罐、施肥池、管道等设施设备，通过变频系统、地下10厘米直径PVC供水主管，将水供到基地每一个大棚，打开水源开关，可自动供水，如果需要施肥，则打开智能水肥一体机。种植叶菜类蔬菜，需在每个大棚顶部中间，布设一条3.3厘米直径PE供水管，每隔1米安装1个旋转喷头，可对4～8米空间进行雾喷；种植茄果类蔬菜可根据蔬菜种植间距，铺设滴管。

每套系统可供80～100亩基地使用。

二、"有机肥＋配方肥"模式

（一）适宜范围

适宜于魏庄、古城、泗河、包集等乡镇设施早春番茄种植规模较小的农户。

（二）施肥措施

1. 基肥

2月下旬至3月初结合整地，基肥每亩施成品有机肥（商品有机肥或经烘干、筛选等处理的积造有机肥）500～600千克，或其他经过充分腐熟的优质农家肥3～4米^3，每亩施硫酸钾复合肥（17-17-17）30千克。施肥后整地，及时深翻25～30厘米，并旋耕、整平，作垄、畦，垄高 20～30 厘米、垄宽 60 厘米、垄沟宽 70 厘米。

2. 追肥

共分 3 次。第一次追肥时间为第二穗果坐成后，结合浇水每亩追硫酸钾复合肥（17-17-17）10 千克；第二次追肥时间为第四穗花后，结合浇水每亩追配方肥（15-5-25）10 千克；第三次追肥时间为第五穗果坐成、第一穗果转色后，再结合浇水每亩追配方肥（15-5-25）10 千克。

山东省莘县设施蔬菜有机肥替代化肥技术模式

一、设施番茄"堆肥＋配方肥"模式

（一）适宜范围

适宜于莘县所有乡镇设施番茄生产区。

（二）施肥措施

1. 基肥

有机肥与化肥配合施用。有机肥可选用当地容易获取的鸡粪、牛粪、羊粪、稻壳粪等，以及商品有机肥和堆肥等；畜禽粪便使用前一定要充分腐熟，可以用每 2 米^3 添加 1 千克的腐熟菌剂的方法进行腐熟，使用时间为番茄苗定植前 7～10 天，使用量为 5～6 米^3/亩，一定不能直接用鲜粪；商品有机肥多选用添加微生物菌剂的菌肥产品，每亩用量为 480～640 千克；堆肥多选用当地堆肥厂生产的堆肥产品，每亩用量 1～2 吨。畜禽粪便肥和堆肥产品多采取撒施畦表方式施用，然后旋耕混匀，菌肥可采用定植前穴施或沟施。

设施番茄苗期需肥较少，基肥中施用化肥的作用主要是满足作物苗期的养分需要，同时调节土壤养分比例。基肥用量：按需氮肥总量的 20%～30% 施用，纯氮施用量为每亩 7 千克，单质氮肥以硫酸铵和尿素为主，折合尿素为 15.2 千克；按磷肥总量的 30%～40% 施用，纯磷施用量为 5.9 千克，磷肥以过磷酸钙为主，折合为 32.8 千克；按钾肥总量的 5%～10% 施用，纯钾施用量为 1.8 千克，钾肥以硫酸钾为主（忌用氯化钾），折合为 3.6 千克，追肥总用量为 51.6 千克。化肥多采取和有机肥共同撒施畦表的方式施用，然后旋耕混匀地；也可利用小型施肥机械，沿栽植沟划施或沿栽植沟开沟施入再掩埋施用。

2. 追肥

追肥是最重要的促产措施，以施用化肥为主，辅助以微生物菌剂等活性肥料。定植后 1 个月内，随水冲施一次促进根系生长的液体微生物菌剂，促进幼苗生根，微生物菌剂用量为 5 千克/亩。

化肥按氮肥总量的 70%～80%、磷肥总量的 70%～80% 和钾肥总量的 90%～95% 施用；纯氮施用量为 17 千克/亩，纯磷施用量为 9.1 千克/亩，纯钾施用量为 28.2 千克/亩。可选在苗期每次每亩追施养分含量 60%（20-20-20 或相近配方）的配方肥 6 千克，共 3 次；在开花坐果期，每次每亩追施养分含量 50%（20-10-20 或相近配方）的配方肥 5

千克，共 3 次；在果实膨大期，每次每亩追施养分含量 45%（13 - 5 - 27 或相近配方）的配方肥 10 千克，共 8 次。

追肥一般采用随水冲施，浇水一般每 7～10 天进行一次。灌溉方式为沟灌，建议施肥措施如下表所示：

设施番茄追肥措施

生育时期	追肥次数	每次灌溉加入的纯养分量（千克/亩）			
		N	P_2O_5	K_2O	$N+P_2O_5+K_2O$
苗期	3	1.2	1.2	1.2	3.6
开花坐果期	3	1	0.5	1	2.5
果实膨大期	8	1.3	0.4	2.7	4.5
合计	14	17	8.3	28.2	54.3

二、甜瓜“堆肥＋配方肥＋水肥一体化”模式

（一）适宜范围

适宜于莘县冬春茬（1～6 月）甜瓜主产区——燕店镇、河店镇、魏庄镇等。

（二）施肥措施

1. 基肥

基肥全部为有机肥，不施用任何化肥，可以减少基肥投入。有机肥可选用当地容易获取的鸡粪、牛粪、羊粪、稻壳粪等，以及商品有机肥和堆肥等；畜禽粪便使用前一定要充分腐熟，可以用每 2 米³ 添加 1 千克的腐熟菌剂的方法进行腐熟，使用时间为甜瓜苗定植前7～10 天，使用量为 7～10 米³/亩，一定不能直接用鲜粪；商品有机肥多选用添加微生物菌剂的菌肥产品，每亩用量为 480～800 千克；堆肥多选用当地堆肥厂生产的堆肥产品，每亩用量 2～3 吨。腐熟的农家肥和堆肥产品多采取撒施畦表的方式施用，然后旋耕混匀，菌肥可采用定植前穴施或沟施。

甜瓜苗期需肥较少，基肥中的有机肥提供的养分足够满足追肥前幼苗生长的养分供应，本技术提出在基肥中不添加任何化肥，可以节省一定的成本、人力和时间。

2. 追肥

追肥是最重要的促产措施，以施用化肥为主，辅助以微生物菌剂等活性肥料。定植后，随水冲施一次促进根系生长的液体微生物菌剂，促进幼苗生根，微生物菌剂用量为 5 千克/亩。化肥全部作为追肥施用：在伸蔓坐瓜期，推荐配方为养分含量 54%（18 - 18 - 18）或 57%（19 - 19 - 19），每次每亩用量为 6～7 千克，每隔 7～10 天灌水施肥一次，共 2～3 次，每次每亩灌水量为 3～5 米³；在膨果期，推荐配方为养分含量 60%（14 - 6 - 40 或相近配方）的水溶肥，每次每亩用量为 6～8 千克，每隔 5～7 天灌水施肥一次，每次每亩灌水量为 2～3 米³，共 4～5 次。

追肥时先将肥料按比例溶于水，用施肥器（滴灌处理）进行灌溉施肥，采用“水肥一体化”。除栽植后第一水加入微生物菌剂促生根外，第二水一般不随水冲肥，到伸蔓坐果时要重施花果肥，膨果期水肥供应要充足。建议水肥措施如下表所示：

设施甜瓜灌水施肥措施

生育时期	灌溉次数	灌水定额 [米³/(亩·次)]	每次灌溉加入的化肥纯养分量（千克/亩）				备注
			N	P₂O₅	K₂O	N+P₂O₅+K₂O	
定植前	1	15	0	0	0	0	滴灌
苗期	2	5	0	0	0	0	滴灌
伸蔓坐果期	3	5	1.2	1.2	1.2	3.6	滴灌
膨果期	5	3	1.04	0.56	3.2	4.8	滴灌
合计	11	55	8.8	6.4	19.6	34.8	

山东省平原县设施蔬菜有机肥替代化肥技术模式

一、设施番茄"秸秆反应堆＋水肥一体化"模式

（一）适宜范围

适宜于黄淮海地区日光温室多年种植番茄的设施菜地；适用土壤类型为潮土，土壤质地为轻壤土或沙壤土。

（二）施肥措施

在设施番茄生产过程中，在秸秆反应堆、简易堆肥、配方施肥、水肥一体化等技术措施基础上，与土壤深耕深松、地膜覆盖、绿色病虫害防控等措施有机结合，实现化肥减量，增产、提质、增效。

1. 基肥

基肥施用以有机无机相结合、有机肥为主化肥为辅为原则。移栽时可在定植穴内施用适量有益农用微生物菌剂。

（1）有机肥选择　设施番茄有机肥可选用鸡粪、鸭粪、猪粪、沼渣、沼液、牛粪与稻壳或其他可用农作物秸秆为原料，接种微生物菌剂充分腐熟发酵后施用。需要注意的是由于鸡粪、鸭粪含盐量相对较高，种植年份较长（5年以上）的设施番茄尽量不选择或少用鸡粪、鸭粪作为堆肥原料。商品有机肥要选择含有能够改善作物根际环境、促进作物根系生长的功能性菌的有机肥料。

（2）有机肥用法与用量　利用畜禽粪便和农作物秸秆等农业废弃物进行腐熟发酵而成的简易堆肥，以及不含有益微生物的商品有机肥，可在整地深耕深松时施用。将堆肥均匀撒于地表，随深耕深松翻入土壤，以改善番茄根系赖以生长的土壤环境，也为番茄定植后生长储备有机营养和无机营养。含有功能性微生物的商品有机肥料一定要在闷棚后施用，避免因高温闷棚杀死有益微生物菌。为防止番茄定植后出现烧根烧苗现象，有机肥施用一定要避免施用鲜粪。微生物菌剂在番茄移栽前施于定植穴内或定植后随水冲施。

有机肥施用量为简易堆肥 4 000～5 000 千克（8～12 米³）/亩，或商品有机肥 800～1 000 千克/亩，定植穴施微生物菌剂（200 亿/克）1～2 千克/亩，定植后随水冲施微生物

菌剂（200 亿/克）2～4 千克/亩。

（3）化肥用法与用量　番茄前期植株生长缓慢，养分需求量较少，基施化肥主要是满足作物苗期生长。为充分利用有机肥施用替代化肥作用，避免营养成分间的相互拮抗，满足设施番茄生长期较长的营养供应，基施化肥遵循以下原则：基施氮肥按需氮总量的 30％施用，纯氮施用量约为 15 千克/亩；基施磷肥按需磷总量的 50％施用，纯磷施用量约为 8 千克/亩；基施钾肥按需钾量的 40％施用，纯钾施用量约为 24 千克/亩。氮素营养最好不以碳酸氢铵和尿素单质氮肥施用，因为碳酸氢铵很容易分解成氨气造成烧苗烧根，尿素在温、湿度适宜情况下也容易转化成碳酸氢铵进而造成烧苗烧根。基施化肥可以与有机肥混匀一同施用后深松深翻，也可在平地整畦后沿定植行开沟施入。

2. 追肥

本技术模式追肥主要是利用水肥一体化设备将番茄不同生长时期所需营养成分输送到番茄根际土壤，供番茄吸收利用。肥料以水溶性肥为主，有机水溶肥和微生物菌剂为辅。追肥的氮肥施用量按总氮量的 70％施用，纯氮施用量约为 35 千克/亩；追肥的磷肥按需磷总量的 50％施用，纯磷施用量约为 8 千克/亩；追肥的钾肥按需钾量的 60％施用，纯钾施用量约为 36 千克/亩。同基肥一样，氮素营养最好不以碳酸氢铵和尿素单质氮肥施用。

（1）苗期　缓苗后结合浇水施肥，以氨基酸类或黄腐酸类有机水溶肥为主，随水施用氨基酸类或黄腐酸类有机水溶肥料 5 千克/亩，主要是促进移栽后番茄根系生长，壮苗壮秧。番茄开花坐果前每 10 天浇一次水，最后一水随水施入水溶肥（15‐15‐15）10 千克/亩，促进幼苗生长，为开花、结瓜打好基础。

（2）开花和结果期　此阶段由于营养生长与生殖生长并进，要及时适量追肥，可促进茎叶增长，扩大同化，提前开花结果。开花坐果后每 15 天浇一次水，每次随水施入水溶肥（15‐15‐15）10 千克/亩。

（3）盛果期　进入盛果期番茄需肥量及养分吸收量迅速增加，根据长势及时适量追肥，氮肥不可过量施用。通常每 15 天左右浇一次水，每次随水施入水溶肥（20‐5‐35）10 千克/亩。盛果期可根据番茄植株长势调整氮、钾比例。

（4）根外追肥　另外，根据植株长势进行叶片喷肥，补充番茄所需营养。主要作用是快速缓解植株生长不良症状，防止番茄早衰。开花坐果期每 30 天叶面喷施一次 0.3％～0.4％的硼砂溶液，可改善开花质量，提高坐果率。采收期根据植株长势喷施 1％～2％的尿素溶液或 0.3％的磷酸二氢钾溶液，可调节番茄植株长势，生育后期每周喷施一次，可促进植株生长，防止早衰。为有效促进果实膨大，使果实大小均匀，避免或减少畸形瓜的产生，提高产量和品质，可在坐果、膨果期喷施全元素微肥 3～4 次。

（三）配套技术

秸秆反应堆构建：在番茄定植行位置，挖一条略宽于小行宽度（一般 80 厘米）、深 40 厘米的沟，把秸秆填入沟内，铺匀、踏实，填放秸秆高度为 30 厘米，两端让部分秸秆露出地面（以利于往沟里通氧气），然后把 150～200 千克饼肥和用麦麸拌好的菌种（秸秆用量要和菌种用量搭配好，每 500 千克秸秆用菌种 1 千克）均匀地撒在秸秆上，再用铁锨轻拍一遍，让部分菌种漏入下层，覆土 18～20 厘米。然后在大行内浇大水湿透秸秆（浇水时不要冲施化学农药，特别是避免冲施杀菌剂），使水面高度达到垄高的 3/4。浇水 3～

4天后，在垄上用14号钢筋打3行孔，行距20～25厘米，孔距20厘米，孔深以穿透秸秆层为准（浇水后孔被堵死要再打孔，地膜上也要打孔），等待定植。

二、设施西葫芦"堆肥＋水肥一体化"模式

（一）适宜范围

适宜于黄淮海地区日光温室长茬种植的西葫芦；适用土壤类型为潮土，土壤质地为轻壤土或沙壤土。

（二）施肥措施

在设施西葫芦生产过程中，在简易堆肥、配方施肥、水肥一体化等技术措施基础上，与土壤深耕深松、地膜覆盖、绿色病虫害防控等措施有机结合，实现化肥减量，增产、提质、增效。

1. 基肥

基肥施用以有机无机相结合、有机肥为主化肥为辅为原则。移栽时可在定植穴内施适量有益农用微生物菌剂。

（1）有机肥选择 设施西葫芦有机肥可选用鸡粪、鸭粪、猪粪、沼渣、沼液、牛粪与稻壳或其他可用农作物秸秆为原料，接种微生物菌剂充分腐熟发酵后施用。需要注意的是由于鸡粪、鸭粪含盐量相对较高，种植年份较长（5年以上）的设施西葫芦尽量不用或少用鸡粪、鸭粪作为堆肥原料。商品有机肥要选择含有能够改善作物根际环境、促进作物根系生长的功能性菌的有机肥料。

（2）有机肥用法与用量 利用畜禽粪便和农作物秸秆等农业废弃物进行腐熟发酵而成的简易堆肥，以及不含有益微生物的商品有机肥，可在整地深耕深松时施用。将堆肥均匀撒于地表，随深耕深松翻入土壤，以改善西葫芦根系赖以生长的土壤环境，也为西葫芦定植后生长储备有机营养和无机营养。含有有益微生物的商品有机肥料要在闷棚后施用，避免因高温闷棚杀死有益微生物。为防止西葫芦定植后出现烧根烧苗现象，有机肥施用要避免施用鲜粪。微生物菌剂在西葫芦移栽前施于定植穴内或定植后随水冲施。

有机肥施用量为简易堆肥4 000～5 000千克（8～12米^3）/亩，或商品有机肥800～1 000千克/亩；定植穴施微生物菌剂（200亿/克）1～2千克/亩；定植后随水冲施微生物菌剂（200亿/克）2～4千克/亩。

（3）化肥用法与用量 西葫芦前期植株生长缓慢，养分需求量较少，基施化肥主要是满足作物苗期生长。为充分利用有机肥施用替代化肥作用，避免营养成分间的相互拮抗，满足设施西葫芦生长期较长的营养供应，基施化肥遵循以下原则：氮肥按需氮总量的30%施用，纯氮施用量约为21千克/亩；磷肥按需磷总量的50%施用，纯磷施用量约为21千克/亩；钾肥按需钾量的40%施用，纯钾施用量约为40千克/亩。值得注意的是氮素营养最好不以碳酸氢铵和尿素单质氮肥施用，因为碳酸氢铵很容易分解成氨气造成烧苗烧根，尿素在温、湿度适宜情况下也容易转化成碳酸氢铵进而造成烧苗烧根。基施化肥可以与有机肥混匀一同施用后深松深翻，也可在平地整畦后沿定植行开沟施入。

2. 追肥

本技术模式追肥主要是利用水肥一体化设备将西葫芦不同生长时期所需营养成分输送

到西葫芦根际土壤，供西葫芦吸收利用。追肥以水溶性化肥为主，有机水溶肥和微生物菌剂为辅。追肥的氮肥施用量按总氮量的70%施用，纯氮施用量约为49千克/亩；磷肥按需磷总量的50%施用，纯磷施用量约为21千克/亩；钾肥按需钾量的60%施用，纯钾施用量约为60千克/亩。同基肥一样，追施氮肥最好不追施碳酸氢铵和尿素单质氮肥，避免造成烧苗烧根。

（1）苗期追肥 缓苗后结合浇水进行第一次追肥，以氨基酸或黄腐酸类有机水溶肥为主，随水施用氨基酸类或黄腐酸类有机水溶肥料5千克/亩，主要是促进移栽后西葫芦根系生长，壮苗壮秧。西葫芦开花坐果前每10天浇一次水，最后一水随水追施水溶肥（20-20-20）10千克/亩，促进幼苗生长，也为开花、结瓜打好基础。

（2）开花和结果期追肥 此阶段由于营养生长与生殖生长并进，适时适量追肥，可促进茎叶增长，提早开花坐果。开花坐果后每15天浇一次水，每次随水施入水溶肥（20-20-20）10千克/亩。

（3）盛果期追肥 进入盛果期西葫芦需肥量及吸收量迅速增加，根据长势适时适量追肥，氮肥不可过量，避免植株旺长。通常每15天左右浇水施肥追一次肥，每次随水施入水溶肥（15-5-35）10千克/亩。盛果期可根据西葫芦植株长势调整氮、钾比例。

3. 根外追肥

根据植株长势进行叶片喷施，补充西葫芦所需营养，主要作用是快速缓解植株生长不良症状，防止西葫芦早衰。开花坐果期每30天叶面喷施一次0.3%～0.4%的硼砂溶液，可改善开花质量，提高坐果率。采收期根据植株长势喷施1%～2%的尿素溶液或0.3%的磷酸二氢钾溶液，可调节西葫芦植株长势，生育后期每周喷施一次，可促进植株生长，防止早衰。坐果、膨果期喷施全元素微肥3～4次，可有效促进果实膨大速度，使果实大小均匀，避免或减少畸形瓜，提高产量和品质。

山东省安丘市蔬菜有机肥替代化肥技术模式

一、生姜"有机肥＋配方肥"模式

（一）适宜范围

适宜于安丘市生姜主产区。

（二）施肥措施

采取测土配方施肥和有机肥替代化肥技术，根据土壤肥力水平和生姜目标产量，一般每亩施用堆肥2 000～3 000千克、商品有机肥200～300千克；施用氮肥（N）40～45千克/亩、磷肥（P₂O₅）20～25千克/亩、钾肥（K₂O）50～60千克/亩。

1. 基肥

基肥选用有机肥与化肥配合施用。耕地前，将堆肥均匀撒于地表，然后翻耕25厘米以上。按照当地种植习惯作畦，一般采用沟栽方式，每亩施用堆肥2 000～3 000千克。播种前，在沟底每亩均匀撒施豆粕50千克、商品有机肥120千克、复合肥（15-15-15）10千克。

2. 追肥

（1）发芽期　生姜发芽期生长量极小，主要以种姜贮存的养分供应其生长，从土壤中吸收的养分极少，基肥充足，因而不需追肥。

（2）幼苗期　生姜苗期长，生长速度慢，吸肥量虽不多，但其生长期长，为了提苗壮棵，应在4月底和5月初随浇水冲施生根剂两次，每亩5千克。在5月中旬、6月初、6月中旬，结合浇水追施复合肥（15-15-15）3次，每次10千克。

（3）旺盛生长期　6月下旬以后，姜苗生长速度加快，由幼苗期转入旺盛生长期，此期是生姜生长的转折时期。为了满足其迅速生长的需要，应在此期结合拔除姜草（影草）进行追肥。此期的追肥量要大，养分要全面。分别在6月下旬、7月下旬每亩各追施复合肥（15-5-25）80千克，商品有机肥90千克；8月中下旬每亩追施复合肥（15-6-24）50千克。

（4）生长后期　9月以后，植株地上部的生长基本稳定，主要是地下根茎的膨大。为保证根茎膨大的养分供应，可在此期追部分速效化肥，可分3次结合浇水冲施大量元素水溶肥料（16-6-30），每亩每次5千克。

生姜施肥时，一定要按其需肥规律合理施用，若前重后轻，尤其是氮肥用量过多，就可能使植株前期地上茎叶徒长，后期脱肥，表现为早衰，降低产量。磷、钾肥有促进体内养分运转、增强植株抗性的作用。若氮肥过多，磷、钾肥不足，就会使地上茎叶旺长，不利于养分向地下根茎输送，从而使产量降低、品质下降。

二、西（甜）瓜"秸秆生物反应堆"模式

（一）适宜范围

适宜于安丘市西（甜）瓜主产区。

（二）施肥措施

利用秸秆反应堆生物反应堆技术，每亩西（甜）瓜需要2 500～3 000千克作物秸秆、5千克秸秆腐熟剂菌种。

1. 水分管理

利用该技术减少浇水次数，一般常规栽培浇2～3次水，用该技术只浇一次水即可，切记浇水不能过多，应浇中水，不浇大水；如在小行浇水，不要在膜下浇（以免水大），应在膜上浇。该不该浇水可用以下方法判断：在表层土下抓一把土用手一攥，如果不能成团应马上浇水，能成团则不需要浇水。而且，在第一次浇水湿透秸秆的情况下，定植时千万不要再浇大水，而是只浇缓苗水。

2. 施肥

定植前，在秸秆上覆20厘米土，均匀地撒施堆肥，每亩施用1 500千克，定植时每亩穴施商品有机肥80千克。前两个月不冲施化肥，以免降低菌种活性，后期可随水冲施大量元素水溶肥料（16-6-30）5千克。

（三）配套技术

1. 定植前准备

在西（甜）瓜栽培行（采用大小行栽培的方式，小行距40厘米，大行距160厘米，

平均行距 100 厘米）小行位置顺南北方向挖一条略宽于小行宽度（一般 100 厘米）、深 50 厘米的沟，把提前准备好的秸秆填入沟内，铺匀、踏实，填放秸秆高度为 40 厘米，南北两端让部分秸秆露出地面（以利于往沟里通氧气）。然后在秸秆上每亩撒施 100～150 千克饼肥，再把用麦麸拌好的秸秆腐熟剂菌种均匀撒在秸秆上，用铁锹轻拍一遍，让菌种漏入下层一部分，覆 20 厘米土，定植前 7～10 天，在大行内浇水湿透秸秆。

2. 注意事项

一是秸秆数量要和菌种用量搭配好，每 500 千克秸秆用菌种 1 千克；二是浇水时不冲施化学农药，特别要禁冲施杀菌剂；三是浇水后 4～5 天要及时打孔，用 14 号钢筋，每隔 25 厘米打 1 个孔，要打到秸秆底部，浇水后要再打孔，地膜上也要打孔。

河南省扶沟县设施韭菜有机肥替代化肥技术模式

"有机肥＋配方肥＋水肥一体化"

（一）适宜范围

适宜于扶沟县辖区内设施韭菜。

（二）施肥措施

1. 基肥

韭菜定植前要精细整地，促进苗齐、苗全。栽培地块土壤要求便于排灌和酸碱度中性。早春播种的，应先施 3 000～4 000 千克/亩的有机肥作为基肥，在冬前按 25～30 厘米的深度机耕，进行冻晒，翌年春天结合浅耕将 100 千克/亩的硫酸钾配方肥料施入基肥。若采用直播，更应多施入腐熟的富含有机质的粪肥（发酵腐熟的牛粪、猪粪）。每亩可施有机肥 4 000～5 000 千克作基肥，在接近播期前再浅耕一次，耕后细耙，整平作畦。无论哪种基肥施用方式，都应先在整地前 3～5 天用水肥一体化微喷设备进行喷灌，如没有有机肥作基肥，就用水肥一体化设备每亩施入生物有机肥溶液 150～200 千克、沼液有机肥溶液（内添加根瘤菌剂、酸碱综合剂、根结线虫剂等功能性物质）4～6 米^3、喷灌水肥 15～20 米^3。作畦应根据当地栽培方式、肥水条件灵活安排。一般设施栽培，以畦宽 1.5～2.5 米、长 80～100 米为宜。

2. 追肥

定植后要及时浇水（用水肥一体化微喷设备喷灌，不要大水漫灌，要少灌勤灌，只喷灌清水，不加肥料），保证韭苗成活，并要中耕保墒，一般 5～7 天喷灌水一次，使根部与土壤紧密结合，促进全苗成活。定植缓苗 90 天后，等韭苗根系完全成活后，要结合浇水追肥一次，每亩追施硫酸钾配方肥 30 千克左右（沟施）或用水肥一体化设备进行配方肥或生物有机肥（50 千克）、沼液有机肥（5 米^3）溶液喷灌追肥，每亩喷灌水肥溶液 25 米^{3}左右，肥料溶液停止喷灌后，一定要用水肥一体化设备再继续喷灌 5～10 分钟，既清洗了管道，又充分把韭菜叶面上的肥料溶液冲下，防止烧叶现象发生。之后每隔 7～10 天喷灌一次，每次喷灌配方肥、生物有机肥、沼液有机肥的使用量可适时酌减，直到苗高 15 厘米以后，开始收割第一刀。

从 4 月下旬至 10 中下旬期间不收割韭菜，在 5 月中旬进行追肥一次，沟施硫酸钾配方肥 50 千克/亩，追肥后要进行喷灌浇水，进入高温多雨季节要减少浇水，做好防洪排涝工作，但是在夏季高温少雨季节，要适时喷灌，但也不要大水漫灌，防止韭菜旺长、开花结籽期出现倒伏现象。

10 月底至 11 月上旬韭菜要进行扣棚，扣棚前要把采收韭菜籽后的韭菜棵全部收割清理出去，保证棚内清洁，然后采用沟施追肥硫酸钾配方肥 25 千克/亩＋生物有机肥 75 千克/亩，再用水肥一体化设备喷灌沼液水肥溶液 20～25 米^3。扣棚后棚内温度白天保持在 20～25 ℃，夜间不低于 6 ℃。若白天超过 28 ℃，则打开通气孔，通风降温。晴天中午，打开通气孔适当通风，不仅能起到降温作用、补充棚内的二氧化碳气体、提高光合强度的作用，利于增产增收，而且可以降低温度、减少叶面结露、预防灰毒病。以后每 7～10 天每亩用生物有机肥（15～20 千克）＋沼液有机肥（2～3 米^3）＋配方肥（5～7.5 千克）溶液进行喷灌一次，一般 35 天左右收割一茬韭菜。

每次收割韭菜后，要立即除去田间杂草、烂叶，平整畦面，不要立即浇水追肥，以防病菌从新刀口浸入。应每收割一茬就进行追肥，在收割韭菜后 2～3 天，可少量浇水追肥，在叶子长到 10～13 厘米时，再追肥一次，可按上述施肥方法重复追施。